海绵城市低影响开发措施雨洪控制效应

黄国如　李家科　麦叶鹏　陈文杰　曾家俊　著

科学出版社

北　京

内 容 简 介

本书主要介绍了海绵城市低影响开发措施雨洪控制效应。通过中试试验研究了下凹式绿地、透水铺装和绿色屋顶等典型低影响开发措施在不同降雨条件和结构特征下的径流量削减与污染物去除效果，开展了基于现场试验的生物滞留池雨水径流控制效应研究，利用现场监测手段研究了透水铺装、绿地、人工湿地等LID措施水量水质控制效应。基于Hydrus-1D模型模拟分析LID措施雨水径流控制效应。利用解析概率模型计算LID措施径流控制效应，采用多种方法综合分析城市区域降雨径流面源污染特征，构建基于人工智能算法的LID措施空间布局多目标优化模型，对区域LID措施布局方案进行优化分析，探讨未来气候变化情景下LID措施综合性能。

本书可供水利、水务、市政、规划、环境等领域的科研工作者和工程技术人员参考，也可供相关专业的大学本科生和研究生使用与参考。

图书在版编目（CIP）数据

海绵城市低影响开发措施雨洪控制效应/黄国如等著. —北京：科学出版社，2022.2
ISBN 978-7-03- 071860-0

Ⅰ.①海… Ⅱ.①黄… Ⅲ.①城市–暴雨洪水–防治–研究 Ⅳ. ①P426.616 ②TU984

中国版本图书馆CIP数据核字（2022）第040993号

责任编辑：杨帅英 白 丹 / 责任校对：张小霞
责任印制：吴兆东 / 封面设计：蓝正设计

科学出版社 出版
北京东黄城根北街16号
邮政编码：100717
http://www.sciencep.com
北京建宏印刷有限公司 印刷
科学出版社发行 各地新华书店经销
*
2022年2月第 一 版 开本：787×1092 1/16
2022年9月第二次印刷 印张：14 1/4
字数：338 000
定价：150.00元
(如有印装质量问题，我社负责调换)

前　言

在过去的 40 年里，我国快速城镇化建设导致地表的不透水率迅速增大，并带来诸如城市内涝、水体黑臭、河湖生态退化等城市水问题。为了改善这种状况并促进可持续的城市化战略，我国在借鉴参考国外相关建设经验和理论的基础上，于 2013 年 12 月提出了一种新的城市雨洪管理策略——海绵城市。LID 措施雨水系统构建是建设海绵城市的重要环节，而 LID 措施是构建低影响开发雨水系统的基本单元。低影响开发雨水系统通过构建分散式的 LID 措施，对雨水径流进行蓄滞、渗透、储存、调节、转输与截污净化等，从而降低场地不透水率、延长径流路径、削减径流流速和增加径流时间，具有减缓城市内涝、净化水质和涵养地下水等综合功能。LID 措施的优点是显著的，但 LID 措施的实施受到技术问题、地域气候要素、土壤类型、政策法规、建设成本和维护管理等因素的限制。不同 LID 措施具有不同的水文响应及水质处理特性，而且 LID 措施雨水径流控制能力与不同地区的自然地理条件密切相关。我国幅员辽阔，各地区的地形、气候条件和土壤类型等自然地理条件都有所不同。为实现 LID 措施在中国的本土化推广应用，还需要进一步结合区域自然地理特征，探究和完善 LID 措施技术体系。此外，开展 LID 措施的实地监测、试验、模型模拟、优化分析和综合性能评估等研究是当前 LID 措施研究的重要发展方向。鉴于此，本书对海绵城市低影响开发措施雨洪控制效应进行了较为系统、深入的研究。

本书共分 10 章，全书由黄国如统稿。第 1 章为绪论，主要介绍海绵城市低影响开发措施雨洪控制效应的研究背景、研究意义、海绵城市与低影响开发雨水系统内涵、研究进展和主要研究内容。第 2 章为基于中试试验的 LID 措施雨水径流控制效应研究，主要介绍中试试验装置的结构参数和试验研究方案，然后基于试验结果分析了下凹式绿地、透水铺装（PP）和绿色屋顶（GR）的雨水径流控制效应。第 3 章为基于现场试验的 LID 措施雨水径流控制效应研究，主要介绍了现场试验设施和试验研究方案，并基于试验结果分析不同降雨重现期下生物炭分布状态、淹没区高度和渗透条件等生物滞留池内外部因素对其雨水径流控制效应的影响。第 4 章为基于现场监测的 LID 措施水量水质控制效应研究，主要介绍了透水铺装、绿地和人工湿地的现场监测场地和监测方案，并基于监测数据分析了降雨历时、雨量、雨前干旱期、平均雨强和最大雨强等降雨特征对透水铺装和绿地雨水径流水量水质控制效果的影响，分析了不同季节和降雨强度对人工湿地水质的影响。第 5 章为基于 Hydrus-1D 模型的 LID 单项措施雨水径流控制效应研究，主要介绍了 Hydrus-1D 模型的原理与构建，并基于试验数据对模型参数进行率定和验证，运用已验证的 Hydrus-1D 模型进一步探究多种工况下防渗型和渗透型生物滞留池、下凹式绿地和透水铺装的雨水径流水量水质控制效应和规律。第 6 章为 SWMM 模型原理与构建，主要论述了 SWMM 模型的原理，介绍了研究区域降雨径流水量水质同步监测情况，然后利用研究区域内的水量水质资料进行 SWMM 模型参数的率定和验证，并对模型参数进行敏感性分析。第 7 章为基于解析概率模型的 LID 径流控制效应，求解了绿色屋顶、透水铺装和生物滞留池的解析概率方程，并利用解析概率模型探讨 LID 措施在长期降雨条件下的水量平衡原理，求解 LID 措施的年平均径流削减率，然后利用非支配排序遗传算法Ⅱ（the non-dominated sorted gentic algorithm-Ⅱ，NAGA-Ⅱ）对实施 LID 措施的建设规模进行优化分析。第 8 章为城市区域径流污染特征及 LID 措施控制效果，主要介绍研究区域不同降雨场次的径流污染物浓度变化规律，采用定性和定量相结合的方法分析了不同下垫面径流污染物的初期冲刷效应，然后基于 SWMM 研究了 LID 措施对初期冲刷效应的影响。第 9 章为 LID 措施空间布局多目标优化研究，介绍了离散二进制粒子群算法（discrete binary particle swarm optimization algorithm，BPSO）和 NSGA-Ⅱ算法等多目标优化算法，并构建 LID 措施空间布局优化模型，然后以径流排放总量与污染物排放总量综合加权值及工程建设成本为优化目标，对区域的 LID 措施布局方案进行优化分析，得到 LID 措施最优布局方案。第 10 章为 LID 措施综合性能评价及未来气候变化情景分析，主要介绍了 LID 措施对径流的综合影响，并基于逼近于理想值的排序法（technique for order preference by similarity to an ideal solution，TOPSIS）展开 LID 措施的组合方案优选分析，然后基于气候变化条件预测未来不同的降雨情景，模拟分析 LID 措施应对气候变化的适应性，并探讨 LID 措施在未来降雨情景下的有效性。

本书是华南理工大学水资源及水环境科研团队长期努力工作的结晶。在撰写过程中，参考和引用了国内外许多专家和学者的研究成果，在此表示衷心的感谢。

本书研究得到了国家自然科学基金重点项目（51739011）、国家自然科学基金面上项目（51879108）、广东省自然科学基金面上项目（2019A1515010744）、广州市科技计划重点项目（201707020020）和广州市科技计划项目（201803030021）等项目的大力资助，在此一并表示感谢。限于作者的研究水平，书中难免存在疏漏之处，恳请同仁批评指正。

作　者

2021 年 7 月 10 日

目　　录

第1章　绪　　论

1.1　研究背景

近年来，快速城市化导致的城市内涝、水污染、水生态退化和水资源短缺等城市水问题引起了全球的关注，随着快速城市化和气候变化对城市水系统负面影响的出现，城市建设过程中对城市水系统的发展提出了更高的要求。我国的城镇化率于 2011 年便超过了 50%，标志着我国成为一个城市化工业大国，至 2019 年城镇化率达到了 60.60%，说明我国城市化程度在不断增大，如何有效地控制由城市水问题而引起的水灾害及如何减轻城市水灾害对城市系统的影响，对科学研究和社会发展都具有重要意义。城市水管理系统在解决城市水相关问题方面发挥着主导作用，因此，世界各国越来越重视城市水管理系统构建，并对其开展了广泛的科学研究。

为缓解日益严重的城市水问题，我国在参考和借鉴国外建设经验与相关理论知识的基础上，于 2013 年 12 月确立了适合本国国情的城市水综合管理策略——海绵城市，其理念是自然积存、自然渗透和自然净化，设想城市如海绵般在降雨时下渗滞流和储蓄雨水并使雨水得到一定程度的净化，最后达到雨水资源的收集和利用的目标（夏军等，2017a）。海绵城市是在发展中国家首次提出且适用于快速城市化阶段的综合城市水资源管理战略，因此我国的实施经验可为其他发展中国家提供参考，我国海绵城市建设发展进程如图 1-1 所示。

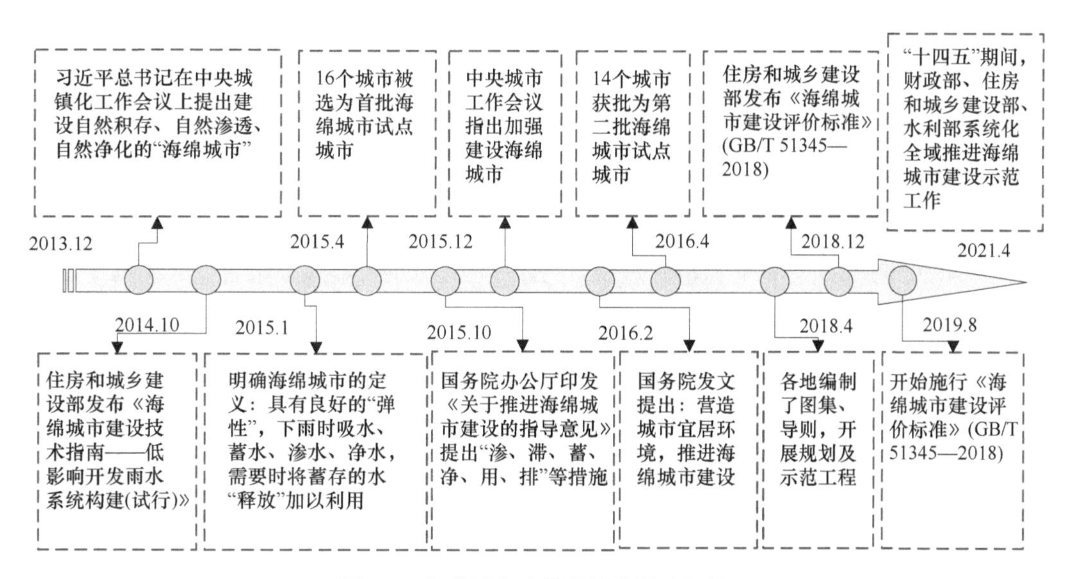

图 1-1　海绵城市建设发展进程时间轴

2014 年，《海绵城市建设技术指南——低影响开发雨水系统构建（试行）》（简称《指南》）确定了以年径流总量控制率为目标，兼顾排水防涝和污染控制等方面的思路，《指南》为海绵城市建设提供了科学的指导，为日后围绕《指南》展开的海绵城市建设科学研究奠定了重要基础。2015 年和 2016 年相继批准了共 30 个城市作为海绵城市的试点地区，政府引导和鼓励政策提高了社会参与的主动性和积极性，海绵城市建设在各级政府和部门推行呈白热化状态，时任住房和城乡建设部副部长陆克华在国务院政策例行会上指出，海绵城市是我国城市发展理念和建设方式转型的重要标志。2021 年，财政部、住房和城乡建设部和水利部通过竞争性选拔，确定广州等 20 个城市为典型示范城市，系统化全域推进海绵城市建设。

随着海绵城市试点工作的逐步推行，海绵城市建设成效得到了很好的总结和分析，同时强调加强对海绵城市的内涵、要点和原则的进一步探索和梳理。低影响开发（low impact development，LID）模式、可持续发展规划和弹性城市等核心思想逐渐被强化（Jiang et al.，2017；Sang and Yang，2017），LID 模式强调尽量保护城市发展前原有的生态特征并合理控制开发强度，达到尽量降低不透水面积增加速率的目标（李俊奇等，2015）；可持续发展规划强调通过工程措施与非工程措施的综合方式控制城市水污染，保护城市水生态（王文亮等，2014）。海绵城市的弹性也越来越受重视，弹性指的是海绵城市在不同形式和条件变化环境下的适应能力，具有弹性的城市系统能够吸收外部干扰并学习重组从而保持自身特征（张书函，2019），弹性的概念在海绵城市建设理念基础上进一步延伸，巩固优先利用自然排水系统与建设生态排水设施的海绵城市建设要求。

1.2 研究意义

LID 措施是海绵城市建设过程中的重要手段，LID 措施被形象地称为海绵体，通过建设 LID 措施来降低城市扩张对自然环境的影响，可减缓城市不透水地表的增长速度，同时增加城市的弹性（邢薇等，2011）。此外，城市径流污染的控制是建设海绵城市的重要目标之一，LID 措施在城市非点源污染的消解和截留、治理城市黑臭水体与修复城市水环境等方面发挥着重要的作用（张鹍和车伍，2016）。LID 发展模式植根于自然和社会水循环的科学根源，研究并合理运用径流控制和污染净化的相关规律，有利于缓解城市内涝灾害和城市非点源污染，促进城市水生态可持续发展，构建健康的城市水循环系统，并能提高城市的适应能力以应对城市化扩张与气候变化带来的影响（刘家宏等，2019）。

目前，海绵城市建设试点工程基本落成，LID 措施的优点是显著的，但 LID 措施的实施受到技术问题、地域气候要素、土壤类型、政策法规、建设成本和维护管理等因素的限制（孙艳伟等，2011）。不同 LID 措施具有不同的水文响应及水质处理特性，而且 LID 措施雨水径流控制能力与不同地区的自然地理条件密切相关。我国幅员辽阔，各地区的地形、气候条件和土壤类型等自然地理条件都有所不同。为实现 LID 措施在中国的本土化推广应用，还需要进一步结合区域自然地理特征，探究和完善 LID 措施技术体系。因此，开展 LID 措施的实地监测、试验以及模型模拟研究是当前 LID 措施研究的重要发展方向。此外，在考虑当地的环境、社会和经济情况基础上，综合分析实施 LID 措施的控制目标，完善城市雨洪管理系统的效益考核与评估系统具有重要的应用价值；构建LID措施建设规划布局和经济效益优化系统，有助于实施方案的比选与优化并为决策者提供科学参考依据。

广东省广州市作为我国南方经济较为发达的城市，城镇化率高，加之雨量丰富，其面临的城市水问题更为严峻，更需要建设海绵城市。因此本书选择广州市作为典型城市，进一步探索LID措施的雨洪控制效应。本书从中试试验、现场试验和现场监测等不同尺度开展下凹式绿地、透水铺装（PP）、绿色屋顶（GR）、生物滞留池（BC）和人工湿地等LID措施的雨水径流控制效应研究；并以试验和监测结果为基础，利用Hydrus-1D模型进行LID单项措施的雨水径流控制效应模拟评估，揭示其雨水径流水质水量变化规律；深入探讨LID措施运行过程中的水量平衡机理，基于解析概率模型评估LID措施径流水量控制效果；结合径流水量水质同步监测系统分析城市径流过程和非点源污染情况，探索城市雨水径流初期冲刷效应；基于多目标优化算法分析优化LID措施空间布局；应对气候变化和城市不透水率增加所带来的不利影响，评估LID措施应对不同特征降雨的潜在能力及检视其在调控城市径流效应中的有效性。以上研究可为LID措施的推广应用及海绵城市建设推进提供一定的技术支撑和科学依据，为LID措施径流控制效益的定量化分析提供科学理论基础，对提高我国LID措施建设策略对未来气候情况的适应性具有十分重要的科学意义。

1.3 海绵城市与低影响开发雨水系统内涵

1.3.1 海绵城市概念

习近平总书记在2013年12月中央城镇化工作会议上，提出建设自然积存、自然渗透、自然净化的“海绵城市”，为了贯彻习近平总书记讲话及中央城镇化工作会议精神，节约水资源，保护和改善城市生态环境，促进生态文明建设，2014年10月，住房和城乡建设部出台了《指南》，同年12月，财政部、住房和城乡建设部、水利部三部委联合启动了全国首批海绵城市建设试点城市申报工作，共有16个城市入选首批海绵城市建设之列。2015年10月16日，国务院办公厅发布了《关于推进海绵城市建设的指导意见》（国办发〔2015〕75号），为加快推进海绵城市建设，修复城市水生态、涵养水资源，增强城市防涝能力，扩大公共产品有效投资，提高新型城镇化质量，促进人与自然和谐发展起到了重要作用。

海绵城市是指城市能够像海绵一样，在适应环境变化和应对自然灾害等方面具有良好的“弹性”，下雨时吸水、蓄水、渗水、净水，需要时将蓄存的水“释放”并加以利用，主要是指通过加强城市规划建设管理，充分发挥建筑、道路和绿地、水系等生态系统对雨水的吸纳、蓄渗和缓释作用，有效控制雨水径流，实现自然积存、自然渗透、自然净化的城市发展理念。海绵城市建设应遵循生态优先等原则，将自然途径与人工措施相结合，在确保城市排水防涝安全的前提下，最大限度地实现雨水在城市区域的积存、渗透和净化，促进雨水资源利用和生态环境保护。在海绵城市建设过程中，应统筹自然降水、地表水和地下水的系统性，协调给水、排水等水循环利用各环节，并考虑其复杂性和长期性。因此，海绵城市建设的核心内容是低影响开发的雨水利用技术。

海绵城市的实质就是现代城市雨洪管理，它和近 20 多年来美国所倡导的最佳管理措施（best management practice，BMP）、LID、英国等欧洲国家提出并推广的可持续城市排水系统（sustainable urban drainage system，SUDS）、澳大利亚提出的水敏感城市设计（water sensitive urban design，WSUD）以及近年来又逐渐提出的绿色（雨水）基础设施（green stormwater infrastructure，GSI）等一脉相承（李小静等，2014；李俊奇等，2015；刘超，2015；车伍等，2016；张伟和车伍，2016；李俊奇等，2017），该理念核心打破了传统的“快排”“末端控制”的单一控制模式，构建以分散式、生态化、多目标为指导思想的新型雨水控制利用系统，实现了对城市雨水从源头到终端的全流程控制和利用，遵循顺应自然、适应自然和与自然和谐相处的原则，与上述这些国家所提出的现代雨洪管理模式相契合。

1.3.2 LID 雨水系统内涵

LID 雨水系统构建是建设海绵城市的重要环节，而 LID 措施是构建 LID 雨水系统的基本单元。众所周知，传统的排水模式是雨水排得越多、越快，就越好，LID 雨水系统则是基于“渗、滞、蓄、净、用、排”六字方针，将雨水的渗透、滞留、集蓄、净化、循环使用和排水密切结合，统筹考虑内涝防治、径流污染控制、雨水资源化利用和水生态修复等多个目标，进而达到“更宜居、更安全、更节能、更生态”的目标。

LID 雨水系统通过构建分散式的 LID 措施，对雨水径流进行蓄滞、渗透、储存、调节、转输与截污净化等，从而降低场地不透水率、延长径流路径、削减径流流速和增加径流时间，具有减缓城市内涝、净化水质和涵养地下水等综合功能。LID 措施包含多种不同形式和功能的措施，主要有绿色屋顶、透水铺装、下凹式绿地、生物滞留设施、渗透塘、渗井、湿塘、人工湿地、蓄水池、雨水罐、调节塘、植草沟（VS）、渗渠、植被缓冲带、初期雨水弃流设施、人工土壤渗滤等（Davis，2005）。

LID 雨水系统强调将有化为无、将快化为慢、将大化为小、将排他化为包容、将集中化为分散、将刚硬化为柔和，其主要内涵如下。

1. 原位截留而非转嫁异地

城市雨水资源化利用包括异地集中与原位截留两种收集方式。异地集中即我国传统排水工程，主要采用点式雨水口、管网、泵站和蓄水池相结合的方式收集雨水，并将其快速排入下游异地收集；原位截留是指采取就地利用措施将雨水资源尽可能地“就地消化”，一方面可以起到节约成本以利用雨水资源的目的，另一方面可以减少城市降雨径流污染，减轻城市化给水安全水环境所带来的威胁（俞孔坚，2015）。

2. 慢下来而非快起来

将洪水、雨水快速排掉，是当代防洪排涝工程主要采用的处理方式。这种以“快”为标准的排水方式忽略了雨水在城市水循环中的重要作用和水在生态系统中作为主导因子的价值，以至雨水不能下渗补充地下水和滋润土地，反而使洪水的破坏力加强，将上游的灾害转嫁给下游。雨水下渗是需要一定时间的，需要设置措施提供尽可能长的原地停留时间，以促进下渗，涵养地下水（俞孔坚，2015）。

3. 分散而非集中

LID雨水利用技术是小规模的、分散的源头控制技术，如图1-2（a）所示，每个LID措施所能接纳的雨水范围有限，离之太远的LID措施不能有效截留雨水，故集中设置的LID措施并未充分发挥其效果（仇保兴，2015）。相反，分散设置的LID措施却能得到充分利用，分散设置反而能起到“1+1>2”的效果，见图1-2（b）。

(a)集中设置效果较差

(b)分散设置效果较好

图1-2　集中、分散对比图

4. 效仿自然，弹性适应而非刚性对抗

在当代以“快排”为理念的治水背景下，河道裁弯取直被认为是科学有效的，所以在中国大地已很难找到一条不被“三面光排水渠”所捆绑的河流，见图1-3（a）。LID理念是通过各种措施使城市开发后尽量接近城市开发前的状态，其采用的“渗”“滞”“蓄”等措施便是对自然渗透和涵纳的效仿。如图1-3（b）所示，通过效仿自然来提高城市应对灾害的“弹性”，弹性主要表现为，在洪涝的干扰下保持正常运行的能力；城市具有足够的适应能力；抗洪能力以及灾后自我修复能力。LID措施应对外部冲力的理念是弹性，以柔克刚，化刚性对抗为弹性适应（仇保兴，2017）。

5. 网状而非链状

为使各项LID措施充分发挥其截留效果，设计LID措施时要注意多样性和整体性。尽管一些孤立的设施在截留前几场雨水时能够运转良好，但很快就会发生堵塞而失去其应有的截留效果，见图1-4（a）。倘若将具有截留雨水、蓄存雨水功能的措施和具有过滤、渗透、净化雨水的措施相结合，增加LID措施的系统性，使LID措施在承受外界冲击时能够承受较小变异，必要时能够自我修复，从而提高其应对洪涝的弹性，见图1-4（b）。

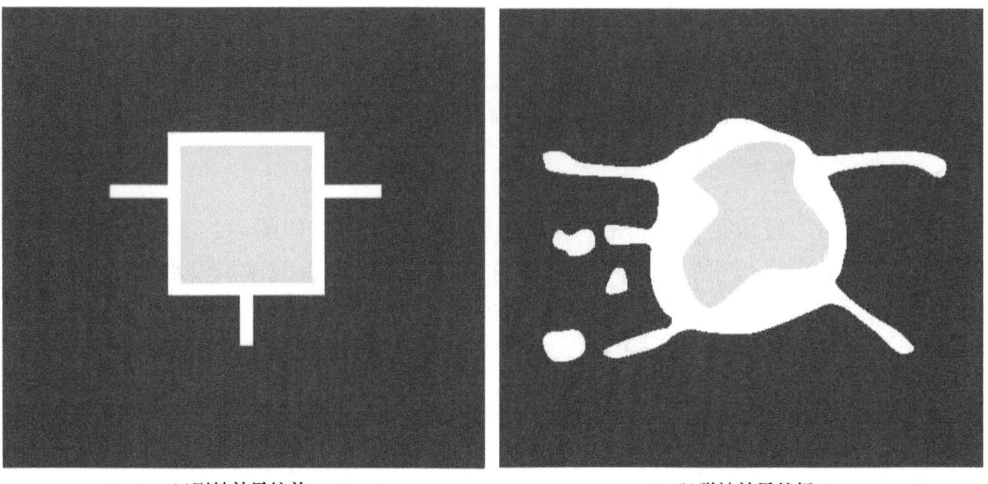

(a)刚性效果较差　(b)弹性效果较好

图 1-3　刚性、弹性对比图

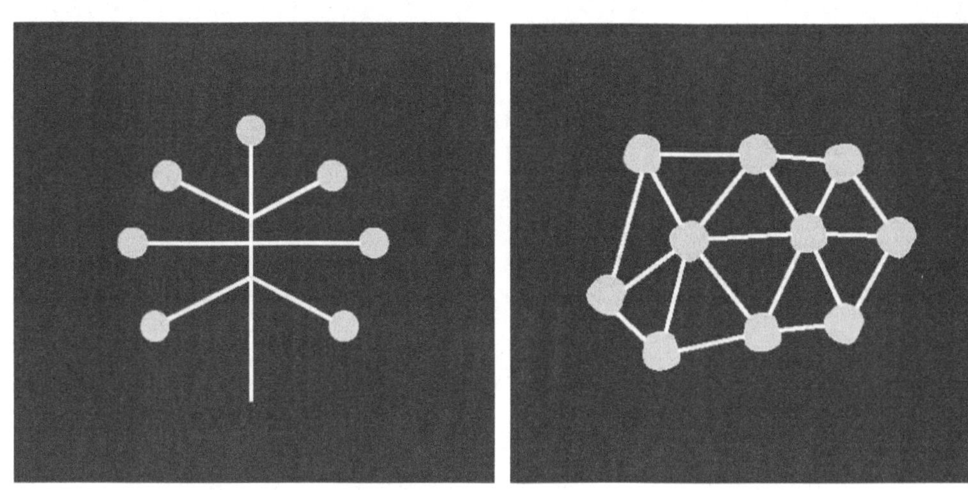

(a)链状效果较差　(b)网状效果较好

图 1-4　链状、网状对比图

1.4　国内外研究进展

1.4.1　海绵城市建设与 LID

西方发达国家较早地提出了处理有关城市水综合问题的策略，例如，美国的城市水管理理念从 20 世纪 70 年代的 BMPs 到 90 年代的 LID，最后发展到 21 世纪初的 GI，共三代设计理念（Dietz，2007；Middleton and Hawkins，1993；Dayton and Basta，2005；Taylor，2009），最初重视工程与非工程措施对雨水的截流和综合应用，强调区域内的雨洪管理情况，然后依托城市的自然水循环系统，强调结合生态措施与技术对雨水进行滞蓄和净化，进一步扩大基础设施的生态功能，旨在恢复与重建城市退化的绿色生态

（Benedict and Macmahon，2002；Chen and Whalley，2012；Pugh et al.，2012）。英国同样在20世纪70年代启动SUDS应对城市水问题，基于城市化对自然水环境和水循环的影响规律，建设模拟自然水体循环系统的城市水循环系统，缓解常见的城市雨洪内涝等水灾害（Tourbier，1994；Tan，2007）。澳大利亚在20世纪末发展WSUD，充分结合市政排水设施和园林景观设计理念，Kuller等（2017）对WSUD与规划支持系统进行了综合分析，从水文、城市规划和水治理三个研究视角出发，为WSUD提供合适的技术支撑以及整体、多尺度和包容性的设计框架，进一步开发雨水利用技术并协调其与土地利用的关系，使雨水服务于城市绿化和水循环系统，达到雨水直排模式向系统循环模式转变的目标并创造更宜居的城市环境。新西兰通过学习和总结LID和澳大利亚的WSUD雨水管理体系理念，综合本土城市开发情况提出LIUDD，着重在流域尺度上对城市雨水实施管理，使城市土地利用情况与水生态系统存在一定的平衡，构建良性水循环的城市水生态系统（Young et al.，1999；Hannula et al.，2003）。尽管这些概念在应用范围和实施背景上存在差异，但它们的主要内涵和理念是相似的，它们不是忽视自然的水文循环，而是依赖自然水循环的动力，尊重自然生态和保护自然环境。

我国在处理城市水管理问题上参考其他发达国家的理论和实践经验，在研究、借鉴与吸收经验后，结合我国实际情况进行改良，由此LID模式的城市建设模式逐渐被引进和实施，并构建了以LID为核心的海绵城市建设体系，随着城市水管理发展的逐渐成熟，海绵城市的内涵也得到丰富和完善。我国面临的情况与其他国家相似，但也存在一些独特的问题，例如，城市面积大且人口密集，对城市径流采取源头控制措施需要占用相对紧张的城市用地；我国土地辽阔，因而在地理气候和社会经济条件上存在明显的空间区域差异；我国的人均水资源相对于庞大的人口结构显得相当贫乏，加上我国城市化进程仍在加快，发展过程中的新老问题相互叠加容易导致城市水问题更加错综复杂，解决城市综合水问题的重要性与紧迫性尤为突出。因此，海绵城市建设需认真考虑各地区的自然禀赋，根据城市水文和水资源特征，确定海绵城市建设的目标和功能。

为了适应全球气候变化的影响和缓解城市水灾害，基于海绵城市建设提高城市区域下垫面调节和储存雨水的能力，使雨水径流尽可能滞留、储存或下渗并补充地下水，让城市在小雨条件下不容易积水，在大雨条件下不发生洪涝灾。Wang等（2018）在回顾了我国城市水资源管理的研究和政策的基础上，讨论了海绵城市的内涵、目标和特征，全面总结了我国海绵城市建设的经验与作用，通过调查研究进一步探讨了海绵城市面临的挑战、研究需求和发展方向。从海绵城市系统思维出发，王浩等（2017）提出涵盖全要素、全过程的宏观系统科学范式，以内涝积水、径流污染物总负荷和雨水控制利用等系统诊断方法对城市存在的问题进行识别，有针对性地采取防涝体系、控污体系和雨水利用体系建设等海绵城市基本途径，达到涝水平衡、污水平衡和用水平衡等海绵城市建设耦合平衡的主要目标。刘昌明等（2016）从良性水循环的研究角度分析了海绵城市建设规划的关键的技术和核心方法，基于城市现状的防洪排涝能力，强调因地制宜、就地消纳的海绵城市建设原则，充分利用城市地形地貌和生态景观措施，减小城市化对水循环的影响，达到城市水循环良性发展的目标。夏军等（2017b）基于水文学原理分析了《指南》中径流总量控制率的概念，指出该控制率的计算实质为与水文系统相应的年降雨总量控制率，且其能够与径流系数建立联系，由此深入剖析海绵城市建设背景下城市洪涝发生的条件和风险。车伍等（2015）提倡整合源头控制的LID雨水系统、城市雨水管网蓄排系统和超标雨水控制系统，增加不同系统之间的有机衔接，如把灰、绿结合的基础设施建设模式应用到旧城改造中，结合城市密集区域的绿化情况，改造建筑排水落管和既有排水管网，充分发挥灰、绿色设施功能，同时改善城市生态环境。

海绵城市策略是在长期的城市水管理研究基础上提出的，城市与水有关的问题变得越来越复杂，涉及城市水污染、城市内涝、城市水生态退化等问题，由于这些问题的复杂性和严重性，我国政府已经做出了很大的努力，但在缓解中国城市内涝方面仍有很长的路要走，并需要投入更多的时间精力。为应对我国城市水问题加重的不利形势，需要采取更多积极有效的对策，更多的研究者、规划师、设计师、工程师和管理者应该致力于海绵城市的建设并保持耐心，采取更加细致、合理的行动和政策，才能使海绵城市建设的巨额投资达到预期的目标和效益，根据 CNKI 指数检索分析可知，“海绵城市”一词 2014～2019 年的关注度如图 1-5 所示。

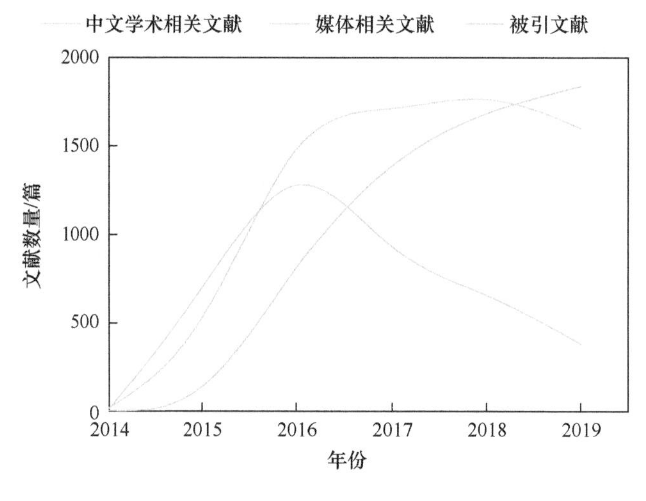

图 1-5　“海绵城市”CNKI 指数

由图 1-5 可知，自海绵城市建设管理策略提出之后，关键词包含“海绵城市”的中文文献迅速增加，至 2016 年相关学术文献年发表量超过了 1500 篇，并在之后每年保持相当的学术文献发表量；2015～2016 年海绵城市建设试点的开展广受媒体关注，因此媒体相关文献在 2016 年前后达到峰值；随着海绵城市建设的发展，相关文献引用逐渐增加，说明相关研究不断进行，其学术文献发表量和引用量的增长说明海绵城市相关研究进入常态化阶段，相关研究进程在稳步推进。Xia 等（2017）总结了海绵城市建设的机遇与挑战，指出以往城市的雨水管理主要关注如排水管网等灰色基础设施的雨水径流快速排放理念，不适用于城市的快速扩张和不透水面积快速加大的时代，以 LID 措施为代表的绿色基础设施能有效减轻灰色基础设施排水压力。从设计的角度看，需要系统思考海绵城市建设，灰色排水设施系统、自然生态系统和城市建设系统相结合（张伟和车伍，2016），不仅缓解了城市内涝的频率和影响，而且使城市居民更接近绿色植物和清洁的水体，增加城市生物多样性并缓解热岛效应。

城市水问题的治理是一项长期的、复杂的系统工程，而不是简单的城市建设工程，既要保持耐心并采取更加细致合理的结构性措施，也要采取适当的非结构性措施，这样巨大的投入才能达到预期的目标和效益，并为减轻我国城市水问题危害做出贡献，因此要认真考虑洪涝灾害发生的空间差异情况，根据城市的水文和水资源特征制定、调整和确定具体 LID 措施建设的功能和目标（王建龙等，2010）。在中国知网搜索“低影响开发”的结果中，选择被引用最多的前 200 篇文献做计量可视化分析，其关键词共现网络图如图 1-6 所示。

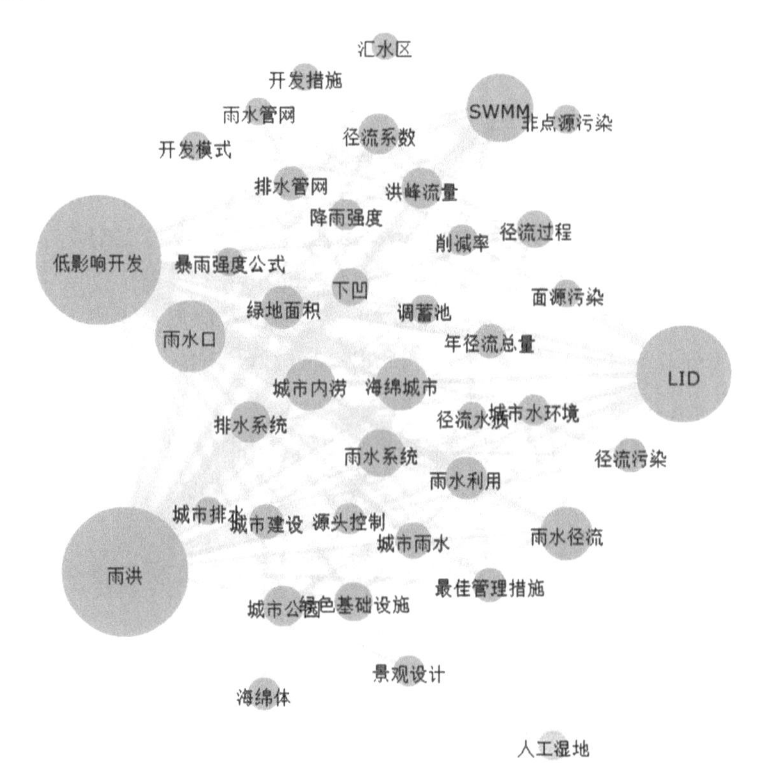

图 1-6 “低影响开发”等关键词共现网络图

由图 1-6 可知，在 2020 年以前的高被引中文文献中，“低影响开发”“LID”“SWMM”“雨洪”等关键词在相关中文文献中共同出现的频率最大，主要研究内容包括雨水口、城市内涝、雨水系统、雨水径流等，相关结果可以为海绵城市与 LID 基础设施规划建设提供有用的指导。在长期的海绵城市建设过程中，LID 措施的有效性也是一个渐进的过程，这意味着对建设 LID 措施的成本和有效性进行生命周期评估是必要的。LID 措施对径流水量和水质的控制效果受多种因素影响，既受场次降雨强度、降雨持续时间和降雨的时间间隔的影响，也受建设 LID 措施的工程材料、结构和组成的影响（王红武等，2012）。LID 措施基于对原生态的保护性设计，降低城市硬化表面面积，同时通过渗透作用减少径流并补充地下水或储存径流并加以净化利用，此外 LID 设施内植物既有利于吸收和降解污染物，也营造了良好的园林景观和改善城市生态环境（王建龙等，2009）。

海绵城市水生态系统的设计一直致力于提高城市系统的弹性，即在受标准负荷的情况下，尽量减小该系统在设计生命周期内的服务故障频率或尽可能减小故障的规模和持续时间。仝贺等（2015）把LID规划建设分为城市总体规划、控制性详细规划和修建性详细规划三大部分，促进多规合一的多部门、多专业之间配合协调运转，为LID建设提供指导作用。Baptiste等（2015）指出LID作为控制雨水的一种措施，增加了景观的美学和功能价值，影响城市居民实施绿色基础设施意愿的关键因素是效益、美观和成本。Matthews等（2015）基于生态连接性与生态系统多功能性，结合最大化人类和自然利益的概念，对LID情景下的生态环境服务能力进行量化，说明LID措施对维系生物多样性有重要的作用。

随着现代化海绵城市建设体系的不断发展，我国不同城市地区建设的示范工程渐见成熟，如作为西北地区代表的西安市西咸新区和沣西新城，马越等（2017）基于沣西新城排水系统存在的问题和土壤环境特征分析，对该地区的LID措施改造和布局做了系统规划，并证明LID措施能改善易涝积水的情况。胡晖等（2015）对雨水花园和下凹式绿地等LID措施在沣西新城的应用进行了探讨，结果显示沣西新城中雨水综合管理和利用系统有效削减了雨水径流并实现了雨水净化和利用。王月宾等（2018）着重分析了西咸新区和沣西新城的绿色屋顶设计情况，明确了不同的植物和种植土配置情况对径流的滞留效果，实现空间感知与绿色文化景观的有机衔接。还有作为东南沿海地区代表的深圳市光明新区，胡爱兵等（2010）率先在光明新区对LID措施的实践利用进行了探讨，确定了该区域雨水径流系数和控制目标。丁年等（2012）总结了光明新区的LID实施经验并解析了市政道路与LID措施的结合情况，细化了LID措施的设计、建设、应用和评估工作，指出LID措施对径流控制效果显著且改善了区域水生态环境。

1.4.2　LID径流控制效应研究

LID措施的目标是尽可能维持或恢复区域开发前的水文状况，以渗透和蒸发作用来尽可能减少雨势径流的外排，并为地下水提供充足的补给，同时拦截并净化径流污染物。LID措施起初强调从源头控制雨水径流，但经过发展，其含义拓展至源头、中途和末端不同尺度的控制措施。常见的LID措施包括下凹式绿地、透水铺装、绿色屋顶、生物滞留设施和人工湿地等。LID研究主要分为基础理论研究和应用技术研究，其主要研究方式为试验、监测及模型模拟，具体包括：实验室或现场建造LID措施以研究其水文过程和污染物控制机理；对LID措施现场运行过程中的水量水质进行监测并分析其调控规律；通过水文水动力模型模拟LID措施的径流控制和污染控制效果。

1. LID实验与监测

系统的实验、监测、评价和管理体系对LID的建设发展至关重要，我国多所研究机构对LID措施进行了实验观测和分析，西安理工大学的李家科教授团队对生物滞留池设施和雨水花园进行了长期的径流量和污染物监测，利用生物滞留池实验装置研究植被条件、污染特性以及填料类型、厚度及其组合方式等因素对生物滞留池性能的影响，基于实验观测数据结果建立可预测生物滞留池对污染物净化效果的线性回归方程，以及基于

Hydrus-1D 模型对污染物垂向迁移展开研究，不仅为建造生物滞留池的填料、植被选择提供科学参考，而且为深入了解生物滞留池运行特点和机理提供科学方法。此外，对雨水花园降雨径流和污染物进行长期监测，同时监测其对地下水位和水质的影响，探讨雨水花园运行过程中对径流和地下水的调控效果，为更全面掌握雨水花园运行特点提供参考（李家科等，2016；李鹏等，2016；郭超等，2017；蒋春博等，2018）。北京大学深圳研究生院的秦华鹏教授团队对绿色屋顶和生物滞留池实验装置进行分析，通过连续测定气象数据来定量研究有无蓄水层的两种结构绿色屋顶或不同植被的绿色屋顶对土壤水分蒸散发的影响，指出蓄水层有利于绿色屋顶调节蒸散发量，但在降雨频繁时不利于滞留雨水且成本较高（彭跃暖等，2017）。黎雪然等（2018）利用人工模拟径流实验探讨了雨前干旱期对生物滞留池净化氮素污染物的影响，雨前干旱期越长，生物滞留池对径流中的硝氮去除率越大，对有机氮去除率越小，而对氨氮和总氮影响不大。

在设置 LID 措施之前，需要调研和收集现场情况的监测数据，便于确定各种 LID 措施如何布局和实施，然后根据合适的投资规模确定采取何种 LID 措施组合方案。遥感（RS）、计算机技术（ArcGIS 和数值模型）和优化算法等在下垫面的高精度数据采集、城市降雨径流和污染过程模拟以及 LID 方案优化等方面发挥着重要作用。城市区域下垫面特征差异较大，通过先进的 RS 技术获取下垫面高精度信息，可因地制宜地在不同区域布置 LID 措施。实时在线监测排水系统、城市地表及周边河网的径流、水质等是海绵城市建设的重要组成部分，根据长期实时监测信息，可为研究 LID 措施的径流控制效果提供依据，有利于揭示 LID 措施的运行机理。Cipolla 等（2016）对绿色屋顶进行了长时间监测，同时监测绿色屋顶和普通屋顶在降雨时产生的径流量，同时考虑温度和蒸发对土壤含水率的影响，使用 SWMM 建模，并用观测到的长序列数据进行验证，结果说明绿色屋顶比普通屋顶更能有效地滞留降雨径流，通过全年累计的降雨与径流关系分析，SWMM 能很好地模拟绿色屋顶对径流的影响，为地方政府部门或设计人员评估绿色屋顶的水文效率提供依据。Lee 等（2015）在模拟 4 种降雨事件的基础上，研究了大面积绿化屋顶对减少径流的影响，结果表明，在试验期内绿色屋顶通过土壤层和植被层的截留和蒸散发效应，对径流的削减率可达到 13.8%～60.8%，其中 200 mm 土壤层对径流的削减率为 42.8%～60.8%，而 150mm 土壤层对径流的削减率为 13.8%～34.4%。

绿色屋顶作为改善环境质量和减少径流量的有效措施越来越受到关注，不同规模的绿色屋顶已经在许多城市中建造并投入运营，且对绿色屋顶进行实验和监测比其他 LID 措施相对简便。此外，绿色屋顶由于施肥少且维护成本低而被广泛使用，Beecham 和 Razzaghmanesh（2015）对 16 个城市地区中的绿色屋顶进行了调查和监测，以其设置斜率、生长介质种类、厚度和不同植物物种为主要变量，并以无植被的屋顶作为对照，收集监测各个区域集水点的雨水径流并分析绿色屋顶的保水能力和污染物排水情况，结果表明绿色屋顶对径流的削减率最高可达 51%以上，且植被较多的绿色屋顶排放的污染物比没植被的要少，说明改良绿色屋顶的土壤基质组成、基质厚度、植被类型和了解污染物的理化性质都有利于改善其径流出流的水质并提高径流削减率。Gregoire 和 Clausen（2011）对 248m^2 的绿色屋顶进行了监测，并分析了其排放径流中的多种污染物情况，指出 TP 和 PO_4^{3-}-P 在绿色屋顶径流中的平均浓度高于降水本身污染物浓度但低于普通屋顶的对照径流的污染物浓度。绿色屋顶能够明显净化 NH_3-N、Zn 和 Pb，但对 TP、PO_4^{3-}-P 和总 Cu 效果较差。径流中 Cu、Hg 和 Zn 总浓度的 90%以上为溶解态，绿色屋顶通过减少雨水径流来减少 TN、TKN、NO_3^-、NO_2^--N、Hg 和溶解的总 Cu 的排放总量。

透水铺装具有让路面雨水下渗、减少水污染、减少噪声及增大防滑阻力等众多优点，其功能的正常发挥需保证透水铺装的多孔结构具有足够的渗透性，或在应对极端天气时不易损坏，因此透水铺装的渗透能力是研究重点，Golroo 和 Tighe（2011）研究了冻融天气对透水铺装多孔结构的损害情况，并构建了透水铺装的路面损坏和渗透的主客观评价准则，指出地面破损等级与渗透率能力等级高度相关。研究生物滞留池的下渗能力同样具有重要意义，Trowsdale 和 Simcock（2011）监测了体积较小但土壤渗透性较高的生物滞留池系统，分析其土壤物理、水文和水化学变化情况，监测了 12 场降雨过程，有 10 场降雨令生物滞留池发生溢流，表明提高土壤渗透能力不能补偿因体积减小而减少的径流削减量，且生物滞留池对 TSS 和 Zn 有较高削减能力但不能减小 Cu 的浓度。

掌握城市雨水径流中污染物的运移规律，有针对性地使用 LID 措施对污染物进行有效控制，有利于改善城市径流水质，缓解城市水体污染负荷压力。一般情况下，影响 LID 措施对径流污染物控制的因素主要包括植被、土壤和 LID 结构（刘曙光等，2019）。植被的过滤作用可以有效截流颗粒态污染物，植物的呼吸作用和根系土壤中的微生物相互作用达到降解污染物作用，不同种类植物对根系输氧能力不同，造成土壤复氧能力不同及微生物生化环境差异，从而影响污染物的降解。土壤作为植物和微生物生长的介质，其比表面积和透水性能影响着对污染物的截流和净化效果，在垂向流动水体上，入渗深度越深，污染物削减效果越好，但是存在临界值，深层土壤的含氧量对污染物的降解起决定性作用。降解污染物一般需要一定时间，LID 的结构特征，如宽度、坡度和洼蓄深度等影响着径流在 LID 措施内的滞留时间，从而影响污染物削减能力。

城市非点源污染主要成因是降雨径流淋溶及冲刷城市下垫面表面，雨水径流挟带污染物进入城市水体从而引起水污染问题（李春林等，2013），若 LID 措施对污染物的降解作用得以合理发挥，则有利于缓解城市非点源污染对城市水体造成的污染负荷压力。此外，研究发现雨水径流过程中，污染物浓度峰值往往出现在径流初期阶段，形成径流初期污染物浓度高于后期径流污染浓度的现象，因此将其称为初期冲刷效应（车伍等，2011）。为了定性和定量分析初期冲刷效应，无量纲累积曲线、初期冲刷系数和质量冲刷强度指数等方法被陆续提出并应用，同时指出污染物冲刷受多种因素影响，汇水区汇流和雨水管道汇流中的污染物冲刷及输移规律有明显不同，此外，不同下垫面类型污染物的累积和冲刷情况均有差异，因此关于初期冲刷效应的研究需要足够和准确的数据作为支撑，长期有针对性的径流采样和监测对研究初期冲刷规律尤为重要（黄国如等，2018）。黄国如和聂铁锋（2012）在广州城区开展了非点源污染研究，对下垫面污染负荷进行了相关性分析，结果表明降雨雨型、强度及雨前干旱时间的不同均对雨水径流的污染物浓度和初期冲刷效应强度产生较大影响，结合初期冲刷效应与降雨因素的影响分析，指出 LID 是减少径流污染负荷的有效措施。Baek 等（2015）基于 SWMM 模拟不同 LID 设施大小对初期冲刷效应的影响，选用 SS 指标的质量初期冲刷（mass first flush，MFF）指数量化污染程度，选取合适的 MFF 值以确定 LID 的规模，达到优化 LID 设施的目标。

2. LID 措施性能与模型分析

大多数可用的LID措施性能分析模型是基于集水区规模的水文过程开发的，或是为特定的LID措施开发的，具有预先定义的结构和有限的范围。在集水范围和规模上，有一些常用的软件可用于大规模评估LID措施的有效性和规划目的。例如，在国内外流行的SWMM采用的是产汇流时间和下渗衰减系数模拟方法，根据LID措施的进水总量来计算其出水总量。其他如Massoudieh等（2017）基于LID基础设施的多维水力学和水质净化过程开发出了一个绿色基础设施简便模型GIFMod（green infrastructure flexible model），该模型可以模拟湿地、生物池系统、雨水花园和绿色屋顶等LID措施的水分和溶质迁移，评估LID措施的长期性能并探索其潜在的改进方案，并对LID措施的水力学过程以及其中污染物的迁移情况进行建模，不仅详细地考虑了水流在LID措施内部的反应和传递过程，而且考虑了LID措施设计结构影响污染物的去除或输移的相互作用，为实地建设LID措施提供设计规划参考依据。Ahiablame等（2013）利用不同LID建模框架生成六种不同的改造方案，分别为流域现有条件、高密度住宅区和商业区25%的屋顶与雨水桶连接、高密度住宅区和商业区50%的屋顶与雨水桶连接、25%的道路改造成透水铺装、50%的道路改造成透水铺装、高密度住宅区和商业区50%的屋顶与雨水桶连接及25%的道路改造成透水铺装，使用L-THIA模型对各方案进行长期水文影响评价，指出不同雨水桶和多孔路面对径流量和污染负荷的削减为2%～12%。Qin等（2016）针对绿色屋顶的土壤层和蓄水层分别使用Hydrus-1D模型与蒸发模型耦合进行模拟，对不同结构方案的绿色屋顶在不同典型气象条件下的灌溉结果进行了评估，结果表明一年灌溉情况下有35%的绿色屋顶植被枯萎，并提出最佳灌溉方案为每3～7d对绿色屋顶进行灌溉。

在雨量较小的条件下，使用模型模拟的径流削减率对LID措施所在子流域的不透水区域比例更为敏感，而在雨量较大的条件下，径流削减率主要受子流域洼地蓄水量和LID设置比例的影响。此外，在流域下游管道排水能力较低的子流域上建设LID措施可以有效地控制区域内径流外排量。对LID措施性能量化的方法通常涉及烦琐的参数解构和估计，为了解决这些不足，需要采用相对性能评估方法来评估小型城市集水区LID方案对水环境的各种影响。Yang和May（2017）使用SWMM模拟LID措施在流域中的水文过程，以水平衡影响、表面污染物负荷、污水溢流和洪水风险的联合影响等水环境因素作为评价指标，根据指标得分的加权汇总量化LID组成方案系统的有效性，结果表明在雨水径流量管理方面，覆盖整个流域的绿色屋顶与覆盖3%～5%流域的生物滞留池的控制效果一样，当生物滞留池的表面积从2%增加到10%时，其效率就会加倍。Xing等（2016）使用SWMM模拟了不同LID措施布局的场景，以研究不同降水情况下不同布局对径流控制效率的影响，在两小时雨量为50mm的降雨事件中，模拟的16个子流域中4种LID措施布置了1820种情景，其结果为最大削减率与最小削减率相差59.7%。不同的布局对总出水量、内部出水量、峰值流量和总悬浮固体颗粒的控制效果不同，因此通过优化径流储存和过滤设施的布置来提高成本效率至关重要。

使用SWMM模拟LID措施对径流控制和对径流污染物控制的相关研究逐渐受到重视，模型参数的敏感性影响着模拟结果的精度，因此张少钦等（2017）以透水铺装和植草沟作为研究对象，使用 EFAST 方法对 LID 措施控制径流效果做了敏感性分析，指出植草沟对渗透区域的粗糙系数更加敏感，适合用于控制径流总量，透水铺装对最大、最小下渗率参数更加敏感，适合用于控制径流峰值。郭凤等（2016）选取植草沟为研究对象，通过实测和模拟，研究最大及最小入渗率、入渗衰减系数、表面粗糙率和土壤渗透率对模型的敏感性，指出土壤渗透系数敏感性最高。研究分析 SWMM 模拟径流总量的参数敏感性的同时，SWMM 模拟水质变化参数敏感性分析也越来越受到重视，而且水质参数的敏感性比水量模拟的参数敏感性更为突出，因为水质的变化情况更加具有不确定性（曾家俊等，2020）。黄金良等（2012）使用蒙特卡罗和区域灵敏度分析（RSA）方法对 SWMM 参数进行多采样分析，根据参数的可识别性，结合 K-S 检验方法判断参数的灵敏度，在水力参数验证基础上进行水质参数的灵敏度分析，指出冲刷系数、径流幂指数和最大累积污染物量不确定性最小。谭明豪等（2015）使用 Morris 分类筛选法对 SWMM 中不同土地利用类型水质参数进行敏感性分析，并对水质指标的模拟值与实测值进行了相关性分析，对各参数进行了优化，保证模型的可靠性。李春林等（2013）对 SWMM 水文模块中特征宽度和水质模块的冲刷系数及污染物累积参数进行分析，水质参数的敏感性较高。高颖会等（2016）利用 Morris 分类筛选法研究了 SWMM 中不同水文水力参数对径流量和径流系数的敏感性，其中对干燥时间参数做了分析，并表明干燥时间对径流模拟结果没有影响。孙艳伟等（2012）在分析 SWMM 径流参数敏感性的同时，对比分析了 Horton 和 Green-Ampt 入渗模式的参数敏感性，结果表明两种入渗模式对径流的影响差异不大，而且最大和最小入渗速率对径流影响最大。

基于不同降雨特征条件下 LID 措施的水文响应不同，Qin 等（2013）以湿地、透水路面和绿色屋顶为研究对象，以一系列不同雨量、不同持续时间和不同峰值位置的降雨数据作为 SWMM 输入数据，模拟 LID 措施对径流的影响并做整体评估，结果表明不同的 LID 措施在不同雨量条件下都能较好地控制径流，而不同峰值位置的降雨对 LID 措施性能的影响较大，其中峰值靠前时湿地的截流性能最好，峰值在降雨中期时透水路面的截流性能更好，而峰值靠后时绿色屋顶的截流性能更好。李家科等（2014）以雨水花园为研究对象，基于实地监测数据率定和验证 SWMM，模拟了不同降雨条件下设置比例为 2%的雨水花园对城市暴雨径流和污染物的削减效果，结果表明雨水花园对径流和污染物均具有峰值迟滞与削峰减量的作用，且降雨重现期越大，削减率越小。在降水资料缺乏的地区，可基于 SWMM 对比分析汇水区在不同雨型下的水文、水力和环境响应（Li et al.，2018），并能对比 LID 措施与传统开发的情况差异，为针对不同规划目标的 LID 措施建设项目提供科学依据。

考虑到 LID 措施设计参数较多，制定的 LID 措施设计方案应借助计算机技术和水文软件在防洪、污染控制、雨水利用、经济成本等方面进行反复优化和评估。Jia 等（2014）以苏州的桃花坞为研究对象，选择合适的 LID 设施在研究区域内做规划，基于 SWMM 建立模型，以评估在不同的暴雨情景下实施 LID-BMPs 系统所达到的水量和水质效益，结果表明有 LID 设施比没有 LID 设施的雨水调蓄和雨洪管控更加有效。秦华鹏等（2016）综合评价 LID 技术时考虑了不同雨量、持续时间和峰值位置的一系列暴雨事件，根据暴雨过程中洪水总量的减少来衡量 LID 设计与传统的排水系统设计的差异，并提出了一种基于水量平衡理论的简单方法，对模拟结果进行了理论分析，并解释不同降雨特性下不同 LID 设计对防洪效果的影响。Liao 等（2013）以生物滞留池、渗透沟、透水路面、雨水桶和下凹式绿地 5 种典型 LID 措施分析了 LID 工程在高度城市化地区内的洪涝防治作用，使用 SWMM 模拟了不同情景下径流量、峰值减小量和径流系数的变化情况，比较结果得出雨水桶和渗透沟是研究区域内最合适的措施。王雯雯等（2012）构建了深圳市光明新区的 SWMM，并模拟了不同 LID 措施对城市水文过程的影响，并将其与城市化以前的情景做对比，结果显示 LID 措施能有效削减洪峰流量，缓和峰现时间并缓解城市排水管网的压力。

SWMM 等水文模型需要输入降雨、研究区域下垫面特征等众多基本数据，在某些情况下这容易对缺乏基础资料的研究人员造成困扰。另外，应用 SWMM 处理复杂的城市排水管网系统的工作量较大，研究人员需要专业的知识与培训从而花费大量的时间和资金，因此相关研究提出利用解析概率模型计算 LID 措施的水文效应，从而可以避免处理这种复杂的排水网络。

解析概率模型首次应用于加拿大多伦多，Guo 和 Adams（1998）提出了基于场次降雨的概率分析模型来确定城市汇水区的年平均径流量，利用历史降雨记录统计出雨量、降雨持续时间和降雨事件时间间隔的频率分布，并使用指数型概率密度函数进行拟合，然后基于降雨–径流的水文过程关系推导出年平均径流解析式，基于推导的径流解析式、降雨持续时间和汇水区汇流时间可进一步推导汇水区的峰值流量或峰值频率分布解析式。对降雨–径流概率变换结果进行扩展，考虑降雨过程中的超渗产流情况以分析 LID 措施的入渗量和产流量，结果指出 LID 措施的最大入渗量是有限的，分析 LID 措施性能时应同时考虑邻近区域径流进入 LID 措施的情况以正确估算 LID 措施的径流削减率（Guo et al., 2012）。Zhang 和 Guo（2013a，2013b，2013c，2015）基于解析概率模型对绿色屋顶、生物滞留池、雨水花园和透水铺装进行了分析，推导出各种设施的出流量和径流削减率解析式，同时将解析概率模型计算结果与 SWMM 模拟结果进行对比分析，说明解析概率模型计算结果有较高可信度。降雨事件是一个随机序列，分析降雨特征时除了使用指数型概率密度函数进行拟合，还可以选用对数型概率密度函数做拟合分析（Bacchi et al., 2008），因此根据研究区域的实际降雨情况不同，可选用更好的降雨拟合线型做分析，以得到更准确的结果。解析概率模型可以较为简便地在计算机电子表格中实现，只要完成对研究区域的历史雨量记录的统计分析，就可以利用解析概率模型来代替数值水文模型，或与数值水文模型同时使用并对比分析，从而节省大量建模模拟时间。

1.4.3 LID 措施设计优化与评估

海绵城市建设项目中不同的 LID 措施空间布局会导致不同的水文响应和效益，选择一个相对合适的 LID 措施空间布局，既能降低所需的经济投资水平，又能优化项目的效益，为了确定这种布局，需要在不同的情况下对 LID 措施建设方案进行系统的研究和评估。Yazdi 和 Salehi（2014）集成了 Copula 函数、MCS 方法、水文水力模型、NSGA-Ⅱ算法、ANN 和模糊集理论等多种数学工具对洪水的时空变化进行分析，并以此确定LID措施防洪策略的最优情况。结果显示在蒙特卡罗框架内考虑洪水固有的时间和空间不确定性，通过 Copula 函数建立了实测极端降雨的多元联合分布，结合NSGA-Ⅱ优化模型，在一个统一的框架内，成功地确定了研究流域内不同区域有效的LID 措施策略，为决策者在考虑关于不同优化计划的鲁棒性和估计收益或损失的可靠性时提供有价值的见解。Liu 等（2015）基于水文水质模型 L-THIA-LID 2.1 模拟美国印第安纳州某流域的 BMP 和 LID 措施设施配置对径流和污染负荷的影响，运用多基因遗传自适应多目标优化算法（AMALGAM）帮助选择最佳的 LID 措施配置方案，利用多级空间优化（MLSOPT）降低水文模型优化的计算复杂度，为项目选出在最小经济情况下的最大径流削减和最大污染负荷削减方案。Joksimovic 和 Alam（2014）采用PCSWMM 对绿色屋顶、透水铺装、生物滞留池、渗透沟、湿地沼泽和雨水桶 6 种不同种类的 LID 措施及其 11 种组合的雨水管理绩效进行了模拟，结果表明，在评价个别 LID 措施及其组合的成本效率时，绘制径流削减率与资本成本之间的关系图是最有用的方法，方案分析显示改造道路和停车场能最大限度地提高渗透能力以减少径流。

基于多目标准则的LID措施优化设计系统研究已在国内开展，LID措施优化设计需要从建设选点、布局、LID措施种类组合搭配、径流控制效应和实施经济成本等多方面指标综合考虑，统筹各指标的特性后选择最优方案（Jia et al.，2013）。Jia 等（2015）以佛山某校区为研究对象，在校区内规划LID措施，并分别模拟了四种情景下的径流情况：分别是开发前情景；没有 LID 措施情景；根据 LID 措施的成本和性能效益模拟出经济成本最低时设置 LID 措施情景；模拟在 LID 性能最大时设置 LID 措施情景。通过四种情景对比分析，找出评估径流情况的敏感因素，并使用 NSGA-Ⅱ算法计算出 LID 性能与成本效益之间的最优情况，即以最经济的形式使 LID 性能效益最大化，SUSTAIN 系统在其中发挥着重要作用。梁骞等（2017）以深圳新开发区为研究对象，基于 SUSTAIN系统分析LID设施在研究区域削减峰值流量方面的成本效益，其在不同重现期降雨情景下模拟了多种 LID 措施组合，得到优化方案及成本–效益曲线，指出 LID 措施在高强度降雨下的径流控制效果较差。付喜娥（2015）等从投资价值、有形价值和无形价值等方面构建绿色基础设施经济价值评估模型，对绿色基础设施的经济效益进行评估，指出绿色基础设施的间接经济效益潜力大，生态效益不容忽视。

为量化建设 LID 措施的优势和劣势，分别从 LID 措施的建筑材料、运输、建设和运行过程等方面对 LID 措施进行生命周期评价（LCA），有利于 LID 措施实施策略在节省成本、发挥径流控制效益、减少碳循环和缓解热岛等方面做出的贡献（Spatari et al.，2011）。芦琳等（2013）使用 LCA 方法对雨水花园和透水铺装等 LID 措施进行评价，并借助 eBalance 软件进行分析，综合雨水花园和透水铺装的成本–效益分析，在两种设施的补充地下水效益、减少污染效益、节省排水运行费用效益和节省防洪费用效益等方面作出综合分析，阐明了 LID 措施生命周期内的环境、经济、社会等多重效益。Mei 等（2018）采用基于 SWMM 和生命周期成本分析（life cycle cost analysis，LCCA）的评价框架，对流域防洪发展进行综合评价，为海绵城市建设的决策提供可靠依据。其中选用了 15 种绿色基础设施组合在不同重现期降雨情景下进行模拟并对比分析，指出单位成本的生物滞留池和绿地沼泽能实现最大雨洪削减效益。Luan 等（2019）选用流量削减、峰值削减、污染负荷削减和经济成本为指标，基于逼近于理想值的排序（technique for order preference by similarity to an ideal solution，TOPSIS）多目标分析方法对LID措施方案进行比选，为雨水管理决策者提供规划设计思路和最优设计方案。Liao等（2018）基于随机森林对LID措施布局方案进行客观评估并优选，为海绵城市建设提供科学的参考价值。

在气候变化和城市化的不良影响下，城市水综合管理需要采取更为有效的综合应对措施和发展模式，在调控降雨径流的同时，加强对径流污染的有效控制，优化基础设施的成本和绩效，结合环境生态推动城市水管控措施的可持续发展，从而构建完善的城市水综合管理科学，为预测气候变化条件下城市径流排放变化情况奠定基础（Wu and Huang，2015）。此外，评估气候变化和城市发展对城市雨洪管控的影响，可检视现状的城市水综合管控措施的有效性，评估LID措施和排水管网等灰、绿基础设施应对极端降雨事件的潜在能力，同时可为管理者制定具有较强适应性和弹性的城市水综合管理策略提供科学参照（黄国如等，2015）。Ranger等（2010）使用PRECIS模型模拟了孟买在2080年的极端降雨情景，并基于危险性、暴露性和脆弱性对孟买所在流域进行了洪水风险评估，指出该区域洪水灾害发生频率呈增大趋势，并为此提出解决措施。Joyce等（2018）揭示了沿海城市流域低洼地区潜在的洪水风险与排水基础设施弹性之间的耦合关系，以评估洪水灾害及其可能的驱动因素，然后使用Copula分析，确定跨流域内低洼地区潜在的洪水风险的相关结构，并提出了基于洪水风险和工程弹性联系的风险公式。Carlson等（2015）从文献和案例研究的角度描述了为应对气候变化适应战略的LID措施面临的制度和个人的挑战，在现有公共产品供应知识的基础上，LID措施具有分布式、灵活、模块化和可扩展的特点，可为城市排水系统提供有效保障。

在全球变化和城市化的影响下，城市地区的局地气候系统变得更加复杂和不稳定，将导致更多不可预测性的暴雨增加，因此及时并准确地预测暴雨频率变化趋势是一项重要的任务。Zhang等（2017）分析了珠三角地区的气候变化情况，使用A1B排放情景和不同浓度路径预测了广州地区未来极端降雨和潮位变化情况，讨论了未来气温、极端降水量、海平面以及联合极端降水和潮位概率的不确定性。结果指出2020～2050年，广州极端降雨将有所增加，海平面将上升，从而导致内涝风险增大，结论对广州内涝控制提供了重要参考。陈光（2016）对广州地区建立了在气候变化和城市扩张的影响下城市热环境的变化模拟方法，并采用精细化土地利用数据基于元胞自动机–马尔可夫链模型模拟城市扩张变化情况，提出不同情景下的城市热环境空间格局优化策略，城市扩张的预测模拟为研究未来情景的城市下垫面不透水面积情况提供了重要参考依据。Wang等（2019）以广州某试验区为例，基于不同的RCPs情景探讨了透水铺装和生物滞留池在气候变化条件下对径流量和峰值的削减效果与成本效益的关系，为城市建设应对气候变化提出相应的适应措施和策略。Dong等（2017）结合城市化和气候变化的不确定性，同时考虑了排水系统的功能多样性、拓扑关系复杂性和扰动随机性，对城市排水系统的弹性进行研究，提出了新的对排水系统弹性的量化指标，指标基于社会冲击、环境冲击和技术冲击进行评价，通过在研究区域进行情景模拟和计算，分析了灰、绿色基础设施在面对未来情景下，对不同程度的城市化和气候变化的影响所发挥的径流削减作用，结合成本效益分析能够制定灰、绿基础设施的最优经济效益组合。

1.5　主要研究内容

本书基于国内外LID措施研究现状，从中试试验、现场试验、现场监测及模型模拟等方面系统地研究LID措施雨水径流水量和水质控制效应，并结合Hydrus-1D模型展开LID单项的模型模拟与分析评估。以广州市海绵城市建设示范区天河智慧城为主要研究区域，从径流量和径流污染负荷两方面对LID措施的径流控制效应进行综合分析，主要研究内容如下。

（1）设计下凹式绿地、透水铺装和绿色屋顶等典型LID措施的中试试验装置，通过人工模拟降雨/雨水径流，研究不同降雨特征下各LID措施的径流流量和污染物浓度变化过程，并分析在不同降雨强度时下凹式绿地的植被类型、透水铺装面层类型和绿色屋顶基质厚度等因素对径流水量和污染物负荷的削减效率的影响，同时试验结果可为后续的模型模拟研究提供建模参数和机理。

（2）设计生物滞留池的现场试验设施，分析其填料性质，并通过人工模拟雨水径流，研究不同降雨重现期下生物炭分布状态、淹没区高度和渗透条件等生物滞留池内外部因素对各种填料含水量的影响，并分析其雨水径流流量和污染物浓度变化过程，量化各因素对生物滞留池雨水径流水量水质控制效果，同时试验结果也可为后续的模型模拟研究提供建模参数和机理。

（3）选取广州市天河智慧城核心区内的透水铺装、绿地和人工湿地展开现场监测。对透水铺装和绿地的雨水径流水量水质展开现场监测，分析降雨历时、雨量、雨前干旱期、平均雨强和最大雨强等降雨特征对透水铺装和绿地雨水径流水量控制效果的影响，并分析透水铺装和绿地雨水径流污染物浓度变化过程及其主要影响因素；对人工湿地展开为期一年的水质监测（共20次现场取样监测），并基于监测数据分析不同季节和降雨强度对人工湿地水质的影响，从而为LID措施的规划和设计提供技术支撑。

（4）基于前述试验研究内容的结果，构建防渗型生物滞留池、渗透型生物滞留池、下凹式绿地和透水铺装等单项LID措施的Hydrus-1D模型，并使用试验观测到的试验数据进行模型参数的率定和验证。然后运用已验证的Hydrus-1D模型进一步探究多种工况下防渗型和渗透型生物滞留池（降雨重现期、汇水面积比、蓄水层高度和种植土厚度）、下凹式绿地（降雨重现期、汇水面积比、雨水口高度和种植土厚度）和透水铺装（降雨重现期、降雨历时、雨峰系数和透水砖渗透系数）的雨水径流水量水质控制效应和规律，并分析各降雨重现期下不同工况与径流量削减率和径流污染物负荷去除率之间的函数关系，从而为LID措施的应用提供合理的设计参数。

（5）在广州市天河智慧城选择具有代表性的闭合排水区作为研究区域，开展降雨径流水量水质同步监测，基于区域内下垫面特征和排水管网等资料构建基于SWMM的城市雨洪模型，利用研究区域内的水量水质资料进行模型参数的率定和验证，并对模型参数进行敏感性分析，为模型的应用分析打下扎实的基础。

（6）统计分析广州市1980～2012年小时降雨数据以确定其降雨特征，利用解析概率模型探讨LID措施在长期降雨条件下的水量平衡原理，求解LID措施的年平均径流削减率，并将其计算结果与SWMM的模拟结果进行比较，验证解析概率模型的合理性和精度。在得到解析概率模型求解结果与LID生命周期成本（life cycle cost，LCC）分析的基础上，利用NAGA-Ⅱ算法对实施LID措施的建设规模进行优化，为LID的合理建设提供科学参考。

（7）根据研究区域内采集的不同降雨场次的径流污染物浓度数据分析不同污染物浓度变化规律，基于主成分分析法（principal component analysis，PCA）揭示污染物特征及其相关性，然后采用定性和定量相结合的方法分析不同下垫面径流污染物的初期冲刷效应，基于SWMM研究LID措施对初期冲刷效应的影响，进一步说明LID措施对径流污染控制的有效性。

（8）将改进离散二进制粒子群优化算法（discrete binary particle swarm optimization algorithm，BPSO）算法与NSGA-Ⅱ算法和SWMM耦合，构建基于人工智能算法的LID空间布局多目标优化模型。以径流排放总量与污染物排放总量综合加权值及工程建设成本为优化目标，对区域的LID布局方案进行优化分析。对根据不同模型计算得到的Pareto前沿及算法收敛形态两方面进行对比，分析不同智能优化算法之间的性能差异，探讨LID布局多目标优化的关键技术。

（9）以LID措施的径流削减、峰值削减、污染负荷削减效果及生命周期成本为主要评价指标，基于TOPSIS分析法构建LID建设方案综合评价体系，为不同LID建设方案评分，并根据实际需求对各建设方案进行优选。基于气候变化条件预测未来不同的降雨情景，模拟分析LID措施应对气候变化的适应性，并探讨LID措施在未来降雨情景下的有效性。

第 2 章　基于中试试验的 LID 措施雨水径流控制效应研究

2.1　中试试验装置设计

为了解 LID 措施在广州市等赤红壤区域的雨水径流水量水质控制效果，本章选取了下凹式绿地、透水铺装和绿色屋顶展开中试试验，探究其在不同降雨强度和下垫面条件下的雨水径流控制效应。试验研究结果有助于进一步推进 LID 措施在解决赤红壤区域城市水问题中的应用，并为后续的模型模拟研究提供建模参数和机理。本章设计了下凹式绿地、透水铺装及绿色屋顶 3 种 LID 措施的中试试验装置，这些试验装置的框架均由不锈钢焊接而成，然后根据不同 LID 措施的填料要求来铺填材料。

2.1.1　下凹式绿地试验装置设计

下凹式绿地试验装置的赤红壤层厚度设计为 500mm，种植土层厚度为 200mm。下凹式绿地的下凹深度一般不大于 250mm 且不小于 50mm，结合广州市典型绿地入渗率，综合选定试验装置的下凹深度为 100mm。试验装置长和宽均设计为 2000mm，箱体高度为 800mm，支架高度为 400mm，雨水口高度为 50mm，装置的箱体内置 4 个隔间，每个隔间大小为 2000mm×500mm，其中 3 个隔间分别种植玉龙草、马尼拉草、大叶油草，另一个隔间为裸土。在试验装置的管道尺寸设计方面，结合所采用的流量计直径大小，将入流管的直径定为 32mm。为了保证溢流过程顺畅，溢流管的直径应大于或等于入流管直径，将试验装置的溢流管直径定为 40mm，下渗管直径定为 25mm。除此之外，本试验装置的径流扩散装置设计有一定的延伸长度，用于防止水流流失。自上而下的结构层分别为植被层、种植土层、赤红壤层、透水土工布层和砾石排水层。填料中的赤红壤和种植土在干密度为 $1.35g/cm^3$ 下，渗透系数分别为 4.3×10^{-5}cm/s 和 7.3×10^{-5}cm/s。不同结构层的渗透性能排序为砾石排水层>透水土工布层>种植土层>赤红壤层。下凹式绿地试验装置各部件尺寸详细见图 2-1 和图 2-2，实际效果如图 2-3 和图 2-4 所示。

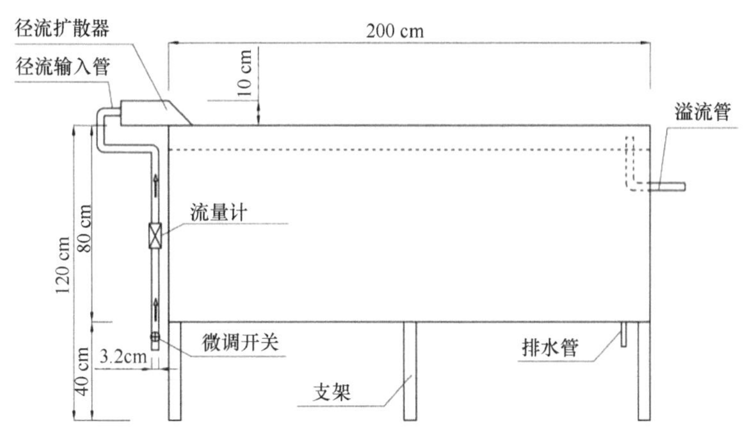

图 2-1　下凹式绿地装置部分构件示意图

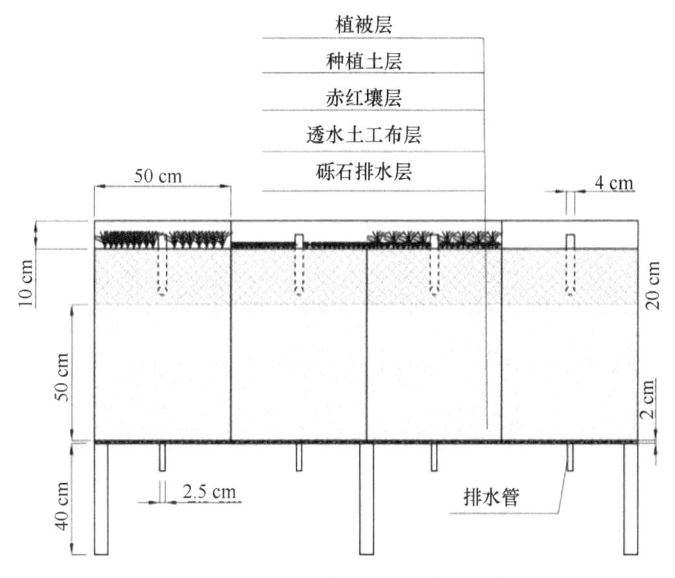

图 2-2　下凹式绿地装置各层填料示意图

图 2-3　下凹式绿地装置植被层示意图

图 2-4　下凹式绿地装置进水端示意图

2.1.2　透水铺装试验装置设计

透水铺装试验装置长 2000mm、宽 1000mm，箱体高度为 1000mm，支架高度为 500mm，并在装置末端设置径流收集装置。透水铺装试验装置的滤水层厚度设计为 35mm，土壤基层厚度为 430mm，粗砂垫层厚度为 36mm，级配碎石层厚度为 364mm，找平层厚度为 20mm，透水铺装面层类型采用透水砖，其厚度为 50mm。为了防止下渗的水流把土壤颗粒带出装置，在土壤基层和滤水层之间设置一层厚度为 5mm 的透水土工布。透水铺装试验装置自上而下的结构层分别为透水砖层、找平层、级配碎石层、粗砂垫层、土壤基层、透水土工布层和砾石排水层。土壤基层为广州常见的赤红壤，找平层所用材料为粗砂，级配碎石层所用的集料级配如表 2-1 所示。

表 2-1　级配碎石层集料级配

筛孔尺寸/mm	通过质量百分率/%
31.5	100
26.50	84.24
19.00	39.12
13.20	24.26
9.50	15.75
4.75	7.76
2.36	4.21
0.08	0.02

透水铺装试验装置各部件尺寸详细见图 2-5 和图 2-6，实际效果如图 2-7 和图 2-8 所示。

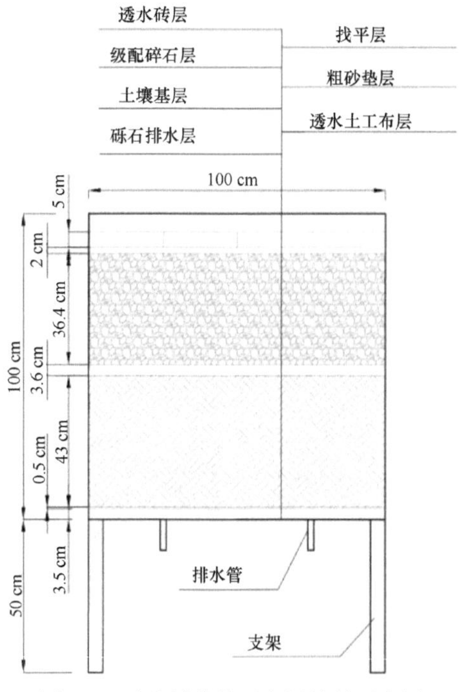

图 2-5　透水铺装装置各层填料示意图

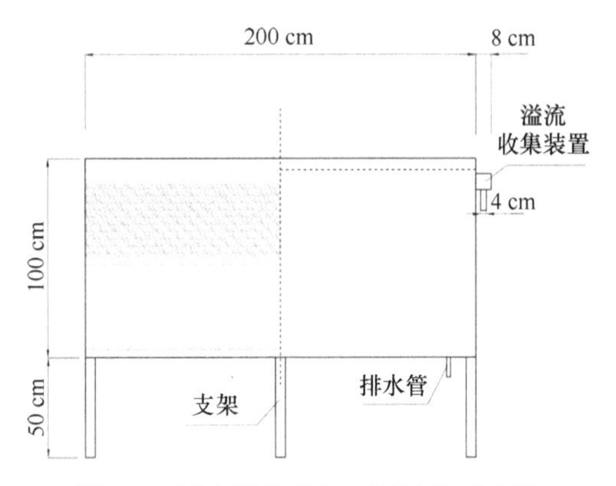

图 2-6　透水铺装装置侧面结构示意图

图 2-7　透水铺装装置表层透水砖示意图

图 2-8　透水铺装装置侧面示意图

2.1.3　绿色屋顶试验装置设计

绿色屋顶试验装置长和宽分别为 3000mm 和 1000mm，支架高度为 500mm，设有 2%的排水坡度，并在装置末端设置出水口。绿色屋顶装置的结构层自下而上依次为排水层、过滤层、基质层、植被层。种植基质选用城市绿色废弃物再生的立体绿化营养基质，厚度分别为 30mm、50mm 和 70mm。每个平台种植同等密度的常用屋顶绿化植物垂盆草。绿色屋顶试验装置各部件尺寸详细见图 2-9 和图 2-10，实际效果如图 2-11 所示。

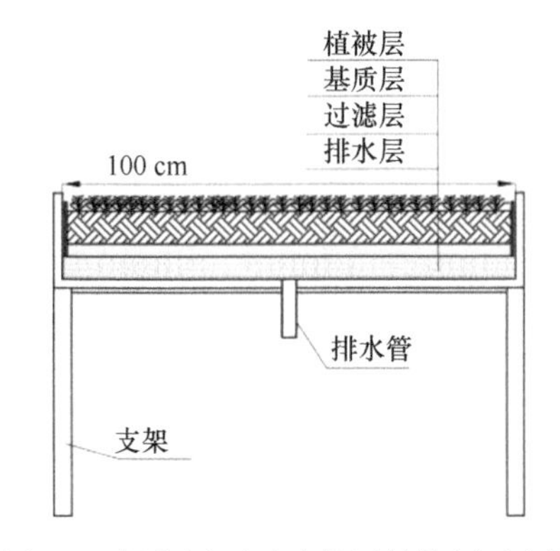

图 2-9　绿色屋顶试验装置结构层示意图

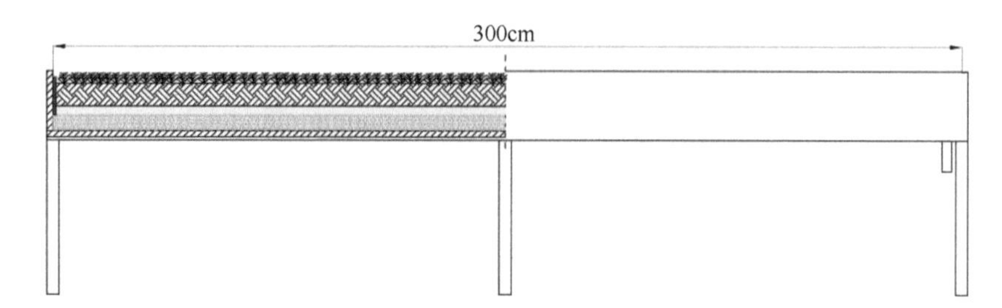

图 2-10　绿色屋顶试验装置侧面结构示意图

图 2-11　绿色屋顶在不同基质层厚度下的试验装置示意图

2.1.4　下凹式绿地试验供水系统

下凹式绿地试验的供水系统主要由水塔、恒压变频水泵及管道连接而成，其中水塔规格为 2000L。进水管与自来水系统连接，出水口和水泵之间用钢丝管连接，在水泵上设有回水管和入水管接头。入水管与下凹式绿地试验装置的进水管道连接，当试验所需流量小于水泵出水量时，多余的水会通过回水管回流到水塔内。下凹式绿地试验供水系统如图 2-12 所示。

图 2-12　下凹式绿地试验供水系统示意图

2.1.5　人工模拟降雨系统

透水铺装和绿色屋顶试验所用的人工模拟降雨系统降雨高度为 15m，降雨雨滴在达到试验装置表面时的速度满足天然降雨特性，有效降雨面积为 $8\times10m^2$，降雨均匀系数大于 0.8。模拟降雨系统共有 246 个喷头，分布于 9 组水管上，每组水管分别有 6 根水管，每根水管的两端由电磁阀开关控制进水。人工模拟降雨系统如图 2-13 所示。

图 2-13　人工模拟降雨系统示意图

2.2　试验研究方案

2.2.1　下凹式绿地试验研究方案

1. 下凹式绿地试验进水水量的确定

下凹式绿地共设计 6 个不同的降雨重现期进行径流水量控制试验，分别为 0.5 年、1 年、2 年、5 年、10 年和 20 年，且降雨历时均为 1h。试验装置设置了 4 个等面积的隔间，用于模拟 4 种不同植被层，每个隔间面积为 $1m^2$。每个隔间的汇水面积比（下凹式绿地面积与汇水面积之比）皆为 20%。采用广州市暴雨强度公式[式（2-1）]和雨水流量公式[式（2-2）]计算出每个试验隔间进水水量，结果如表 2-2 所示。下凹式绿地供水系统则根据计算得到的进水水量进行供水，其进水水量主要通过下凹式绿地试验装置上的流量计和微调开关进行控制。从溢流产生时开始取样，每隔 5min 取样一次，直至溢流结束。记录每次采集样品的水体质量及其所用时间，从而分析计算溢流流量。

$$q=\frac{3618.427(1+0.438\lg P)}{(t+11.259)^{0.750}} \tag{2-1}$$

式中，q 为降雨强度，L/（s·hm^2）；P 为降雨重现期，年；t 为降雨历时，min。

$$Q=\psi qF \tag{2-2}$$

式中，Q 为进水水量，L/s；ψ 为综合径流系数；F 为下凹式绿地汇水面积，hm^2。

表 2-2　不同降雨重现期下的下凹式绿地进水水量

参数	0.5 年	1 年	2 年	5 年	10 年	20 年
降雨强度 q/[L/（s·hm^2）]	128.08	147.53	166.99	192.70	212.15	231.61
汇水面积 F/m^2	5	5	5	5	5	5
综合径流系数 ψ	0.85	0.85	0.85	0.85	0.85	0.85
进水流量 Q/（L/h）	196	226	255	295	325	354

2. 下凹式绿地进水水质的确定

目前的研究已表明降雨径流中含有营养性污染物、重金属、油脂和大肠杆菌等（Huang et al.，2007）。为了评估 LID 措施的污染物去除效率，Zhang 等（2009）选取 TSS、BOD_5、NH_3-N 和 TP 等水质参数进行分析。而 Jia 等（2015）选取了 COD_{Cr}、NH_3-N、TSS、TN、TP、Cu 和 Zn 等水质参数来评估佛山市 LID 措施对城市雨水径流的控制效果。因此，本节选取 BOD_5、COD_{Cr}、SS、NH_3-N、TN 和 TP 作为水质参数进行雨水径流污染物控制效果分析。然后根据 Gan 等（2008）、黄国如和聂铁锋（2012）在广州城区的雨水径流水质监测结果确定人工模拟径流的污染物浓度，如表 2-3 所示。为配置人工模拟径流的污染物浓度，所需要的试剂质量如表 2-4 所示。然后将这些试剂加入水塔内 2000L 的水中，并进行混合搅拌，且在试验过程中持续搅拌，使得试验过程中径流污染物浓度均匀一致。相关研究结果表明在不同重现期下，雨水径流经过 LID 措施削减后，各种污染物浓度变化过程规律基本相似（张明珠等，2017）。因此本节主要选取 1 年和 5 年两个重现期进行下凹式绿地雨水径流污染物控制试验。在试验过程中，取水塔内的混合液进行水质检测，确定其浓度作为入流浓度。而溢流则按每 5min 间隔进行取样并分析其水质，从而确定溢流浓度变化过程。各项水质指标的检测方法如表 2-5 所示。

表 2-3　试验用配水污染物的目标浓度

污染物类型	浓度/（mg/L）
SS	300
NH_3-N	1
TN	10
COD_{Cr}	150
TP	0.5
BOD_5	24

表 2-4　配置人工模拟径流污染物所需试剂及其质量

试剂	质量/g
高岭土	600
硫酸铵	18
尿素	10.5
淀粉	409.5
白砂糖	204.88
蛋白胨	4.108
牛肉膏	3.276
磷酸氢二钠	5.08

表 2-5　各项水质指标检测方法

检测项目	检测方法	使用仪器	方法检出限
BOD_5	《水质　五日生化需氧量（BOD_5）的测定　稀释与接种法》（HJ 505—2009）	生化培养箱 LRH-250A	0.5 mg/L
COD_{Cr}	《水质　化学需氧量的测定　重铬酸盐法》（HJ 828—2017）	滴定管	0.5 mg/L
SS	《水质　悬浮物的测定　重量法》（GB/T 11901—1989）	万分之一电子天平 BSA224S	4 mg/L
NH_3-N	《水质　氨氮的测定　纳氏试剂分光光度法》（HJ 535—2009）	紫外可见分光光度计 UV-1800	0.025 mg/L
TN	《水质　总氮的测定　碱性过硫酸钾消解紫外分光光度法》（HJ 636—2012）	紫外可见分光光度计 UV-1800	0.05 mg/L
TP	《水质　总磷的测定　钼酸铵分光光度法》（GB/T 11893—1989）	紫外可见分光光度计 UV-1800	0.01 mg/L

2.2.2　透水铺装试验研究方案

透水铺装雨水径流控制试验所用人工模拟降雨系统可以模拟小雨、中雨、大雨、暴雨、大暴雨及特大暴雨六个降雨强度等级。但由于 LID 措施主要在中低强度的降雨中起作用，因此透水铺装雨水径流水量控制试验所选用的降雨强度等级为小雨、中雨、大雨及暴雨。各降雨强度等级及其对应的降雨强度如表 2-6 所示。

表 2-6　各降雨强度等级及其设定雨强

降雨强度等级	设定雨强/（mm/h）
小雨	20
中雨	45
大雨	65
暴雨	95

进行透水铺装雨水径流污染物控制试验时，主要选取小雨和大雨两种降雨强度进行试验。与下凹式绿地所研究的径流污染物相同，透水铺装所需研究的径流污染物也包括 BOD_5、COD_{Cr}、SS、NH_3-N、TN 和 TP。进行透水铺装雨水径流污染物控制试验时，需要先准备好含有污染物的试剂，试验所用试剂及其质量如表 2-7 所示。在进行透水铺装雨水径流污染物控制试验前，需要将配好的试剂搅拌均匀，并均匀地撒在透水铺装表面，用于模拟透水铺装表面累积的污染物。

表 2-7　透水铺装雨水径流污染物控制试验所用试剂及其质量

药品	质量/g
高岭土	60.0
硫酸铵	1.8
尿素	1.1
淀粉	41.0
白砂糖	20.5
蛋白胨	0.4
牛肉膏	0.4
磷酸氢二钠	1.0

在透水铺装雨水径流水量控制试验中，从径流产生时取样，每隔 5min 采样一次，直至径流输入结束，并记录下每次采集水样的水体质量及其所用时间，从而计算溢流的流量。而在透水铺装雨水径流污染物控制试验中，大雨时需在产流的前 30min 每 5min 取一次样，而在产流的 30min 以后则每 10min 取一次样；小雨时则从产流开始每 10min 取一次样。在透水铺装雨水径流污染物控制试验中，还需要对所取得的水样进行污染物水质指标浓度检测，各水质指标检测方法如表 2-5 所示。

2.2.3 绿色屋顶试验研究方案

绿色屋顶试验只进行雨水径流水量控制试验，试验所选用的降雨强度等级为小雨、中雨、大雨及暴雨，其降雨强度和透水铺装雨水径流水量控制试验相同，如表 2-6 所示。其试验步骤也和透水铺装雨水径流水量控制试验相同。

2.3 试验结果与分析

2.3.1 评价指标

本节选取径流量削减率作为评价指标来定量分析下凹式绿地、透水铺装和绿色屋顶的雨水径流水量控制效果，选择径流污染物负荷去除率作为评价指标来分析下凹式绿地和透水铺装的雨水径流污染物控制效果。各 LID 措施的径流量削减率的计算公式如式（2-3）所示，下凹式绿地和透水铺装的径流污染物负荷去除率的计算公式分别如式（2-4）和式（2-5）所示。

$$R_{径}=\frac{V_{进}-V_{径}}{V_{进}}\times 100\% \tag{2-3}$$

$$R_{L,下凹式绿地}=\frac{C_{进}V_{进}-C_{径}V_{径}}{C_{进}V_{进}}\times 100\% \tag{2-4}$$

$$R_{L,透水铺装}=\frac{M-C_{径}V_{径}}{M}\times 100\% \tag{2-5}$$

式中，$R_{径}$ 为径流量削减率，%；$V_{进}$ 为进水总量，L；$V_{径}$ 为经过 LID 措施处理后所产生的径流水量，L；$R_{L,下凹式绿地}$ 为下凹式绿地径流污染物负荷去除率，%；$R_{L,透水铺装}$ 为透水铺装径流污染物负荷去除率，%；$C_{进}$ 为下凹式绿地进水的污染物浓度，mg/L；$C_{径}$ 为下凹式绿地或透水铺装所产生径流的污染物平均浓度，mg/L；M 为透水铺装表面累积的污染物负荷，mg。

2.3.2　下凹式绿地试验结果分析

1. 下凹式绿地雨水径流水量削减

通过设置 6 种不同的降雨重现期和 4 种不同植被层来研究不同降雨重现期下不同植被层对下凹式绿地雨水径流水量控制效应的影响。不同降雨重现期下不同植被层的下凹式绿地产流（溢流）过程如图 2-14 所示。

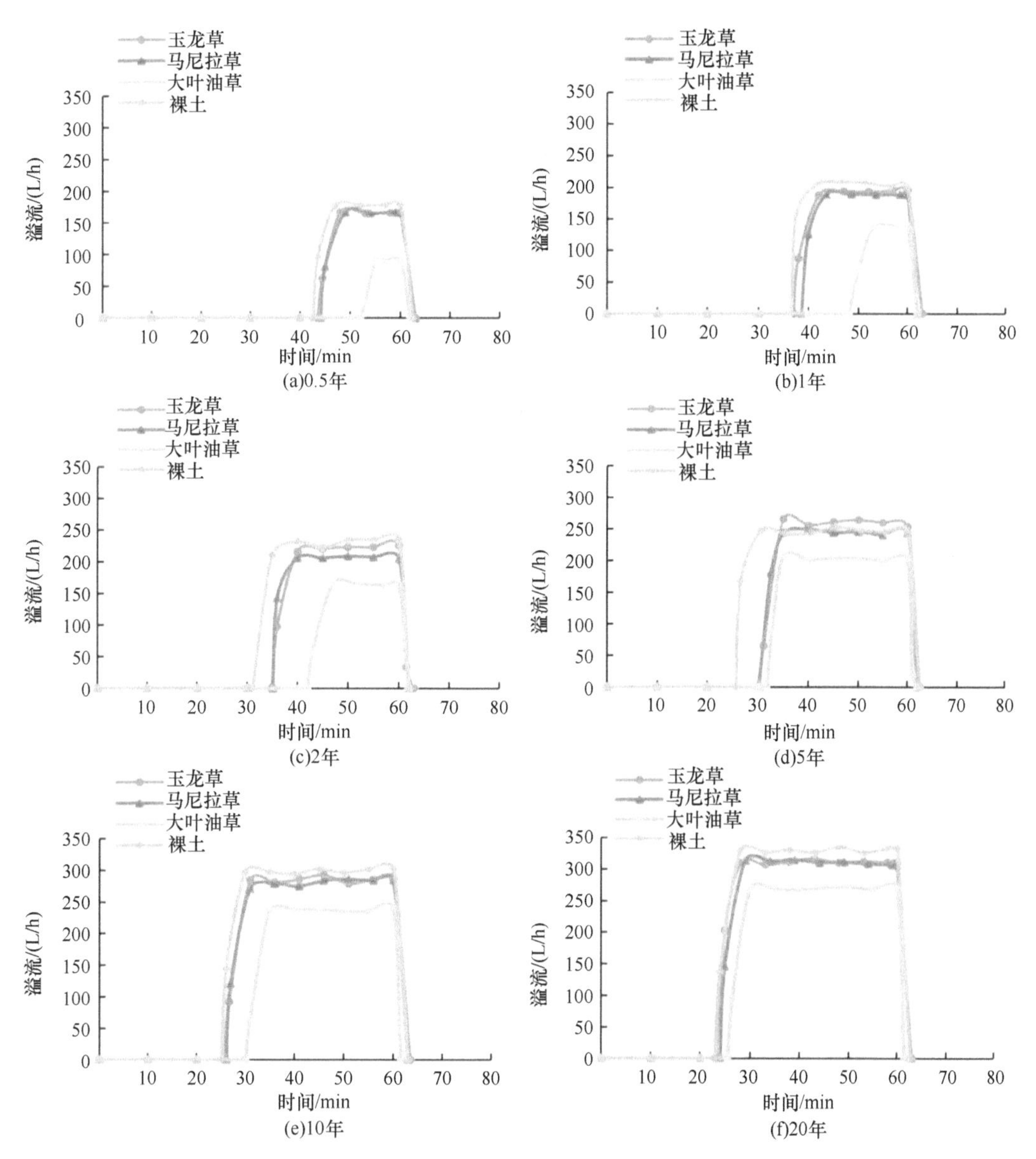

图 2-14　不同降雨重现期下不同植被层的下凹式绿地产流过程

不同降雨重现期下不同植被层的下凹式绿地开始溢流时间和径流水量削减情况如表 2-8 和图 2-15 所示，其中开始溢流时刻以开始入流时刻为起始时刻。

表 2-8　不同降雨重现期下不同植被层的下凹式绿地开始溢流时间和径流水量削减情况

重现期/年		0.5	1	2	5	10	20
目标进水流量/L		196	226	255	295	325	354
实际进水量/L	玉龙草	197.40	224.45	258.34	297.42	325.00	360.00
	马尼拉草	198.00	224.23	254.54	295.08	322.00	355.53
	大叶油草	198.00	226.34	256.53	296.00	324.03	358.21
	裸土	196.36	224.09	253.34	302.00	326.86	356.79
开始溢流时间/min	玉龙草	43.5	37.0	35.0	29.8	25.7	23.2
	马尼拉草	44.0	38.5	35.2	30.0	26.0	24.0
	大叶油草	52.0	48.0	42.0	31.7	30.0	25.5
	裸土	42.5	36.5	31.0	25.5	25.0	23.0
溢流量/L	玉龙草	44.083	76.252	92.060	137.850	161.337	191.637
	马尼拉草	43.567	66.040	85.488	124.658	154.460	187.400
	大叶油草	11.884	25.551	45.391	92.151	115.217	151.588
	裸土	51.888	82.182	102.748	142.002	175.407	201.441
径流量削减率/%	玉龙草	77.67	66.03	64.36	53.65	50.36	46.77
	马尼拉草	78.00	70.55	66.41	57.75	52.03	47.29
	大叶油草	94.00	88.71	82.31	68.87	64.44	57.68
	裸土	73.58	63.33	59.44	52.98	46.34	43.54

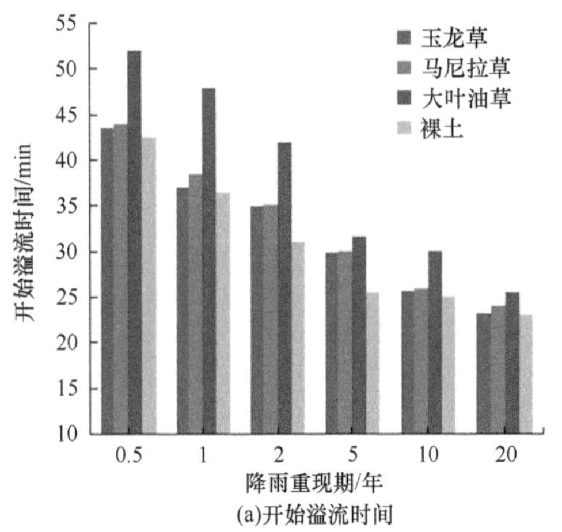

(a)开始溢流时间

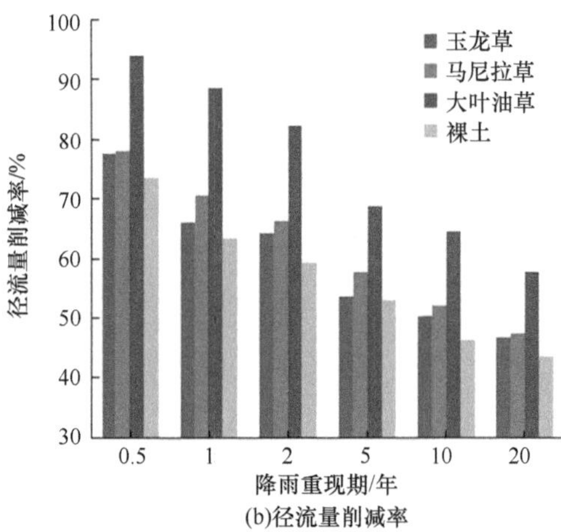

(b)径流量削减率

图 2-15　不同降雨重现期下不同植被层下凹式绿地开始溢流时间和径流量削减情况

由表 2-8 和图 2-15 可知，随着降雨重现期增大，下凹式绿地开始产生溢流的时间也随之减少。在 0.5～20 年降雨重现期下，裸土开始溢流时间为 23.0～42.5min；玉龙草为 23.2～43.5min；马尼拉草为 24.0～44min；大叶油草为 25.5～52.0min。在相同降雨重现期下，四种不同植被层的开始溢流时间并不相同，其中开始溢流时间最早的是裸土，最晚的是大叶油草。总体上分析，不同植被层下凹式绿地延迟径流产生能力排序为大叶油草>马尼拉草>玉龙草>裸土，其中大叶油草延迟径流产生能力明显大于其他 3 种。究其原因为，雨水口高度和土壤渗透系数是影响下凹式绿地开始溢流时间的主要因素，但本节不同植被层下凹式绿地的雨水口高度是相同的。而裸土由于没有植物根系松动土壤，其表层土的渗透系数较小；玉龙草和马尼拉草具有较浅的根系，因此其表层土渗透系数比裸土稍大，但由于马尼拉草根系分布更加密集，所以其表层土渗透系数比玉龙草好；而大叶油草的根系更长且分布也较密集，因此其表层土渗透系数最好。

随着降雨重现期增大，下凹式绿地径流量削减率也随之减小。在 0.5～20 年降雨重现期下，裸土的径流量削减率为 43.54%～73.58%；玉龙草为 46.77%～77.67%；马尼拉草为 47.29%～78.00%；大叶油草为 57.68%～94.00%。相同降雨重现期下，四种不同植被层对径流水量削减程度并不相同，其中径流量削减率最低的是裸土，径流量削减率最高的是大叶油草。总体上分析，对径流水量削减的能力排序为大叶油草>马尼拉草>玉龙草>裸土，其中大叶油草削减径流水量的能力明显大于其他 3 种，马尼拉草和玉龙草削减径流水量的能力均优于裸土，但优势不明显。这是因为下凹式绿地的径流量削减率主要取决于对水的蓄存能力和下渗能力，由于 4 种不同植被层的下凹式绿地雨水口高度一致，因此它们对水的蓄存能力是一样的。但是由于不同植被层根系对土壤松动作用不同，其使水下渗能力也有所不同。从结果也可知，大叶油草对提高表层土壤的渗透系数具有较好的作用。

2. 下凹式绿地雨水径流污染物负荷去除

对下凹式绿地试验供水系统按照要求输入人工配好的具有一定污染物浓度的水流，经过不同植物层吸附、截留等作用后，1 年降雨重现期和 5 年降雨重现期下不同植被层的下凹式绿地径流污染物浓度变化过程如图 2-16 和图 2-17 所示，不同降雨重现期下入流污染物浓度和各类植被层下凹式绿地的产流污染物平均浓度以及污染物负荷去除情况如表 2-9 所示。

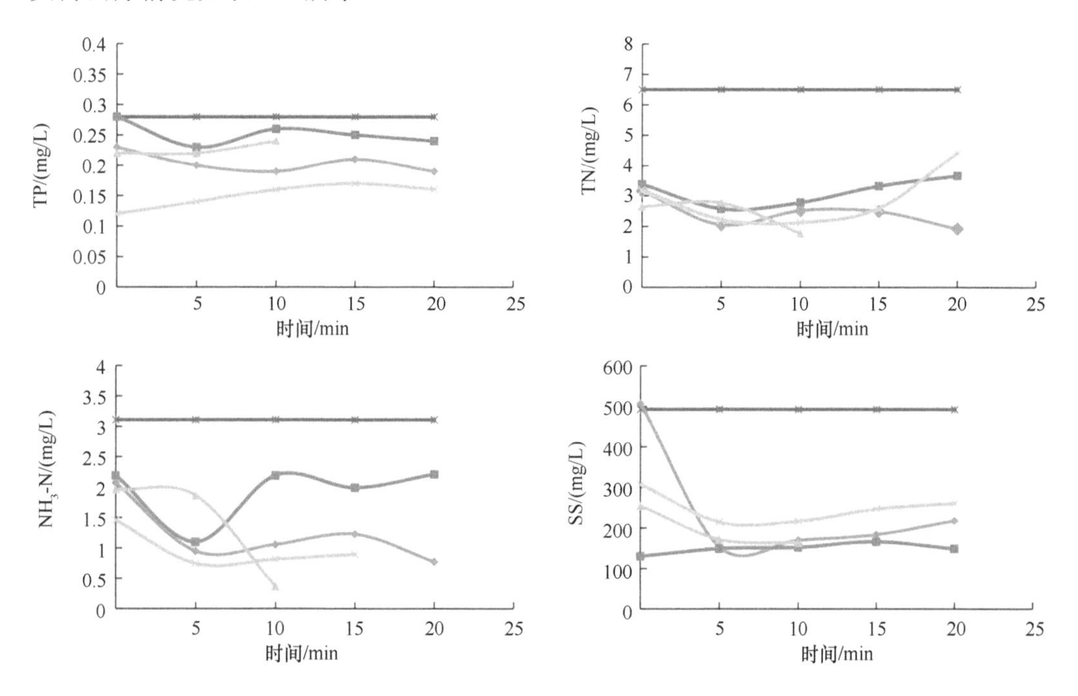

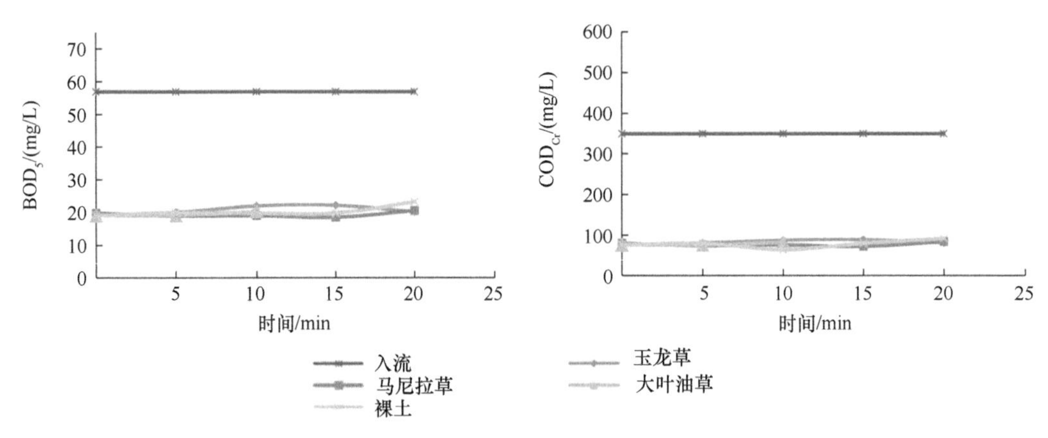

图 2-16　1 年降雨重现期下不同植被层的下凹式绿地径流污染物浓度变化过程

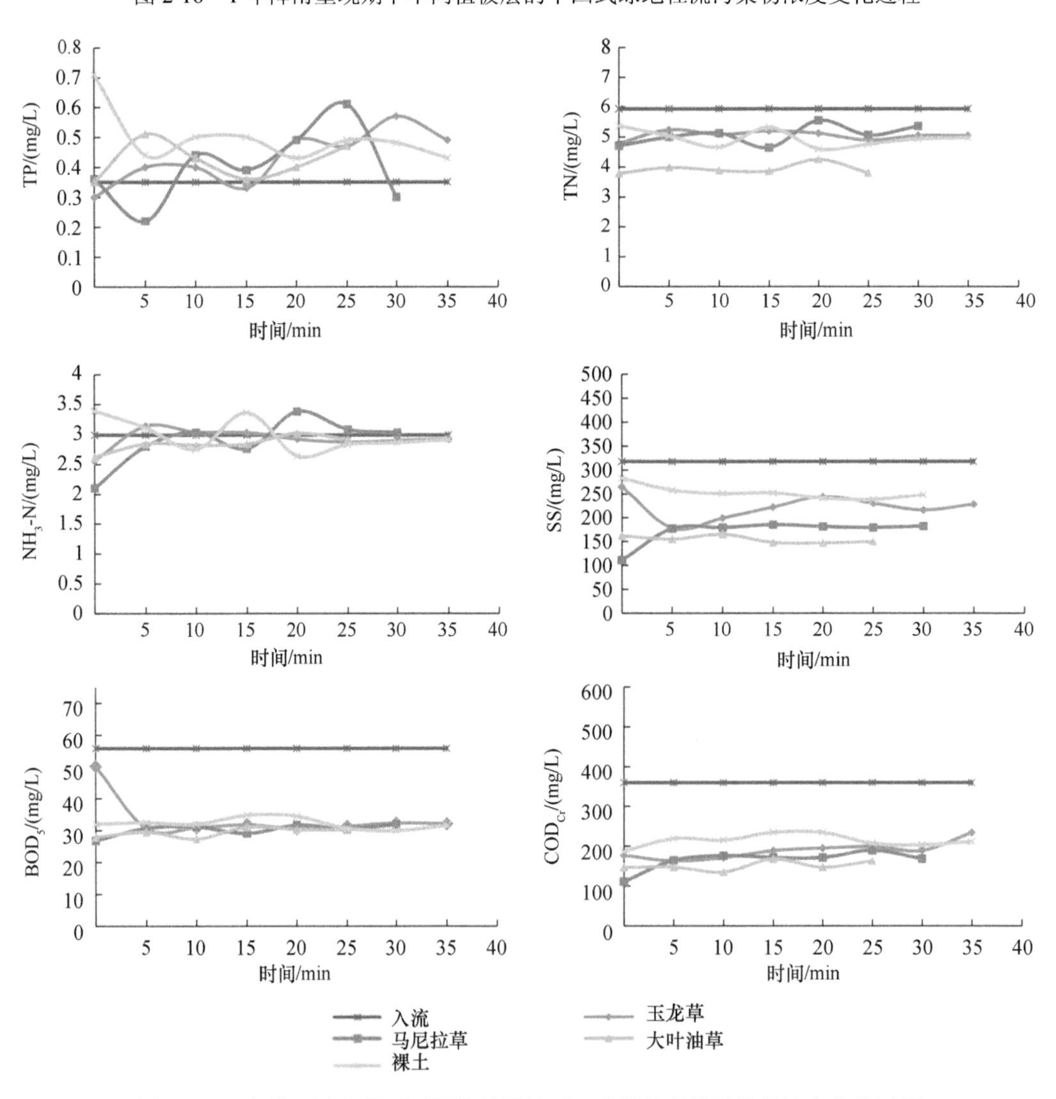

图 2-17　5 年降雨重现期下不同植被层的下凹式绿地径流污染物浓度变化过程

表2-9 不同降雨重现期下入流和各植被层产流污染物平均浓度以及污染物负荷去除情况

类型	降雨重现期/年	类别	TP	TN	NH_3-N	SS	BOD_5	COD_{Cr}
入流污染物浓度和各植被层产流污染物平均浓度/(mg/L)	1	入流	0.28	6.5	3.11	493	56.9	349
		玉龙草	0.204	2.428	1.217	246.6	20.74	83
		马尼拉草	0.252	3.142	1.936	149.2	19.34	77
		大叶油草	0.227	2.393	1.395	196.7	19.5	78
		裸土	0.15	2.904	0.979	248.6	20.36	78
	5	入流	0.35	5.94	2.99	318	55.8	359
		玉龙草	0.431	5.05	2.923	222.8	33.71	190
		马尼拉草	0.401	5.06	2.883	170.6	30.17	164
		大叶油草	0.42	3.925	2.842	154.5	29.32	151
		裸土	0.442	4.403	2.65	225.4	28.59	190
径流污染物负荷去除率/%	1	玉龙草	75.25	87.31	86.7	83.01	87.62	91.92
		马尼拉草	73.49	85.76	81.67	91.09	89.99	93.49
		大叶油草	90.86	95.84	94.94	95.5	96.13	97.48
		裸土	80.35	83.62	88.46	81.51	86.88	91.76
	5	玉龙草	42.89	60.6	54.7	67.53	72	75.52
		马尼拉草	51.55	64.01	59.27	77.34	77.16	80.67
		大叶油草	62.64	79.43	70.41	84.87	83.64	86.91
		裸土	40.59	65.14	58.33	66.67	75.91	75.11

由表2-9可知，随着降雨重现期增大，下凹式绿地对雨水径流污染物负荷去除能力减小。在所有污染物中，5年降雨重现期时裸土的BOD_5负荷去除率最高，1年降雨重现期时裸土的COD_{Cr}负荷去除率最高，而其TP在两种重现期的负荷去除率最低。在1年降雨重现期时，各植被层对TP去除能力排序为大叶油草>裸土>玉龙草>马尼拉草，对TN去除能力排序为大叶油草>玉龙草>马尼拉草>裸土，对NH_3-N去除能力排序为大叶油草>裸土>玉龙草>马尼拉草，对SS去除能力排序为大叶油草>马尼拉草>玉龙草>裸土，对BOD_5去除能力排序为大叶油草>马尼拉草>玉龙草>裸土，对COD_{Cr}去除能力排序为大叶油草>马尼拉草>玉龙草>裸土。在5年降雨重现期时，各植被层对TP去除能力排序为大叶油草>裸土>玉龙草>马尼拉草，对TN去除能力排序为大叶油草>玉龙草>马尼拉草>裸土，对NH_3-N去除能力排序为大叶油草>马尼拉草>裸土>玉龙草，对SS去除能力排序为大叶油草>马尼拉草>玉龙草>裸土，对BOD_5去除能力排序为大叶油草>马尼拉草>裸土>玉龙草，对COD_{Cr}去除能力排序为大叶油草>马尼拉草>玉龙草>裸土。

由表2-9及其分析结果可知大叶油草对径流污染物的去除能力最好，其他3种植被对径流污染物的去除能力互有强弱，但差距不明显。这是因为计算下凹式绿地的径流污染物负荷去除率时，需要考虑径流污染物浓度变化情况与径流水量削减情况。而由图2-16和图2-17可知，经不同植物层净化后大部分径流污染物的浓度差异不大，因此下凹式绿地对雨水径流污染物的去除能力主要取决于溢流水量，即其雨水径流水量削减效果，而大叶油草的雨水径流水量削减效果最强，因此其雨水径流污染物去除能力也最好。

2.3.3　透水铺装试验结果分析

1. 透水铺装雨水径流水量削减

通过人工模拟降雨系统进行4种不同等级强度降雨下透水铺装的雨水径流水量控制效应的试验研究。当人工模拟降雨系统按照系统所给的小雨（20mm/h）、中雨（45mm/h）、大雨（65mm/h）和暴雨（95mm/h）及降雨历时1h进行降雨时，透水铺装表面产流过程如图2-18所示，径流水量削减情况如表2-10所示。

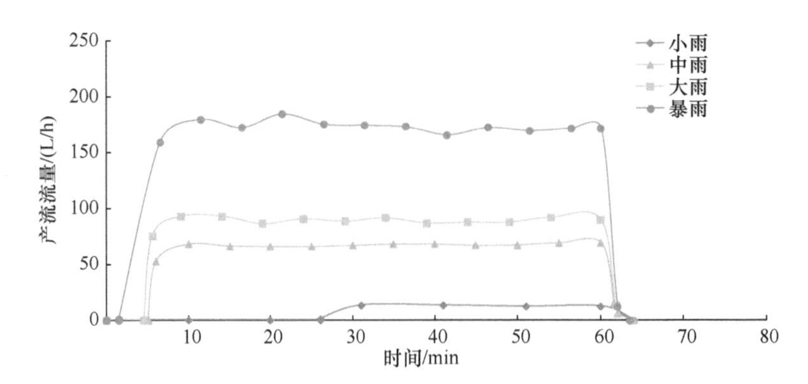

图2-18　四种不同降雨强度下透水铺装表面的产流过程

表2-10　不同降雨强度下透水铺装表面雨水径流水量削减情况

参数	小雨	中雨	大雨	暴雨
设定雨强/（mm/h）	20	45	65	95
实际雨强/（mm/h）	17.85	52.50	65	98
进水总量/L	35.70	105.00	130	196.00
径流水量/L	9.21	63.75	90.202	170.16
径流量削减率/%	74.20	39.28	30.61	13.19

由图2-18可知，随着雨强的增大，产流的峰值流量增大，开始产流的时间也提前。由表2-10可知，在降雨强度为17.85～98mm/h时，径流量削减率的范围为13.19%～74.20%。透水铺装径流量削减率随着降雨强度增大而减小，而且随着雨强增大，透水铺装对径流水量削减能力下降明显。这是因为透水铺装对雨水径流的削减能力主要取决于其表层的水下渗速度和底部填料的蓄水能力，随着雨强增大，降雨速度快于水下渗速度，而下渗能力是有限的，因此随着雨强增大，透水铺装对径流水量的削减能力也随之下降。

2. 透水铺装雨水径流污染物负荷去除

选择小雨和大雨两种降雨强度进行透水铺装的雨水径流污染物负荷去除控制效应研究试验，当人工模拟降雨系统按设定雨强和降雨历时进行降雨后，透水铺装的径流污染物浓度变化如图2-19所示，透水铺装径流污染物负荷去除情况如表2-11所示。

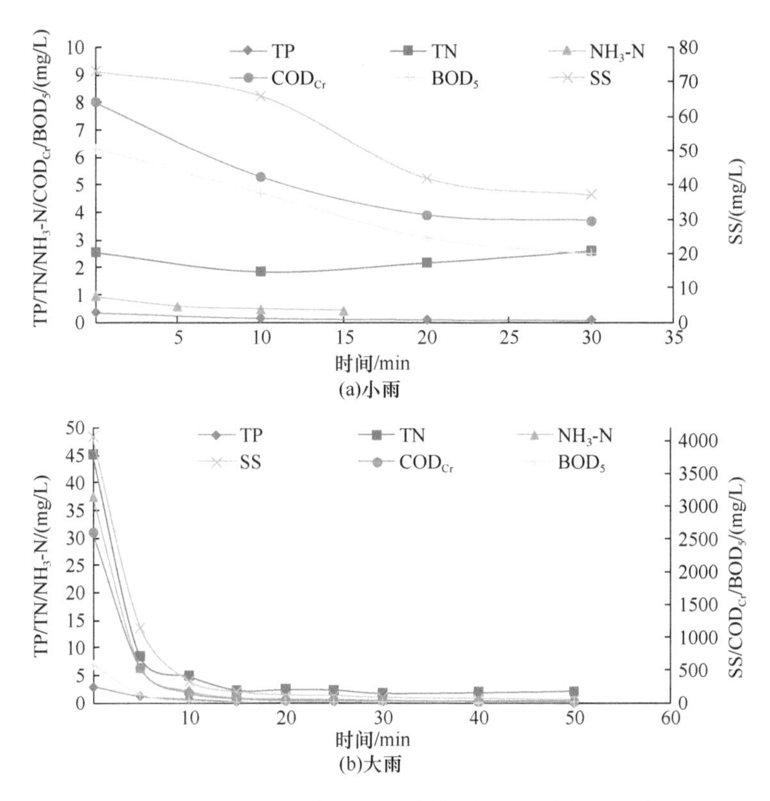

图 2-19　不同降雨强度下透水铺装的径流污染物浓度变化

表 2-11　不同降雨强度下透水铺装雨水径流污染物负荷去除情况

雨强等级	参数	TP	TN	NH_3-N	SS	BOD_5	COD_{Cr}
小雨	污染物累积负荷/mg	112	1300	622	98600	11380	69800
	径流污染物浓度/（mg/L）	0.14	2.02	0.888	53	4.6	6.6
	径流污染物平均负荷/mg	1.29	18.6	8.18	488.13	42.37	60.79
	径流污染物负荷去除率/%	98.85	98.57	98.69	99.51	99.63	99.91
大雨	污染物累积负荷/mg	112	1300	622	98600	11380	69800
	径流污染物浓度/（mg/L）	0.17	4.77	2.48	338	29.9	163
	径流污染物平均负荷/mg	15.33	430.26	223.7	30488.28	2697.04	14702.93
	径流污染物负荷去除率/%	86.31	66.90	64.04	69.08	76.30	78.94

由图 2-19 可知，在径流开始产生的 0～10min，各污染物浓度下降明显，具有较强的雨水径流初期冲刷效应。从表 2-11 可知，透水铺装在小雨时对径流污染物负荷的去除率达到 98%以上，这是因为小雨的雨力不强，形成的表面径流流速也不快，此时污染物能够很好地被透水铺装表面层吸附和截留。透水铺装在大雨时对 TP、TN、NH_3-N、SS、BOD_5 和 COD_{Cr} 负荷的去除率分别为 86.31%、66.90%、64.04%、69.08%、76.30%和 78.94%，因此透水铺装在大雨时的径流污染物负荷去除率较小雨时低。这是因为大雨时的雨力比较强，形成的表面径流流速也较快，较容易将吸附和截留在透水铺装表层

的污染物冲刷到径流中，造成透水铺装表层能够截留和吸附的污染物减少。

2.3.4　绿色屋顶试验结果分析

通过人工模拟降雨系统进行4种不同等级强度降雨下绿色屋顶的雨水径流水量控制效应的试验研究。当人工模拟降雨系统按照系统所给的小雨（20mm/h）、中雨（45mm/h）、大雨（65mm/h）和暴雨（95mm/h）及降雨历时1h进行降雨时，3种不同基质厚度的绿色屋顶的产流过程如图2-20所示，径流水量削减情况如表2-12所示。

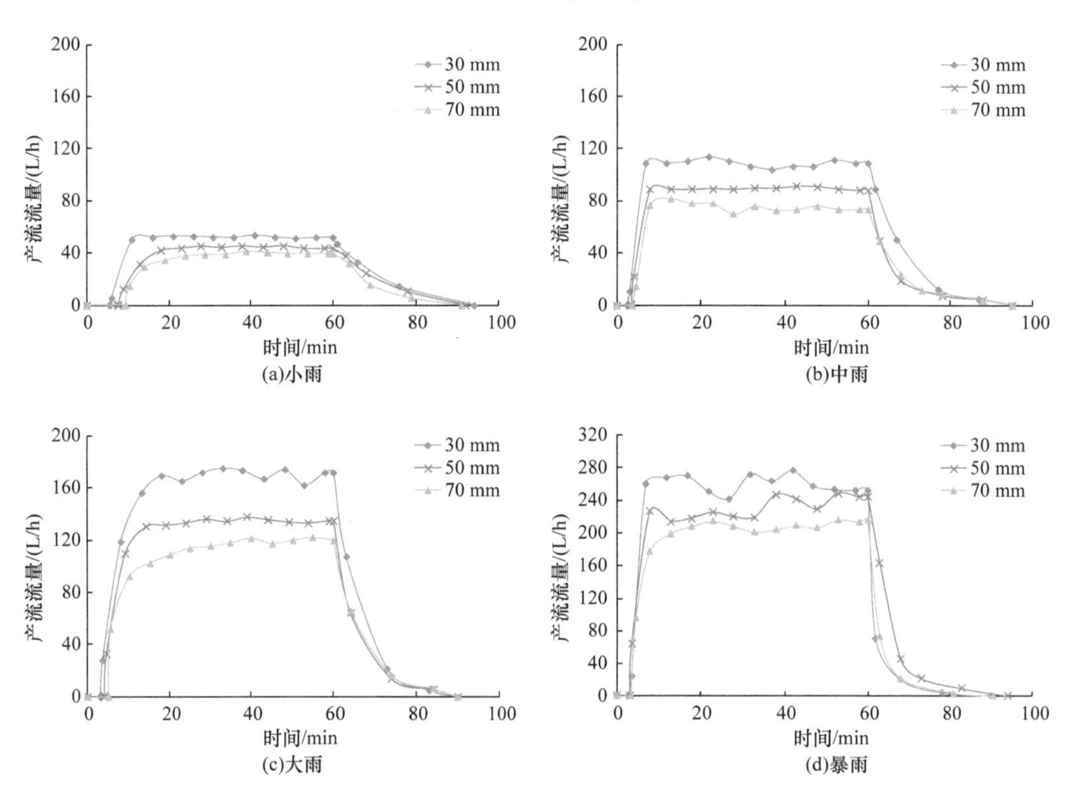

图2-20　不同降雨强度下不同基质厚度的绿色屋顶的产流过程

表2-12　不同降雨强度和不同基质厚度下绿色屋顶的雨水径流水量削减情况

雨强等级	参数	30 mm	50 mm	70 mm
小雨	实际雨强/（mm/h）	24.1	24.1	24.1
	进水总量/L	72.3	72.3	72.3
	径流水量/L	54.66	45.358	37.281
	径流量削减率/%	24.4	37.26	48.44
中雨	实际雨强/（mm/h）	49.4	45.4	45.4
	进水总量/L	148.2	136.2	136.2
	径流水量/L	123.503	95.045	79.5
	径流量削减率/%	16.66	30.22	41.63

续表

雨强等级	参数	30 mm	50 mm	70 mm
大雨	实际雨强/（mm/h）	62.5	60	60
	进水总量/L	187.5	180	180
	径流水量/L	161.16	133.499	116.963
	径流量削减率/%	14.05	25.83	35.02
暴雨	实际雨强/（mm/h）	95	95	93
	进水总量/L	285	285	279
	径流水量/L	260.415	230.22	194.916
	径流量削减率/%	8.63	19.22	30.14

由图 2-20 可知，绿色屋顶所产生径流的峰值流量随着降雨强度增大而增大，随着基质层厚度增大而减小。由表 2-12 可知，绿色屋顶的径流量削减率随降雨强度增大而减小。在降雨强度为 24.1～95mm/h 时，30mm、50mm 和 70mm 基质层的绿色屋顶径流量削减率分别为 8.63%～24.40%、19.22%～37.26%和 30.14%～48.44%，即不同基质层厚度的绿色屋顶对径流水量的削减能力排序为 70mm 基质层>50mm 基质层>30mm 基质层，说明绿色屋顶的径流量削减率随基质层厚度增加而增加。这是因为基质层是绿色屋顶削减滞留雨水的重要组成部分（Vijayaraghavan and Raja，2014），基质层越厚、所用材料储水性能越好，则绿色屋顶所能滞留的雨水就越多。但考虑屋顶的承载能力，绿色屋顶的基质层厚度并不是越大越好。

2.4　小　结

本章通过中试试验来探究下凹式绿地、透水铺装和绿色屋顶在不同降雨强度和下垫面条件下对雨水径流的控制效果，并得出以下主要结论。

（1）下凹式绿地开始溢流时间和径流量削减率随降雨重现期增大而减小。不同植物层下凹式绿地对雨水径流水量削减能力排序为大叶油草>马尼拉草>玉龙草>裸土。在 0.5～20 年降雨重现期下，裸土的径流量削减率为 43.54%～73.58%，玉龙草为 46.77%～77.67%，马尼拉草为 47.29%～78.00%，大叶油草为 57.68%～94.00%，其中大叶油草削减径流水量的能力明显大于其他 3 种植被层。

（2）下凹式绿地雨水径流污染物负荷去除率随降雨重现期增大而减少。大叶油草对径流污染物的去除能力最好，其他 3 种植物层对径流污染物的去除能力互有强弱，但差距不明显。总体上，下凹式绿地对 COD_{Cr} 的去除能力最好，对 TP 的去除能力最差。

（3）透水铺装的径流量削减率随降雨强度增大而减小，在降雨强度为 17.85～98mm/h 时，透水铺装的径流量削减率为 13.19%～74.20%。在径流开始产生的 0～10min，透水铺装雨水径流中各污染物浓度下降明显，具有较强的雨水径流初期冲刷效应。透水铺装在小雨时的径流污染物负荷去除率达到 98%以上，而在大雨时对 TP、TN、NH_3-N、SS、BOD_5 和 COD_{Cr} 的负荷去除率分别为 86.31%、66.90%、64.04%、69.08%、76.30%

和 78.94%。

（4）绿色屋顶的径流量削减率随降雨强度增大而减小，在降雨强度为 24.1～95mm/h 时，30mm 基质层的绿色屋顶径流量削减率为 8.63%～24.40%，50mm 基质层为 19.22%～37.26%，70mm 基质层为 30.14%～48.44%，不同基质层厚度的绿色屋顶对径流水量削减的能力排序为 70mm 基质层>50mm 基质层>30mm 基质层。

第3章　基于现场试验的LID措施雨水径流控制效应研究

现场试验可以避免中试装置试验中的尺度效应问题，更好地反映LID措施在实际应用中的雨水径流控制效应。生物滞留池已成为最常用的LID措施之一，其可通过土壤、植物和微生物等来蓄渗、净化雨水径流，在功能上与下凹式绿地类似，但结构上比下凹式绿地复杂，是一种典型的LID措施。因此本章选择生物滞留池为典型研究对象，进行LID措施雨水径流控制效应现场试验研究。虽然生物滞留池可以有效去除污染物和削减径流水量，但其性能因土壤特性、降雨模式和区域特征的不同而有所不同（Goh et al., 2019）。为了进一步评估和提升赤红壤地区生物滞留池的水文性能和径流污染物去除能力，本章选取一种良好的过滤材料——生物炭加入生物滞留池种植土中，并设置多种生物炭分布状态。此外，本章研究方案还设置了不同的淹没区高度和不同渗透条件等工况，从而研究不同降雨重现期、生物炭分布状态、淹没区高度和渗透条件对生物滞留池雨水径流控制效应的影响。

3.1　试验设施

3.1.1　试验设施设计

试验设施于2019年2月建成于华南理工大学五山校区交通大楼道路旁。该现场试验系统主要由供水系统、输水渠道、2个生物滞留池和#1～#4流量计等组成，如图3-1所示。建造生物滞留池的区域的原位土壤为赤红壤。生物滞留池的参数主要根据《指南》和场地条件确定。例如，《指南》建议生物滞留池的汇水面积比（生物滞留池面积与汇水面积之比）为5%～10%，因此本节根据汇水面积（103.2m^2）和场地建设范围将汇水面积比确定为8%。每个生物滞留池长6.35m、宽1.3m、深1m，分别由蓄水层（200mm）、种植土层（250mm）、透水土工布层、石屑填料层（300mm）和砾石排水层（250mm）等构成，如图3-2所示。流量计（MH-MF，±5%）安装在输水渠道中以测量渠道内的水流流量。为了实时监测生物滞留池内填料水文性能变化，在每个生物滞留池各填料层的中部都安装了土壤水分传感器（EC-5，±0.03 cm^3/cm^3），亦如图3-2所示。

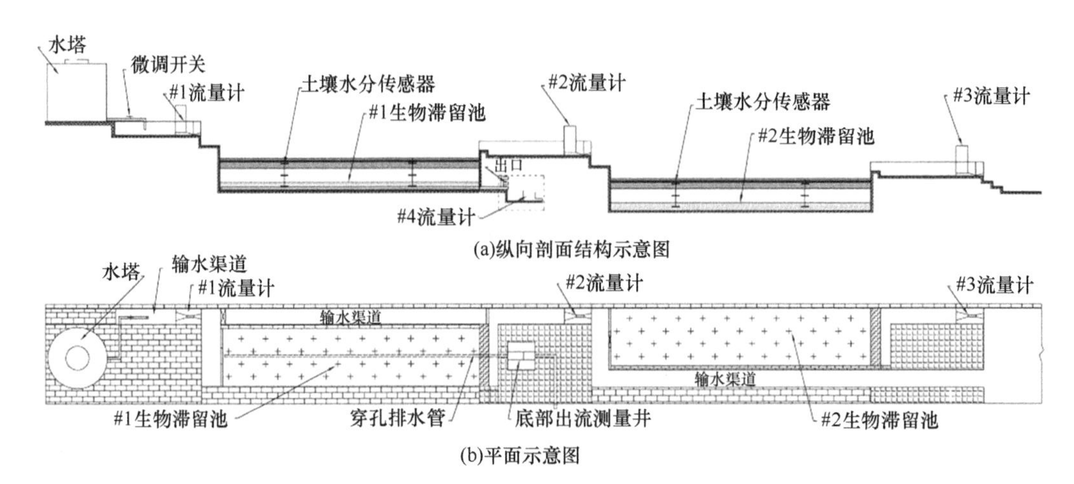

图 3-1　生物滞留池试验系统

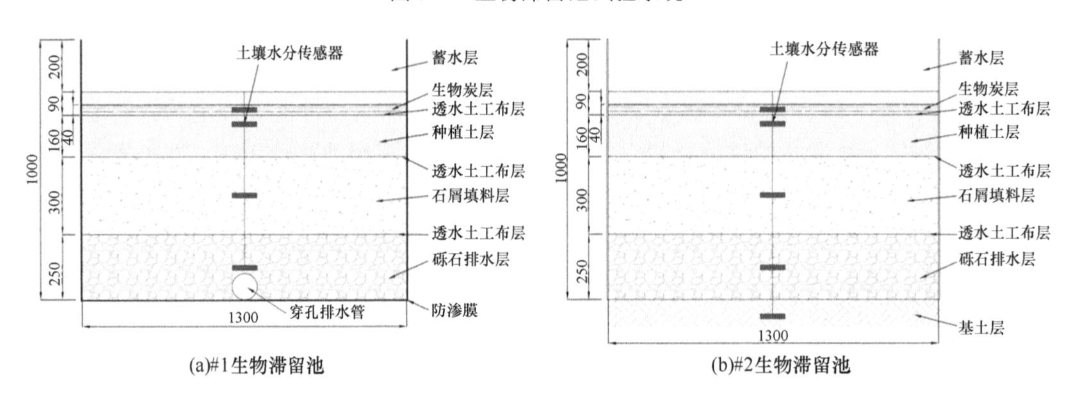

图 3-2　生物滞留池结构层示意图

图中数字单位为 mm

分别将#1 生物滞留池和#2 生物滞留池简称为 B1 和 B2，两个生物滞留池使用相同的填料和结构参数进行建造。在两个生物滞留池的生物炭层、种植土层、石屑填料层和砾石排水层之间都铺设了透水土工布，以防上层的细小颗粒输移至下层中。两个生物滞留池仍有不同之处，B1 与原位土壤接触的四周和底部都铺设了防渗膜以防渗漏，而 B2 并没有铺设防渗膜。因此 B1 代表防渗型生物滞留池，而 B2 则代表渗透型生物滞留池。此外，在 B1 的砾石排水层底部安装了穿孔排水管来收集和传输底部出水至测量井中。

为了探索赤红壤种植土层中生物炭分布状态对生物滞留池雨水径流控制效应的影响，在 B1 中设置了 3 种生物炭分布状态：①种植土层中不含有生物炭；②40mm 厚的生物炭与赤红壤层状分布，如图 3-2 所示；③40mm 厚的生物炭与赤红壤均匀混合。试验所用生物炭由广东某有限公司通过热解废木材（例如，废弃的木制家具）而得，其性质已有相关研究（韦艳莎，2019）。此外，B1 砾石排水层中的穿孔排水管共设有 3 个出口，分别位于距 B1 底部 0cm、20cm 和 40cm 高度的位置。可通过调节这三个出口的闭合情况来控制 B1 的淹没区高度，以此来研究生物滞留池在不同淹没区高度下的雨水径流控制效果。

3.1.2 填料性质及其铺填情况

生物滞留池的填料主要有砾石、石屑、赤红壤种植土及赤红壤与生物炭混合填料，其中赤红壤与生物炭混合填料是按生物炭与赤红壤体积比为 40∶210 进行均匀混合所得。砾石的粒径为 30～100mm，其余填料及基土的土壤颗粒组成各粒级含量如表 3-1 所示。

表 3-1 生物滞留池填料及基土的土壤颗粒组成各粒级含量 （单位：%）

样品编号	石砾 > 2 mm	沙粒 0.06～2 mm	粉粒 0.002～0.06 mm	黏粒 < 0.002 mm	质地命名 （美国制）
石屑	47.19	42.91	9.01	0.89	壤质砂土
赤红壤种植土	16.54	47.1	35.98	0.38	砂质壤土
赤红壤与生物炭混合填料	13.53	49.27	28.54	8.66	砂质壤土
基土	24.87	34.76	22.96	17.41	壤土

土壤水分特征曲线指的是土壤水的基质势（或土壤水吸力）随土壤含水量而变化的关系曲线，该曲线反映了土壤水分能量与数量之间的关系，是评价土壤持水特性、土壤水分有效性和土壤中孔隙大小分布状况的重要依据，因此本节采用 ku-pF 非饱和导水率测量系统测量生物滞留池填料及基土的土壤水分特征曲线。ku-pF 非饱和导水率测量系统如图 3-3 所示。

图 3-3 ku-pF 非饱和导水率测量系统

根据生物滞留池填料和基土的土壤水分特征曲线测量数据，应用 RETC 软件中的 van Genuchten 模型进行拟合。生物滞留池填料及基土的土壤水分特征曲线实测和拟合结果如图 3-4 所示，van Genuchten 模型拟合参数如表 3-2 所示。

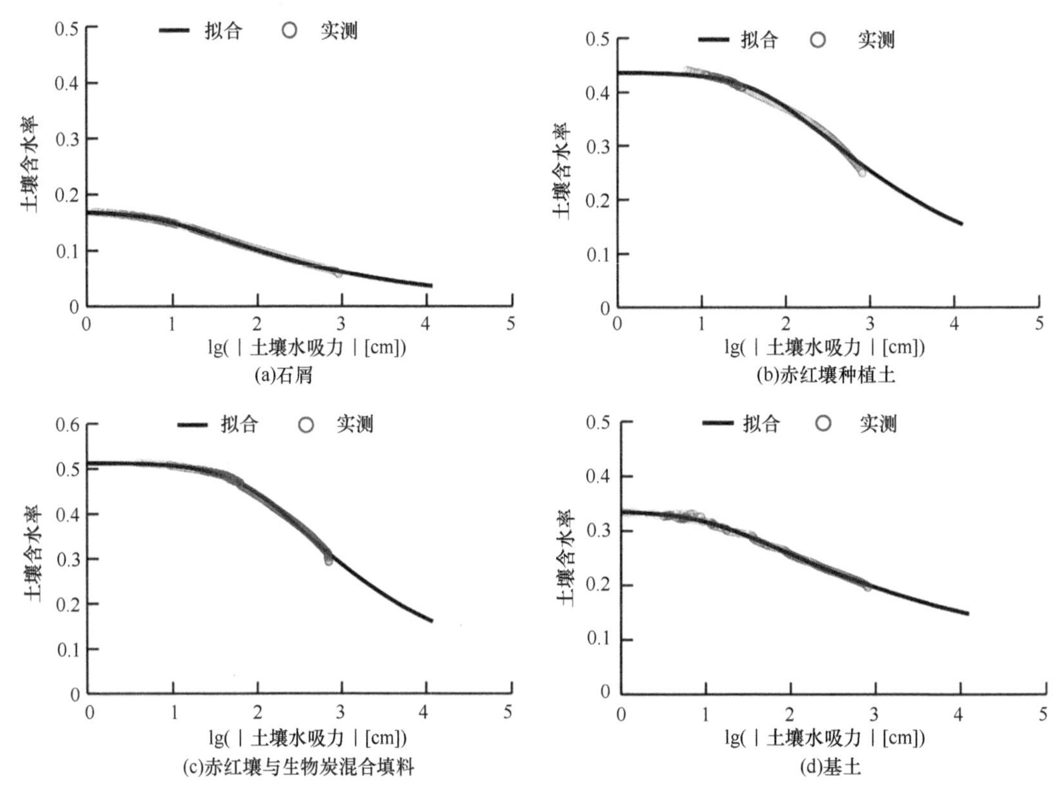

图 3-4　生物滞留池填料及基土的土壤水分特征曲线

表 3-2　填料及基土的土壤水分特征曲线 van Genuchten 模型拟合参数

样品	θ_s	α /（1/cm）	n	R^2
石屑	0.1702	0.1068	1.2176	0.9989
赤红壤种植土	0.4367	0.0149	1.1986	0.9928
赤红壤与生物炭混合填料	0.5130	0.0108	1.2393	0.9959
基土	0.3366	0.0766	1.1511	0.9970

由图 3-4 和表 3-2 可知，van Genuchten 模型能够很好地拟合填料及基土的土壤水分特征曲线（R^2>0.99）。填料及基土的饱和含水量大小排序为：赤红壤与生物炭混合填料>赤红壤种植土>基土>石屑。在赤红壤种植土中掺入生物炭可以提高填料的饱和含水量（提升了 17.5%）。

此外，石屑、赤红壤种植土、赤红壤与生物炭混合填料和基土的堆积密度分别为 1.72g/cm^3、1.25g/cm^3、1.20g/cm^3 和 1.44g/cm^3。赤红壤的化学成分中占主要部分的是 SiO_2、Fe_2O_3 和 Al_2O_3，另外还有少量的营养成分。高岭石是赤红壤黏土颗粒中的主要成分（超过 60%），其次是蒙脱土。赤红壤中 TN 和 TP 的含量分别为 0.78 g/kg 和 0.45 g/kg。在试验前，将干净的水注入生物滞留池中以尽可能地将污染物从生物滞留系统中带出，因此本节忽略了试验过程中填料中污染物溶出的影响。

B1 的建造及填料铺填过程如图 3-5 所示，B2 的建造及填料铺设与 B1 类似。

(a)开挖　(b)衬砌　(c)铺设防渗膜及排水管　(d)铺填砾石

(e)淋洗砾石　(f)铺设土工布及石屑　(g)埋设传感器　(h)铺填土工布

(i)铺设透水土工布　(j)铺填生物炭　(k)铺填完成　(l)建造出流测量井

图 3-5　B1（#1 生物滞留池）的建造及填料铺填过程

3.1.3　试验供水系统及其径流走向

试验供水系统主要由 4 个塑料水塔、PVC 水管、微调开关和输水渠道等组成。塑料水塔用于存放人工模拟雨水径流的水样；PVC 水管与塑料水塔连接，并在其上安装微调开关以控制出流；输水渠道与 PVC 水管将生物滞留池和塑料水塔连通，同时在输水渠道上安装流量计以测量渠道中流量。试验供水系统现场照片如图 3-6 所示。

(a)塑料水塔、PVC水管和微调开关

(b)输水渠道和生物滞留池

图 3-6 试验供水系统现场照片

研究 B1 的雨水径流控制效应时，通过调节 PVC 管上的微调开关控制入流水量，然后水流经#1 流量计流入 B1 中。B1 蓄满水后，水将漫过溢流坎流入输水渠道中，经#2 流量计后流出系统外。研究 B2 的雨水径流控制效应时，通过调节 PVC 管上的微调开关控制入流水量，水流经#1 流量计和#2 流量计流入 B2。B2 蓄满水后，水将漫过溢流坎流入输水渠道，经#3 流量计后流出系统外。试验时径流主要走向如图 3-7 所示。

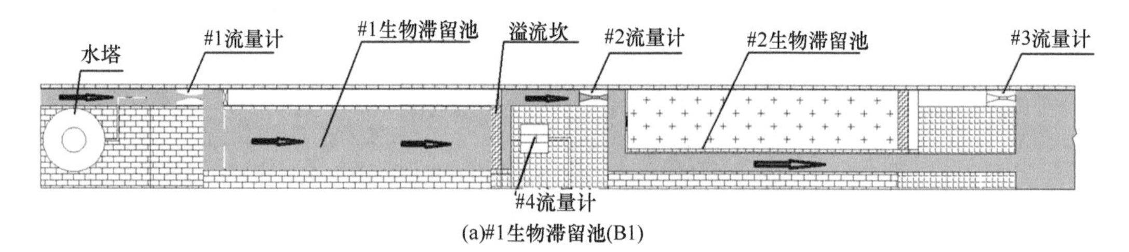

(a)#1生物滞留池(B1)

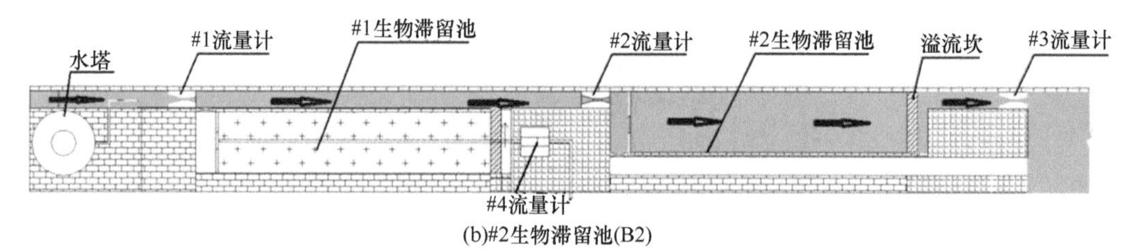

(b)#2生物滞留池(B2)

图 3-7 生物滞留池径流走向示意图

3.2 试验研究方案

3.2.1 研究因素与方案

本章通过现场试验来研究降雨重现期、生物炭分布、淹没区高度和渗透条件等内外部因素对生物滞留池雨水径流控制效应的影响。由于 LID 措施主要用于控制低强度降雨时的雨水径流，因此本节只选择低重现期降雨展开试验研究，即0.2年、0.5年、1年和2年降雨重现期。除了降雨重现期外，其他试验研究因素和方案如表3-3所示。表3-3中，方案1～方案5都是基于B1进行的，而方案6是基于B2进行的。方案1、方案2和方案3可通过更换B1中的种植土层来实现；方案3、方案4和方案5则通过调节B1中的穿孔排水管出口高度来实现。

表3-3　除降雨重现期外的试验研究因素和方案

项目	方案1	方案2	方案3	方案4	方案5	方案6
渗透条件	防渗型	防渗型	防渗型	防渗型	防渗型	渗透型
生物炭分布状态	不含有生物炭	生物炭与赤红壤均匀混合	生物炭与赤红壤层状分布	生物炭与赤红壤层状分布	生物炭与赤红壤层状分布	生物炭与赤红壤层状分布
淹没区高度/cm	40	40	40	20	0	—

在试验过程中，利用原位土壤水分传感器实时监测生物滞留池中各填料的体积含水量变化过程。每个方案都进行了4个不同降雨重现期下的试验，然后根据4次试验的平均值来计算出各填料初始体积含水量（试验前10min实测填料体积含水量的平均值）和最大体积含水量。由于各填料层的厚度较小，本节假设同一填料的土壤含水量不随深度变化。因而安装在每个填料层中的土壤水分传感器的测量值就代表了整个填料层的体积含水量。每次试验前，对生物滞留池进行排水，使得各填料层的初始体积含水量和设定值（种植土层，0.41 cm^3/cm^3；生物炭层，0.61 cm^3/cm^3；石屑填料层，0.14 cm^3/cm^3；砾石排水层，0.44 cm^3/cm^3）尽量接近。

3.2.2　雨水径流计算与模拟

本节基于广州市降雨强度公式[式（2-1）]计算模拟降雨，并利用芝加哥雨型（Keifer and Chu，1957）进行雨型分配，然后结合雨水流量公式[式（2-2）]计算出不同降雨重现期下的入流流量过程。模拟降雨的降雨历时设定为1h，雨峰系数为0.4。每个方案都按4个选定的降雨重现期（即0.2年、0.5年、1年和2年）的模拟降雨径流进行试验。具体的模拟降雨设计参数如表3-4所示，计算所得不同降雨重现期下的入流流量过程如图3-8所示。

表3-4　不同降雨重现期下模拟降雨设计参数

参数	0.2年	0.5年	1年	2年
降雨强度/[L/（s·hm^2）]	102.37	128.08	147.53	166.99
雨量/mm	36.8	46.1	53.1	60.1
汇水面积比	8%	8%	8%	8%
汇水面积 F/m^2	103.2	103.2	103.2	103.2
综合径流系数 ψ	0.9	0.9	0.9	0.9
入流水量/m^3	3.423	4.283	4.933	5.583

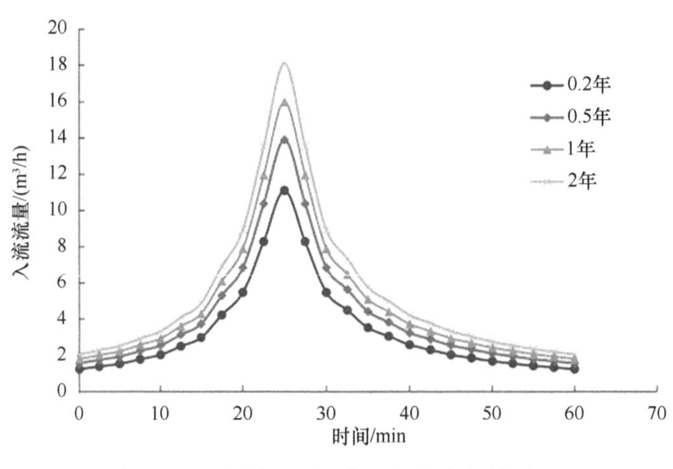

图 3-8　不同降雨重现期下的入流流量过程

此外，本节选取 0.2 年和 2 年两个降雨重现期进行赤红壤区生物滞留池雨水径流污染物负荷去除率评估的试验研究，其中污染物选择雨水径流中比较受关注的污染物：COD、TN、NO_3^--N、NH_3-N、TP、PO_4^{3-}、Cu 和 SS（Zhang et al.，2009）。为了更好地模拟实际雨水径流，入流污染物浓度分为两个阶段：初期（0～20min）和中后期（20～60min），初期为高浓度入流，中后期为低浓度入流。参考相关文献（Gan et al.，2008；黄国如和聂铁锋，2012）和第 2 章研究结果，确定模拟雨水径流污染物浓度如表 3-5 所示，配备 1L 的模拟雨水径流污染物溶液所需试剂及其质量如表 3-6 所示。4 个容量为 2000L 的塑料水塔被用于储存人工模拟径流，其中一个用于存放高污染物浓度的初期入流水，而另外三个用于储存低污染物浓度的中后期入流水。在初期入流阶段，供水系统的水只来自存放高污染物浓度的水塔；而在中后期入流阶段，供水系统的水迅速切换为低污染物浓度的中后期入流水。

表 3-5　两个入流阶段的模拟雨水径流污染物浓度

污染物类型	前期入流浓度/（mg/L）	中后期入流浓度/（mg/L）
COD	480	160
TN	10	5
NH_3-N	1.5	0.75
NO_3^--N	4	2
TP	2.4	1.2
PO_4^{3-}	2	1
Cu	0.4	0.16
SS	276	92

表 3-6　配备 1L 模拟雨水径流污染物溶液所需试剂及其质量

试剂类型	前期入流配药质量/mg	中后期入流配药质量/mg
淀粉	204	68
白砂糖	101.14	33.71
蛋白胨	4	1.49

续表

试剂类型	前期入流配药质量/mg	中后期入流配药质量/mg
硫酸铵	4.57	2.29
硝酸铵钙	41.14	20.57
二水合磷酸氢二钠	2.63	1.31
五水硫酸铜	2	0.8
高岭土	300	100

3.2.3　样品采集及其水质检测方法

在试验过程中，当入流水量超过生物滞留池的下渗和蓄滞能力时就会产生溢流，而出流是从 B1 底部的穿孔排水管中产生的。当基于 B1 展开试验时，入流、溢流和出流的取样位置分别位于#1 流量计、#2 流量计和#4 流量计后面。当基于 B2 展开试验时，入流和溢流的取样位置分别位于#2 流量计和#3 流量计后面，B2 因没有安装穿孔排水管而没有出流。入流的水样分别于开始入流的第 10min 和第 40min 进行收集。溢流的水样分别于开始溢流的第 0min、第 5min、第 10min、第 20min 和第 40min 进行收集。出流的水样分别于开始出流的第 0min、第 5min、第 10min、第 20min、第 40min、第 60min、第 120min、第 180min 和第 300min 进行收集。

每个水样都被收集于 2000 mL 的聚乙烯塑料瓶中，并在采样后立即送到实验室进行保存。检测每个水样中的 COD、TN、NO_3^--N、NH_3-N、TP、PO_4^{3-}、Cu 和 SS 的浓度，且优先检测浓度不稳定的污染物，并在取样后的 48h 内完成检测。对于 SS 根据重量法采用万分之一电子天平（JJ224BC，0.1mg）进行检测，其余水质指标的浓度使用 HACH DR3900 分光光度计（DR3900，±1.5nm）结合 HACH 试剂包进行检测。COD、TN、NO_3^--N、NH_3-N、TP、PO_4^{3-} 和 Cu 的检出限分别为 20 mg/L、0.5 mg/L、0.3 mg/L、0.02 mg/L、0.06 mg/L、0.02 mg/L 和 0.04 mg/L。

3.3　试验结果与分析

3.3.1　数据分析方法

生物滞留池雨水径流控制效应评估主要包括径流水量控制效果分析和径流污染物去除效果分析。径流水量控制效果分析评价指标包括溢流率、出流率、径流量削减率和峰值流量削减率，各指标计算公式如式（3-1）～式（3-4）所示。

$$R_{溢}=\frac{V_{溢}}{V_{入}}\times 100\% \tag{3-1}$$

$$R_{出}=\frac{V_{出}}{V_{入}}\times 100\% \tag{3-2}$$

$$R_{径}=\frac{V_{入}-V_{溢}-V_{出}}{V_{入}}\times 100\% \tag{3-3}$$

$$R_{峰}=\frac{Q_{入,\max}-Q_{溢,\max}}{Q_{入,\max}}\times 100\% \tag{3-4}$$

式中，$R_{溢}$ 为溢流率，%；$R_{出}$ 为出流率，%；$R_{径}$ 为径流量削减率，%；$R_{峰}$ 为峰值流量削减率，%；$V_{溢}$ 为累计溢流水量，m^3；$V_{入}$ 为累计入流水量，m^3；$V_{出}$ 为累计出流水量，m^3；$Q_{入,\max}$ 为入流峰值流量，m^3/h；$Q_{溢,\max}$ 为溢流峰值流量，m^3/h。

径流污染物去除效果分析评价指标包括径流污染物浓度去除率和径流污染物负荷去除率，计算公式如式（3-5）和式（3-6）所示：

$$R_{C}=\frac{EMC_{入}-EMC_{出}}{EMC_{入}}\times 100\% \approx \left(1-\frac{\sum_{i=1}^{N_1}V_{i,入}}{\sum_{i=1}^{N_1}C_{i,入}V_{i,入}}\times\frac{\sum_{i=1}^{N_2}C_{i,出}V_{i,出}}{\sum_{i=1}^{N_2}V_{i,出}}\right)\times 100\% \tag{3-5}$$

$$R_{L}=\frac{\sum_{i=1}^{N_1}C_{i,入}V_{i,入}-\sum_{i=1}^{N_2}C_{i,出}V_{i,出}-\sum_{i=1}^{N_3}C_{i,溢}V_{i,溢}}{\sum_{i=1}^{N_1}C_{i,入}V_{i,入}}\times 100\% \tag{3-6}$$

式中，R_C 为径流污染物浓度去除率，%；R_L 为径流污染物负荷去除率，%；$EMC_{入}$ 为入流污染物平均浓度，mg/L；$EMC_{出}$ 为出流污染物平均浓度，mg/L；$C_{i,入}$ 为第 i 时段内的平均入流浓度，mg/L；$V_{i,入}$ 为第 i 时段内的累计入流水量，m^3；N_1 为入流的时间分段数；$C_{i,出}$ 为第 i 时段内的平均出流浓度，mg/L；$V_{i,出}$ 为第 i 时段内的累计出流水量，m^3；N_2 为出流的时间分段数；$C_{i,溢}$ 为第 i 时段内的平均溢流浓度，mg/L；$V_{i,溢}$ 为第 i 时段内的累计溢流水量，m^3；N_3 为溢流的时间分段数。

3.3.2　填料含水量变化

在不同试验方案下，各填料的初始体积含水量和最大体积含水量如图 3-9 所示。将最大体积含水量减去初始体积含水量得到的值定义为填料层的含水量提升能力。由图 3-9 可知，方案 1～方案 6 中种植土层的含水量提升能力分别为 0.028 cm^3/cm^3、0.064 cm^3/cm^3、0.048 cm^3/cm^3、0.055 cm^3/cm^3、0.051 cm^3/cm^3 和 0.060 cm^3/cm^3。方案 1 的种植土层含水量提升能力比方案 2 和方案 3 低，这是因为方案 2 中生物炭与赤红壤混合，方案 3 中种植土与生物炭层状分布。而生物炭的掺入会改变种植土的质地、结构、孔径分布和密度等物理性质，从而影响种植土的透气性和保水能力①。方案 3～方案 6 的种植土层含水量

① Verheijen F G A, Jeffery S, Bastos A C, et al. 2010. Biochar Application to Soils-A Critical Scientific Review of Effects on Soil Properties, Processes and Functions. EUR.

提升能力相近，这是因为这些方案中的生物炭都是与赤红壤种植土层状分布。总体上，在种植土中掺入生物炭可以增进种植土的含水量提升能力，特别是当生物炭与赤红壤均匀混合时。

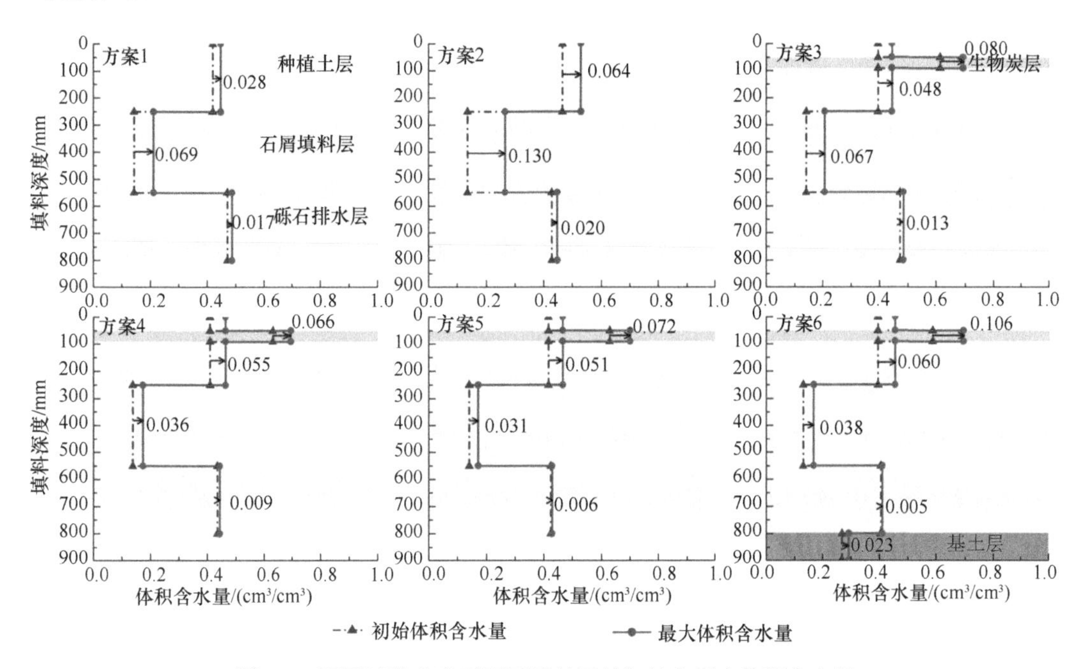

图 3-9　不同试验方案下不同填料层的初始和最大体积含水量

方案 1～方案 6 中石屑填料层的含水量提升能力分别为 0.069 cm^3/cm^3、0.130 cm^3/cm^3、0.067 cm^3/cm^3、0.036 cm^3/cm^3、0.031 cm^3/cm^3 和 0.038 cm^3/cm^3。由于方案 2 中渗入到石屑填料层的水量更多，因此方案 2 的石屑填料层含水量提升能力比方案 1 和方案 3 高。方案 3 的石屑填料层含水量提升能力比方案 4 高了 86%，比方案 5 高了 116%，这是因为方案 3 的淹没区高度较高从而导致其部分石屑填料完全饱和，而方案 4 和方案 5 的淹没区高度则比石屑填料层的深度还低。方案 6 的石屑填料层含水量提升能力低于方案 3，但高于方案 4 和方案 5。因此入渗到石屑填料层的水量越多，淹没区高度越高，则石屑填料层的含水量提升能力就越强。

方案 1～方案 6 中砾石排水层的含水量提升能力分别为 0.017 cm^3/cm^3、0.020 cm^3/cm^3、0.013 cm^3/cm^3、0.009 cm^3/cm^3、0.006 cm^3/cm^3 和 0.005 cm^3/cm^3。由于方案 1、方案 2 和方案 3 的淹没区高度都为 40cm，故三种情况下的砾石排水层含水量提升能力接近。对比方案 3、方案 4 和方案 5 的结果可知砾石排水层的含水量提升能力随着淹没区高度增加而增强。此外，方案 5 和方案 6 的砾石排水层含水量提升能力差异不大。

3.3.3　雨水径流水量控制效果分析

根据试验设定方案在不同降雨重现期下展开试验，根据流量计监测数据可得不同试验方案的入流、溢流和出流的流量变化过程。每种方案下，不同降雨重现期的入流、溢流和出流的流量和峰值流量都有所不同，但流量变化过程类似。以 2 年降雨重现期为例，不同试验方案下的入流、溢流和出流的流量变化过程如图 3-10 所示。根据试验结果，分析计算生物滞留池在不同条件下的溢流率、出流率、径流量削减率和峰值流量削减率，结果如表 3-7 所示。

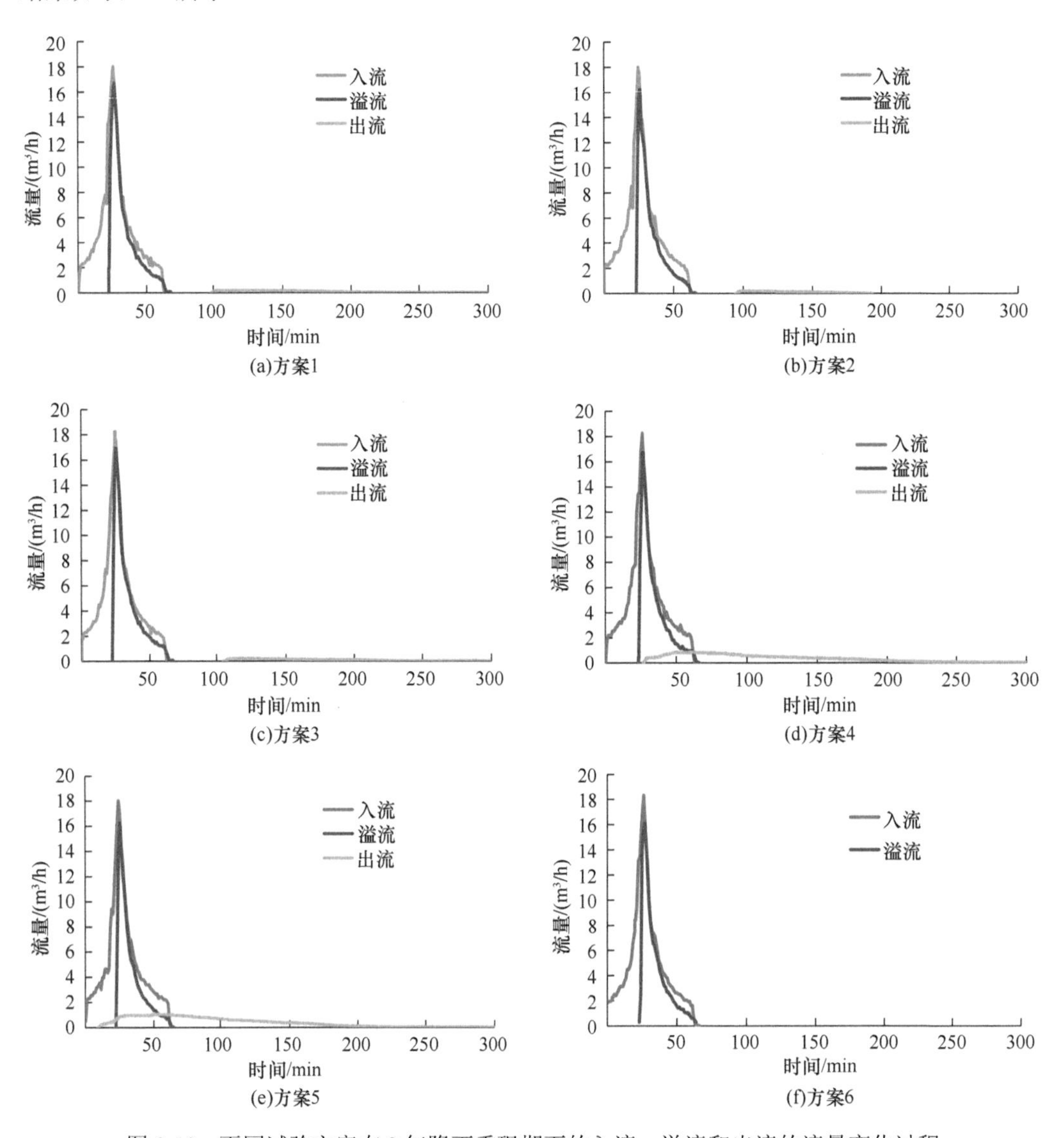

图 3-10　不同试验方案在 2 年降雨重现期下的入流、溢流和出流的流量变化过程

由图 3-10（a）、图 3-10（b）和图 3-10（c）可知，在淹没区高度为 40cm 时，防渗型生物滞留池开始出流的时间约为开始进水后 100 min 左右。当生物炭与赤红壤均匀混合时（方案 2），蓄水层中的水入渗得更快，因此其开始出流的时间更早，开始出流的时间在开始进水后 94.5 min。由图 3-10（c）、图 3-10（d）和图 3-10（e）可知，防渗型生物滞留池开始出流的时间随着淹没区高度降低而缩短。因为渗透型生物滞留池底部没有安装穿孔排水管以排水，所以渗透型生物滞留池没有底部出流（方案 6）。

表 3-7　不同试验方案下生物滞留池的雨水径流水量控制效果

方案	生物炭分布状态	淹没区高度/cm	渗透条件	降雨重现期/年	入流水量/m³	峰值流量/（m³/h）	$R_{溢}$/%	$R_{出}$/%	$R_{径}$/%	$R_{峰}$/%
1	不含有生物炭	40	防渗型	0.2	3.44	10.96	37.1	7.7	55.2	26.5
				0.5	4.39	13.39	49.6	6.6	43.7	15.7
				1	4.91	16.66	54.1	6.1	39.8	11.2
				2	5.63	18.04	58.2	4.8	37.0	7.5
2	生物炭与赤红壤均匀混合	40	防渗型	0.2	3.31	11.55	28.6	5.0	66.4	57.3
				0.5	4.25	13.60	39.3	3.1	57.6	28.5
				1	4.95	16.21	44.4	3.5	52.1	18.9
				2	5.59	18.04	52.1	3.2	44.7	10.0
3	生物炭与赤红壤层状分布	40	防渗型	0.2	3.38	10.96	32.2	8.0	59.8	49.4
				0.5	4.28	13.81	43.4	5.5	51.1	22.6
				1	5.01	16.21	51.8	5.1	43.2	12.3
				2	5.56	18.27	56.7	4.8	38.4	7.4
4	生物炭与赤红壤层状分布	20	防渗型	0.2	3.38	11.15	31.6	38.9	29.6	44.6
				0.5	4.26	13.18	40.5	39.8	19.7	17.4
				1	5.00	16.21	48.7	32.9	18.4	12.3
				2	5.62	18.27	53.0	30.7	16.3	8.6
5	生物炭与赤红壤层状分布	0	防渗型	0.2	3.45	11.55	27.6	56.2	16.2	50.6
				0.5	4.30	13.39	36.5	49.8	13.7	26.0
				1	4.87	15.76	44.1	43.6	12.3	20.6
				2	5.56	18.04	50.3	38.3	11.4	10.0
6	生物炭与赤红壤层状分布	—	渗透型	0.2	3.30	11.08	37.2	0.0	62.8	38.1
				0.5	4.30	14.00	42.3	0.0	57.7	25.3
				1	4.98	15.55	51.5	0.0	48.5	20.0
				2	5.55	18.34	53.8	0.0	46.2	12.2

由表 3-7 可知，在 0.2～2 年降雨重现期下，所有试验方案的溢流率随降雨重现期增大而增大，出流率、径流量削减率和峰值流量削减率随降雨重现期增大而减小。生物滞留池在方案 1、方案 2 和方案 3 下的结果表明，不同生物炭分布状态方案下生物滞留池的溢流率排序为方案 1（37.1%～58.2%）>方案 3（32.2%～56.7%）>方案 2（28.6%～52.1%）；出流率排序为方案 1（4.8%～7.7%）≈方案 3（4.8%～8.0%）>方案 2（3.2%～5.0%）；径流量削减率排序为方案 2（44.7%～66.4%）>方案 3（38.4%～59.8%）>方案 1（37.0%～55.2%）；峰值流量削减率排序为：方案 2（10.0%～57.3%）>方案 3（7.4%～49.4%）>方案 1（7.5%～26.5%）。结果说明在土壤中掺入生物炭后，可以进一步减少径流外排至生物滞留池系统外，从而减少雨水径流量。土壤持水能力与生物炭的疏水性和表面积以及施用生物炭后的土壤结构有关[①]。因此方案 2 中生物炭与赤红壤均匀混合，提高了种植土的入渗能力和土壤持水能力，从而提高了生物滞留池的雨水径流水量控制能力。方案 3 中生物炭与赤红壤层状分布对种植土的入渗能力和土壤持水能力也有一定

① Verheijen F G A, Jeffery S, Bastos A C, et al. 2010. Biochar Application to Soils-A Critical Scientific Review of Effects on Soil Properties, Processes and Functions. EUR.

的改善作用，但效果不如方案2。

生物滞留池在方案3、方案4和方案5下的结果表明，溢流率和径流量削减率随淹没区高度增加而增加，出流率随淹没区高度增加而减少。不同淹没区高度方案下生物滞留池的溢流率排序为方案3（32.2%～56.7%）>方案4（31.6%～53.0%）>方案5（27.6%～50.3%）；出流率排序为方案5（38.3%～56.2%）>方案4（30.7%～38.9%）>方案3（4.8%～8.0%）；径流量削减率排序为方案3（38.4%～59.8%）>方案4（16.3%～29.6%）>方案5（11.4%～16.2%）；峰值流量削减率总体上排序为方案5（10.0%～50.6%）>方案3（7.4%～49.4%）>方案4（8.6%～44.6%）。结果说明生物滞留池溢流率随淹没区高度增加而增加，这是因为生物滞留池底部的淹没区高度增加致使底部填料水位面升高，从而导致土壤下渗能力减弱，使得溢流量增大；结果也表明生物滞留池的雨水径流水量削减能力随着淹没区高度增加而得到明显的提高，这是因为淹没区高度的增加导致了内部储水能力的提高和出流量的减少。

生物滞留池在方案5和方案6下的结果表明，不同渗透条件方案下生物滞留池的溢流率排序为方案6（37.2%～53.8%）>方案5（27.6%～50.3%）；径流量削减率排序为方案6（46.2%～62.8%）>方案5（11.4%～16.2%）；峰值流量削减率排序为方案5（10.0%～50.6 %）>方案6（12.2%～38.1%）；防渗型生物滞留池出流率在38.3%～56.2%，渗透型生物滞留池无出流。生物滞留池的内部存水能力和入渗周围土壤的能力会影响其水文性能（He and Davis，2010），而渗透型生物滞留池因无底部排水管来排水，其蓄水层中的水入渗速率比防渗型生物滞留池低，所以渗透型生物滞留池溢流率大于防渗型生物滞留池。此外，由于渗透型生物滞留池没有安装防渗膜，因此其入渗水可以直接渗漏到生物滞留池周边的土壤内，加之没有底部出流而使水蓄滞在池内，从而使其径流量削减率较高。

3.3.4 生物炭分布状态对径流污染物去除的影响

选取0.2年和2年两个重现期，进行种植土中不同生物炭分布状态下（方案1、方案2和方案3）生物滞留池的雨水径流污染物去除效果试验。当供水系统按照设计流量过程进行入流，0.2年降雨重现期时不同生物炭分布状态方案的生物滞留池的入流、溢流和出流的污染物浓度变化过程如图3-11所示。在2年降雨重现期下，入流、溢流和出流污染物浓度变化过程与0.2年降雨重现期相似。

由图3-11可知，不同生物炭分布状态下，生物滞留池的溢流污染物浓度和出流污染物浓度总体上随着时间增加而降低。入流污染物浓度分为初期（0～20min）和中后期（20～60min）两个阶段，初期为高浓度入流，中后期为低浓度入流。当种植土中不含有生物炭时（方案1），溢流中的COD、TN、NH_3-N、NO_3^--N、TP、PO_4^{3-}和Cu的浓度变化均在入流的初期高浓度和中后期低浓度之间波动，但SS浓度则在溢流后期明显低于入流中后期，而出流中除了NO_3^--N外，大部分污染物浓度都随出流时间增加而降低。当种植土中生物炭与赤红壤均匀混合时（方案2），溢流中的COD和NH_3-N的浓度变化均在入流的高低浓度之间波动，但TN、NO_3^--N、TP、PO_4^{3-}、Cu和SS的浓度则是溢

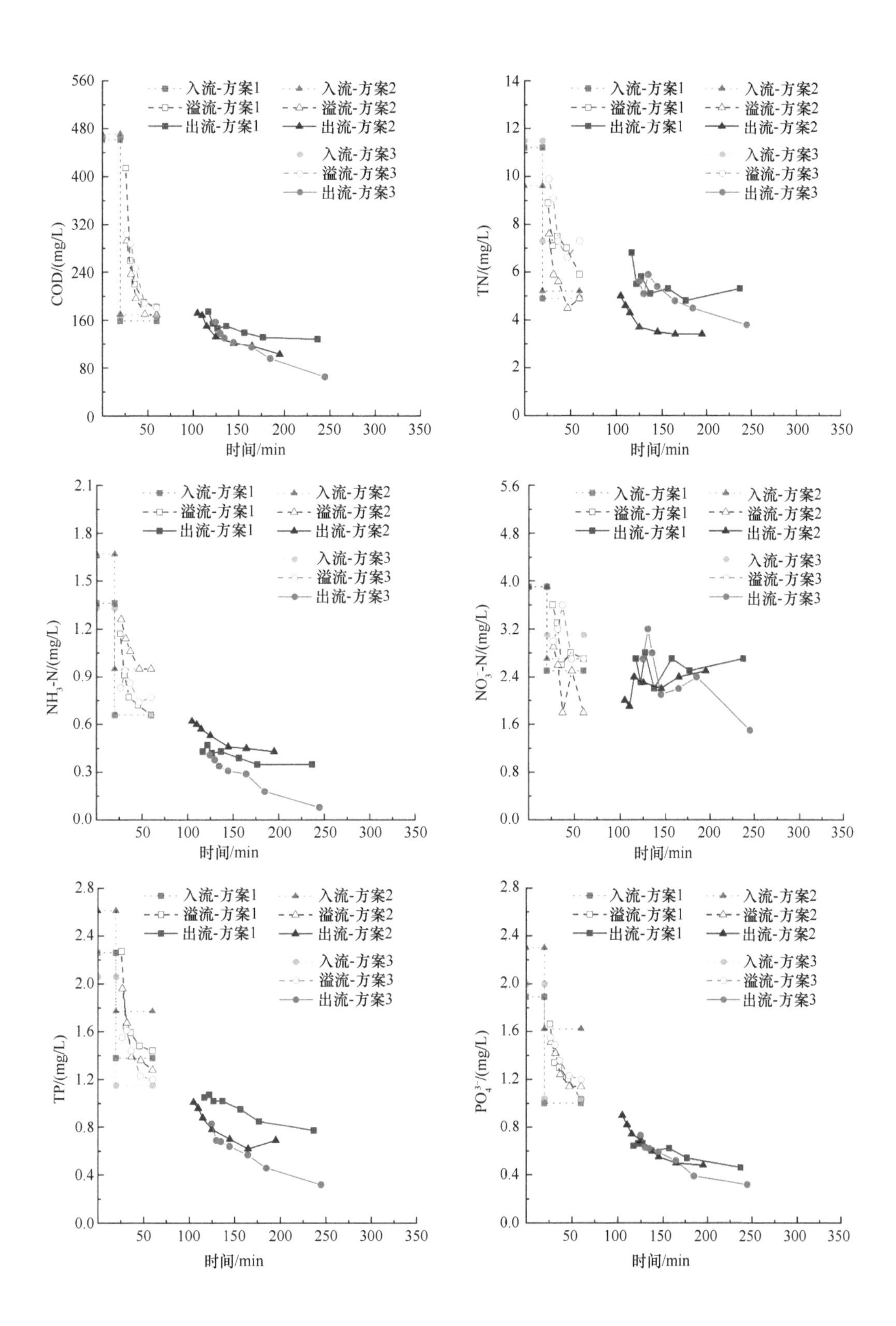
入流-方案1
溢流-方案1
出流-方案1
入流-方案2
溢流-方案2
出流-方案2
入流-方案3
溢流-方案3
出流-方案3
COD/(mg/L)
TN/(mg/L)
NH_3-N/(mg/L)
NO_3^--N/(mg/L)
TP/(mg/L)
PO_4^{3-}/(mg/L)
时间/min

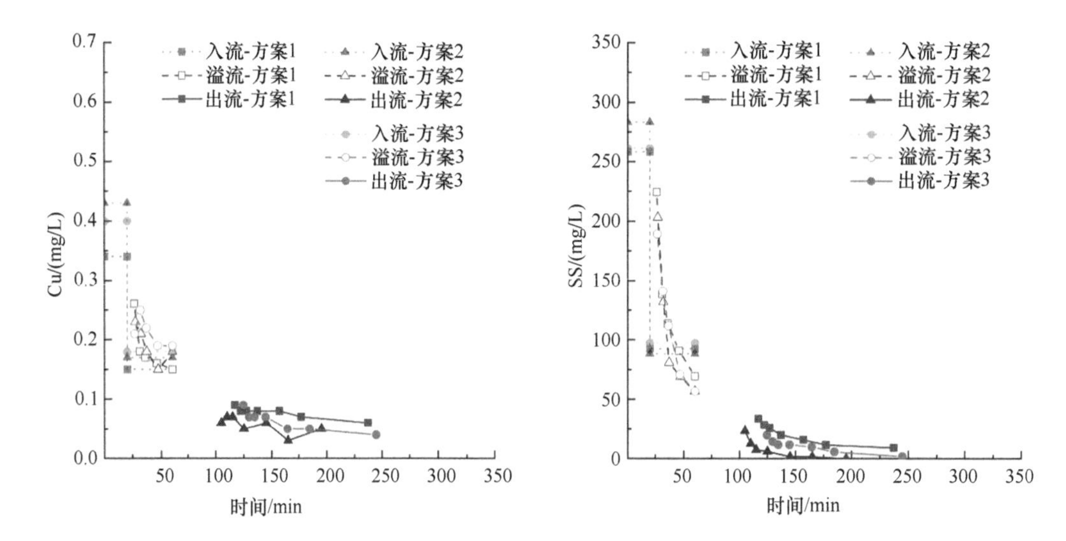

图 3-11　0.2 年降雨重现期时不同生物炭分布状态下入流、溢流和出流污染物浓度变化过程

流后期低于入流中后期，而出流中除了 NO_3^--N 外，大部分污染物浓度均随出流时间增加而降低。当种植土中生物炭与赤红壤层状分布时（方案 3），溢流中的 COD、NH_3-N、TP、PO_4^{3-} 和 Cu 的浓度变化均在入流的高低浓度之间波动，但 TN、NO_3^--N 和 SS 浓度则是溢流后期低于入流中后期，而出流中除了 NO_3^--N 外，各污染物浓度均随出流时间增加而降低。结果表明，生物滞留池种植土中不同生物炭分布状态会导致其溢流和出流中各污染物浓度变化过程有所不同。总体上，由于生物炭与赤红壤均匀混合时，土壤表层有较多生物炭颗粒分布，有助于蓄水层径流净化，使得生物滞留池中更多的污染物（TN、NO_3^--N、TP、PO_4^{3-} 和 Cu）在后期溢流中浓度较低。此外，各方案下的 NO_3^--N 浓度在出流过程中浓度变化波动较大，表明 NO_3^--N 的去除过程较不稳定。

根据入流、溢流和出流的水量和污染物浓度变化结果，计算分析出不同降雨重现期和生物炭分布状态下径流污染物浓度去除率和径流污染物负荷去除率，分别如图 3-12 和图 3-13 所示。

由图 3-12 可知，不同生物炭分布状态下，SS 和 Cu 的径流污染物浓度去除率大于其他污染物（COD、TN、NH_3-N、NO_3^--N、TP 和 PO_4^{3-}）。在 0.2～2 年降雨重现期内，不同生物炭分布状态方案下的 COD、NH_3-N 和 NO_3^--N 的径流污染物浓度去除率平均值排序为方案 3（COD 55.2%、NH_3-N 68.3%、NO_3^--N 23.9%）>方案 2（COD 49.9%、NH_3-N 58.6%、NO_3^--N 21.3%）>方案 1（COD 40.2%、NH_3-N 47.2%、NO_3^--N 1.3%）。而不同生物炭分布状态方案下的 TN、TP、PO_4^{3-}、Cu 和 SS 的径流污染物浓度去除率平均值排序则为方案 2（TN 40.1%、TP 60.9%、PO_4^{3-} 63.4%、Cu 77.3%、SS 95.3%）>方案 3（TN 31.1%、TP 59.5%、PO_4^{3-} 58.4%、Cu 73.0%、SS 93.9%）>方案 1（TN 17.4%、TP 40.3%、PO_4^{3-} 46.2%、Cu 62.4%、SS 83.3%）。与方案 1 相比，方案 2 的 TN、NO_3^--N、TP 和 PO_4^{3-} 浓度去除率增加最为明显，其浓度去除率均值至少比方案 1 高 17%，而其他污染物的浓度去除率

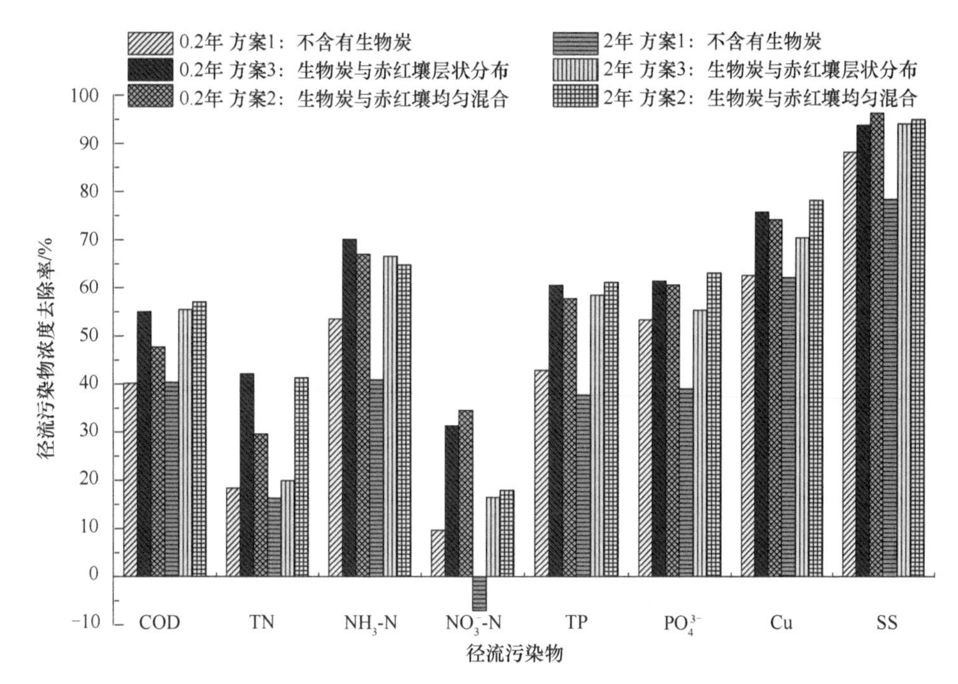

图 3-12　种植土中不同生物炭分布状态下的径流污染物浓度去除结果

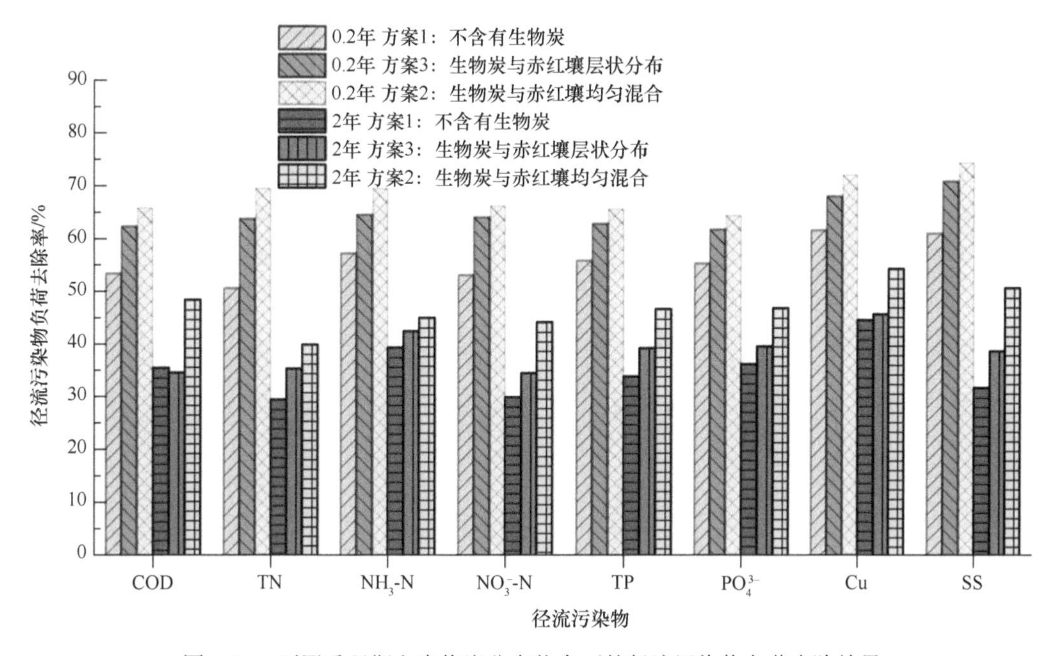

图 3-13　不同重现期和生物炭分布状态下的径流污染物负荷去除结果

也有所增加，但与 TN、NO_3^--N、TP 和 PO_4^{3-} 相比，增加不够明显。与方案 1 相比，方案 3 的 NH_3-N、NO_3^--N 和 TP 浓度去除率增加最为明显，其浓度去除率均值至少比方案 1 高 19%，而其他污染物的浓度去除率也有所增加，但不比 NH_3-N、NO_3^--N 和 TP 增加得明显。这些结果表明加到赤红壤种植土中的生物炭可以通过吸附等作用从雨水径流中去除这些污染物。在吸附过程中，生物炭中存在的含氧羧基、羟基和酚类表面官能团能够有效地与土壤污染物结合（Uchimiya et al.，2011）。因此，在种植土中掺入生物炭可以改善生物滞留池的污染物去除能力。此外，生物炭的污染物吸附能力还取决于其表面积和微孔率，因此生物炭在土壤中的分布状态会影响其径流污染物的去除能力（Ahmad et al.，2014）。

由图 3-13 可知，在不同生物炭分布状态下，0.2 年降雨重现期时的径流污染物负荷去除率始终比 2 年降雨重现期时高。在 0.2～2 年降雨重现期内，不同生物炭分布状态方案下的径流污染物负荷去除率平均值排序为方案 2（COD 57.1%、TN 54.7%、NH_3-N 57.2%、NO_3^--N 55.2%、TP 56.1%、PO_4^{3-} 55.6%、Cu 63.1%、SS 62.4%）>方案 3（COD 48.5%、TN 49.5%、NH_3-N 53.5%、NO_3^--N 49.2%、TP 51.0%、PO_4^{3-} 50.6%、Cu 56.8%、SS 54.7%）>方案 1（COD 44.4%、TN 40.0%、NH_3-N 48.2%、NO_3^--N 41.5%、TP 44.8%、PO_4^{3-} 45.7%、Cu 53.0%、SS 46.3%）。生物炭与赤红壤均匀混合时（方案 2）各项径流污染物负荷去除率均最大，这与径流污染物浓度去除率结果有所不同。这是因为径流污染物负荷去除率与径流水量削减情况密切相关，加上方案 2 的径流量削减率最高，所以方案 2 的径流污染物负荷去除能力比径流污染物浓度去除能力有所增强。例如，TN 和 NO_3^--N 的径流污染物负荷去除率就显著大于其径流污染物浓度去除率。

3.3.5　淹没区高度对径流污染物去除的影响

选取 0.2 年和 2 年两个降雨重现期进行不同淹没区高度下（方案 3、方案 4 和方案 6）生物滞留池的雨水径流污染物去除效果试验。当供水系统按照设计流量过程进行入流时，0.2 年降雨重现期时不同淹没高度方案的生物滞留池的入流、溢流和出流污染物浓度变化过程如图 3-14 所示。2 年降雨重现期下，不同淹没区高度下的入流、溢流和出流污染物浓度变化过程与 0.2 年降雨重现期时相似。

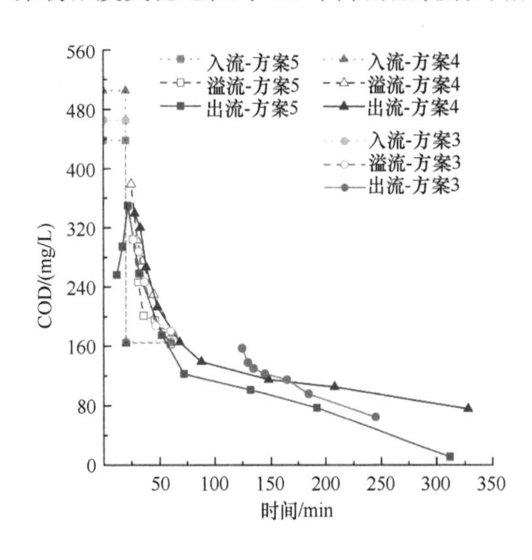

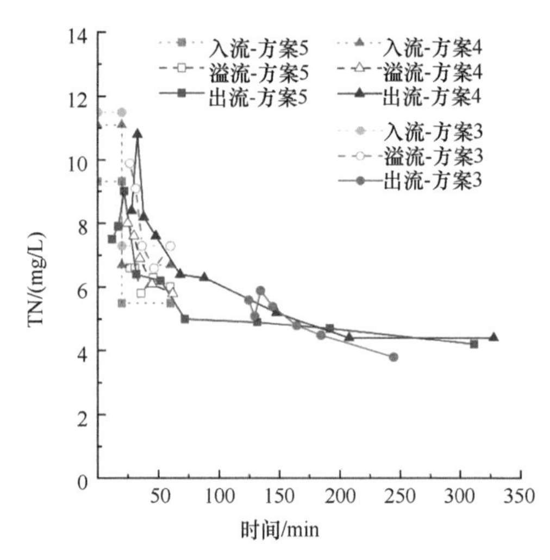

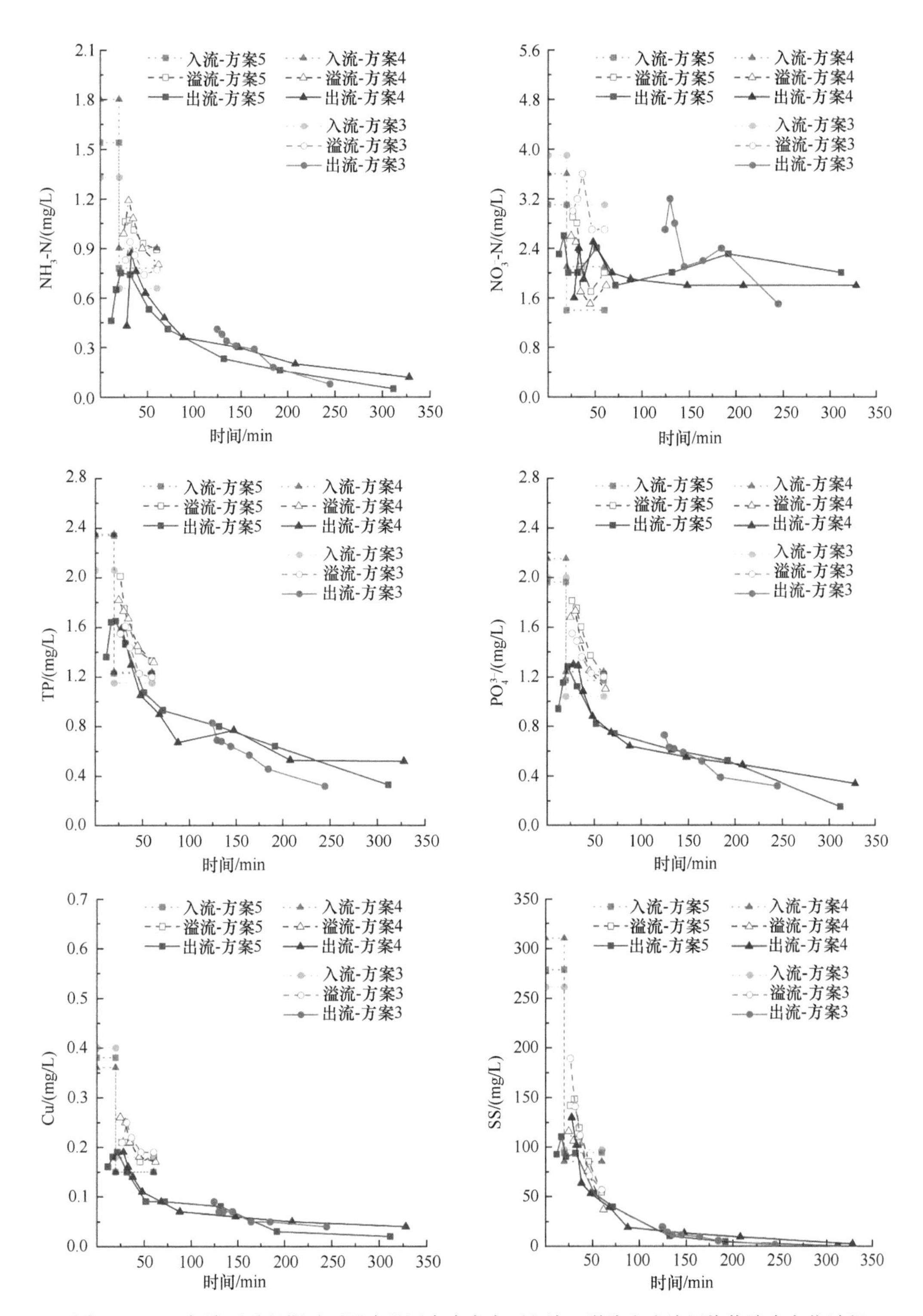

图 3-14 0.2 年降雨重现期时不同淹没区高度方案下入流、溢流和出流污染物浓度变化过程

由图 3-14 可知，不同淹没区高度下的溢流污染物浓度总体上随着溢流时间增加而降低。具体分析，在 0cm 淹没区高度下（方案 5），溢流中的 COD、TN、NH_3-N、NO_3^--N、TP、PO_4^{3-} 和 Cu 的浓度变化均在入流的高低浓度之间波动，但 SS 浓度则在溢流后期明显低于入流中后期。出流中除 NO_3^--N 外，各污染物浓度在出流的前 10min 随时间增加而上升，之后才随出流时间增加而降低。在 20cm 淹没区高度下（方案 4），溢流中的 COD、TP、PO_4^{3-} 和 Cu 的浓度变化均在入流的高低浓度之间波动，但 TN、NH_3-N、NO_3^--N 和 SS 浓度则在溢流后期明显低于入流中后期，而出流中 TN、NH_3-N 和 NO_3^--N 浓度在出流的前 5min 随时间增加而上升，之后才随出流时间增加而降低；出流中其余污染物浓度总体上均随出流时间增加而降低。在 40cm 淹没区高度下（方案 3），溢流中的 COD、NH_3-N、TP、PO_4^{3-} 和 Cu 的浓度变化均在入流的高低浓度之间波动，但 TN、NO_3^--N 和 SS 浓度则在溢流后期低于入流中后期，而出流中各污染物浓度均随出流时间增加而降低。

根据入流、溢流和出流的水量和污染物浓度变化结果，计算分析出不同降雨重现期和淹没区高度下径流污染物浓度去除率和径流污染物负荷去除率，分别如图 3-15 和图 3-16 所示。

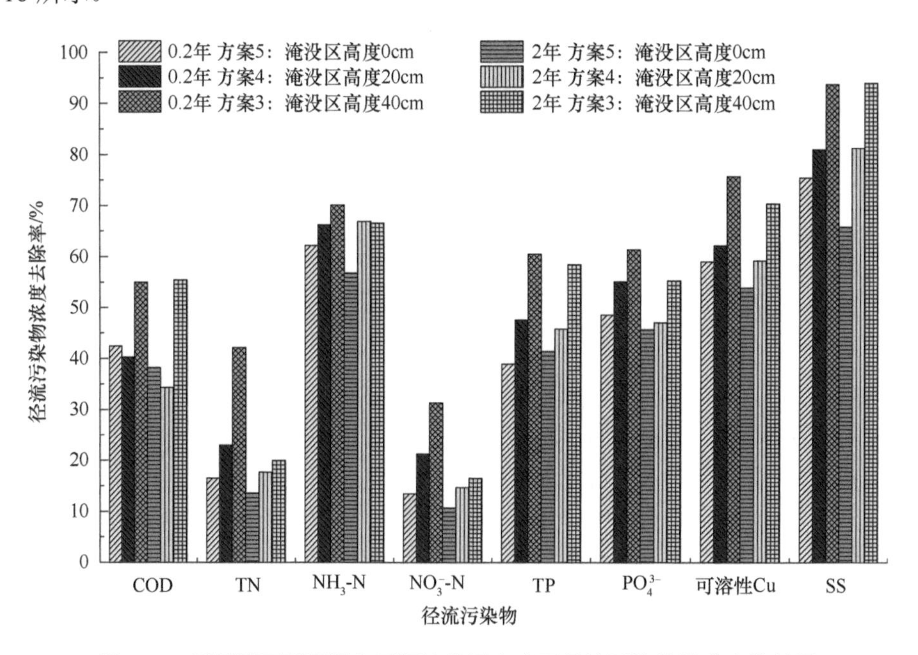

图 3-15 不同降雨重现期和不同淹没区高度下径流污染物浓度去除结果

由图 3-15 可知，在 0.2～2 年降雨重现期内，不同淹没区高度方案下径流污染物（除 COD 外）浓度去除率平均值的排序为方案 3（TN 31.1%、NH_3-N 68.3%、NO_3^--N 23.9%、TP 59.5%、PO_4^{3-} 58.4%、Cu 73.0%、SS 93.9%）>方案 4（TN 20.3%、NH_3-N 66.5%、NO_3^--N 18.0%、TP 46.6%、PO_4^{3-} 51.1%、Cu 60.7%、SS 81.1%）>方案 5（TN 15.0%、NH_3-N 59.5%、NO_3^--N 12.1%、TP 40.2%、PO_4^{3-} 47.1%、Cu 56.5%、SS 70.6%）。由结果

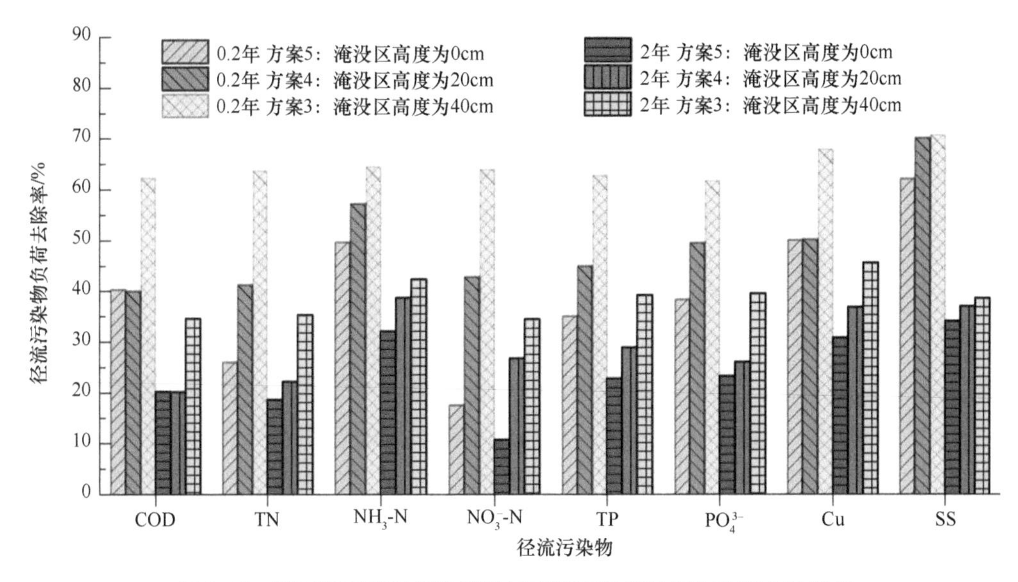

图 3-16　不同降雨重现期和淹没区高度下径流污染物负荷去除结果

可知，有淹没区高度（方案 3 和方案 4）比没有淹没区高度（方案 5）的生物滞留池具有更高的径流污染物浓度去除率。这是因为有淹没区高度的生物滞留池可以降低氧化还原电位并诱导还原条件，从而有利于许多污染物尤其是硝酸盐的去除。这些方案中的 TN 和 NO_3^--N 的浓度去除率比其他污染物要低，但 TN 和 NO_3^--N 的浓度去除率随着淹没区高度增加而明显增加。上述结果表明，在生物滞留池中加入淹没区高度可以促进反硝化作用从而降低出流中的 TN 和 NO_3^--N 的浓度。此外，淹没区高度的增加增强了生物滞留池中布朗扩散、拦截和重力沉降作用，使得 SS 的去除能力进一步提升（Qiu et al.，2019）。总而言之，可以通过增加淹没区高度来提高生物滞留池径流污染物浓度去除率。

由图 3-16 可知，在不同淹没区高度下，0.2 年降雨重现期时的径流污染物负荷去除率也比 2 年重现期时的径流污染物负荷去除率高。在 0.2～2 年降雨重现期内，不同淹没区高度方案下径流污染物（除 COD 外）负荷去除率平均值的排序为方案 3（TN 49.5%、NH_3-N 53.5%、NO_3^--N 49.2%、TP 51.0%、PO_4^{3-} 50.6%、Cu 56.8%、SS 54.7%）>方案 4（TN 31.7%、NH_3-N 48.0%、NO_3^--N 34.8%、TP 37.0%、PO_4^{3-} 37.8%、Cu 43.5%、SS 53.6%）>方案 5（TN 22.3%、NH_3-N 40.9%、NO_3^--N 14.2%、TP 28.9%、PO_4^{3-} 30.8%、Cu 40.4%、SS 48.1%）。不同淹没区高度下，COD 负荷去除率在 0cm 和 20cm 淹没区高度时接近，而在 40cm 时较高。由结果可知，有较高淹没区的生物滞留池的径流污染物负荷去除效率高于有较低淹没区的生物滞留池。径流污染物负荷去除率随着径流水量削减和径流污染物浓度去除率增加而增加。在不同淹没区高度方案下，方案 3 的径流量削减率和径流污染物浓度去除率都是最高的，所以其径流污染物负荷去除率也是最高的。

3.3.6 渗透条件对径流污染物去除的影响

选取 0.2 年和 2 年两个降雨重现期进行不同渗透条件下（方案 5 和方案 6）生物滞留池的雨水径流污染物去除效果试验。0.2 年降雨重现期时的入流、溢流和出流污染物浓度变化过程如图 3-17 所示。径流污染物浓度去除主要考察底部出流和入流之间的污染物浓度变化情况，但渗透型生物滞留池无底部出流，因此此部分不分析径流污染物浓度去除情况。由图 3-17 可知，不同渗透条件下溢流和出流污染物浓度总体上随着溢流时间增加而降低。具体分析，当生物滞留池为防渗型时（方案 5），溢流中的 COD、TN、NH_3-N、NO_3^--N、TP、PO_4^{3-} 和 Cu 的浓度变化均在入流的初期高浓度和中后期低浓度之间波动，但 SS 浓度则在溢流后期明显低于入流中后期。

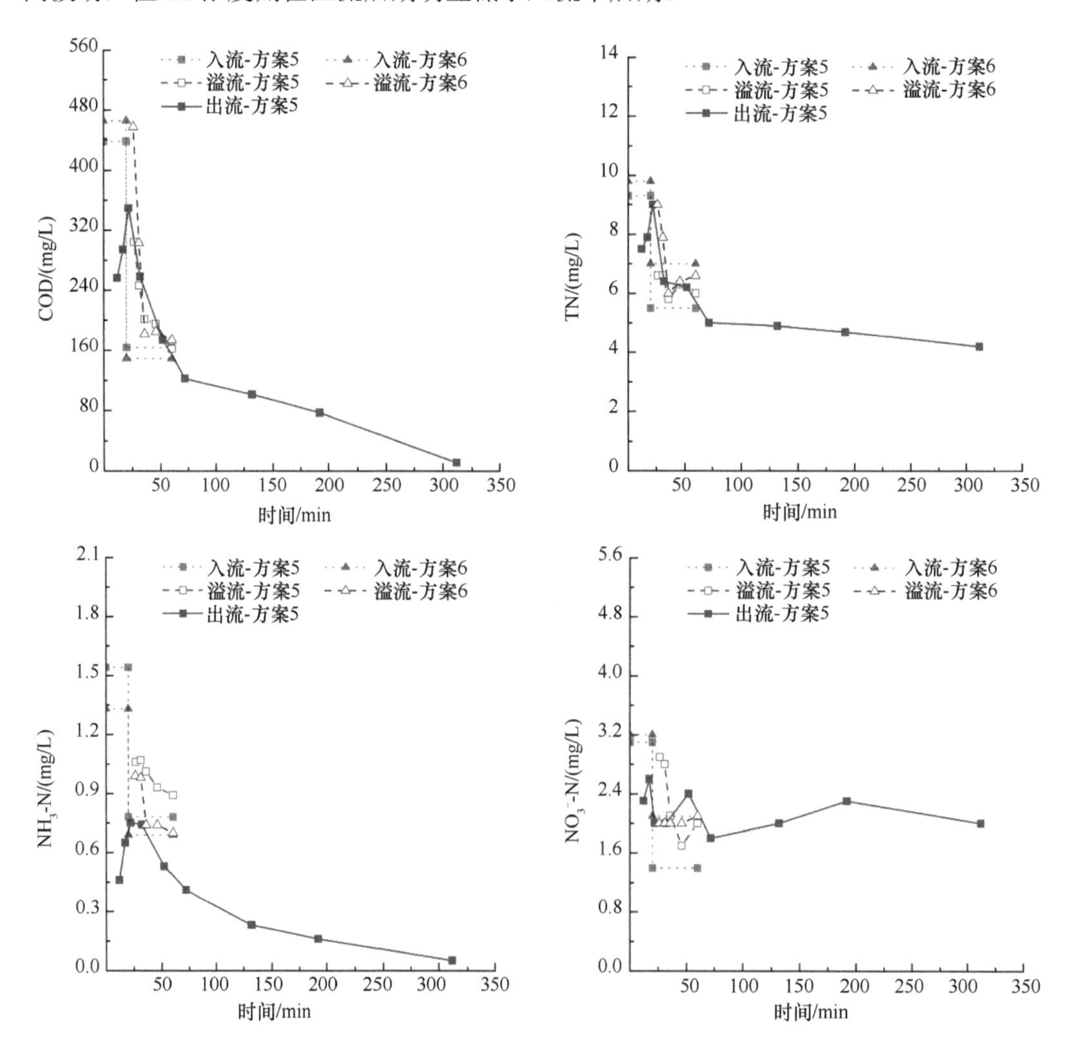

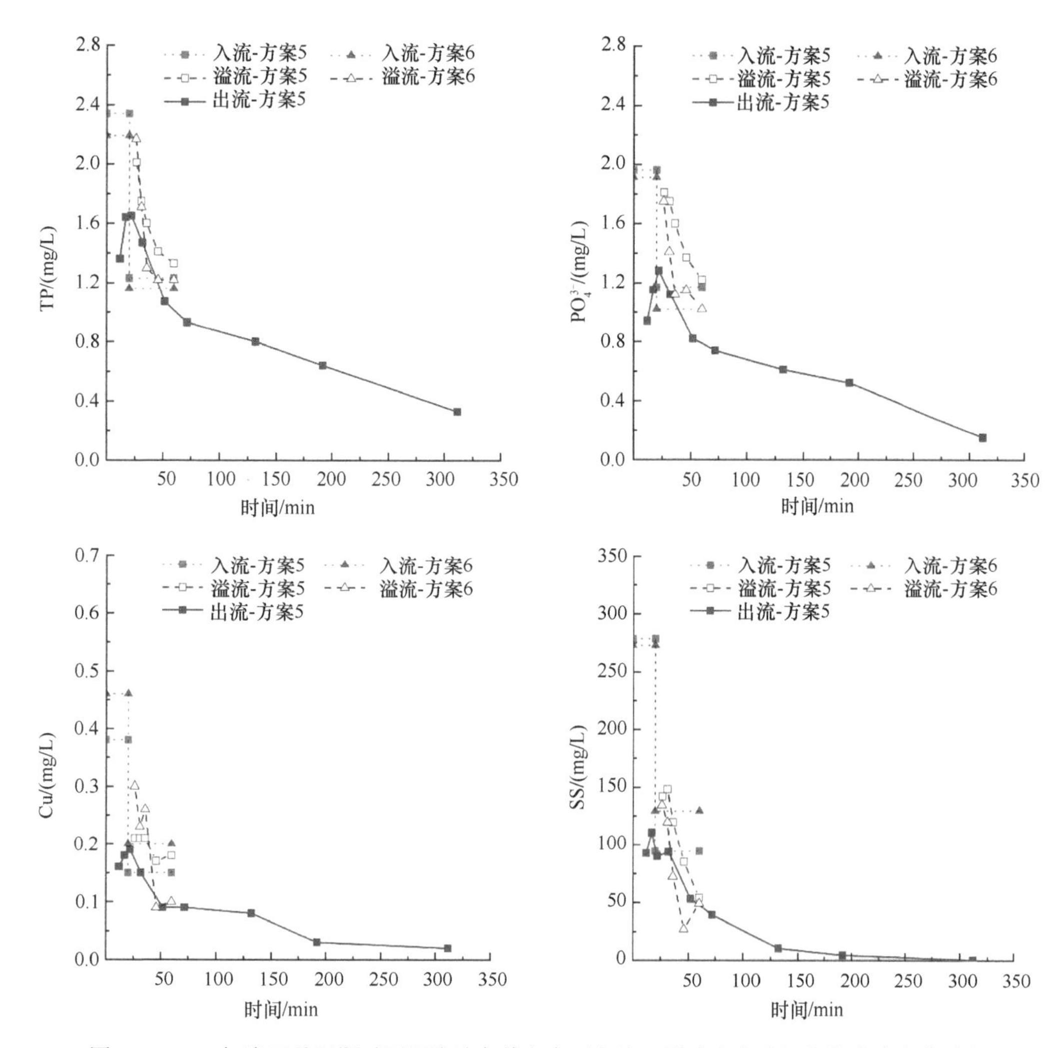

图 3-17　0.2 年降雨重现期时不同防渗条件方案下入流、溢流和出流污染物浓度变化过程

由图 3-17 还可知，出流中除 NO_3^--N 外，各污染物浓度在出流的前 10min 随时间增加而上升，之后才随出流时间增加而降低。当生物滞留池为渗透型时（方案 6），溢流中的 COD、NH_3-N、TP 和 PO_4^{3-} 的浓度变化均在入流的初期高浓度和中后期低浓度之间波动，TN、NO_3^--N、Cu 和 SS 浓度则在溢流后期明显低于入流中后期。

根据试验结果，计算分析出方案 5 和方案 6 的径流污染物负荷去除率，此外还将方案 3 的径流污染物负荷去除率结果与之对比，结果如图 3-18。由图 3-18 可知，各径流污染物负荷去除率随着重现期增大而降低。在 0.2～2 年降雨重现期内，方案 6 的径流污染物负荷去除率平均值（COD 46.7%、TN 52.2%、NH_3-N 53.1%、NO_3^--N 54.5%、TP 46.0%、PO_4^{3-} 51.7%、Cu 55.0%、SS 62.4%）明显比方案 5 的径流污染物负荷去除率平均值（COD 30.3%、TN 22.3%、NH_3-N 40.9%、NO_3^--N 14.2%、TP 28.9%、PO_4^{3-} 30.8%、Cu 40.4%、SS 48.1%）高。结果表明淹没区高度为 0cm 的防渗型生物滞留池的径流污染物负荷去除能力比渗透型生物滞留池差。究其原因是，生物滞留池的径流污染物负荷去除率主要与径流水量削减量和径流污染物浓度去除率密切相关，而渗透型生物滞留池的径流削减能力比淹没区高度为0cm的防渗型生物滞留池强。对比方案6和方案3的径流污染物负荷去除结果，其均值差异仅在–5%～8%，说明增加防渗型生物滞留池的淹没区高度可以进一步缩小防渗型和渗透型生物滞留池径流污染物负荷去除率之间的差距。

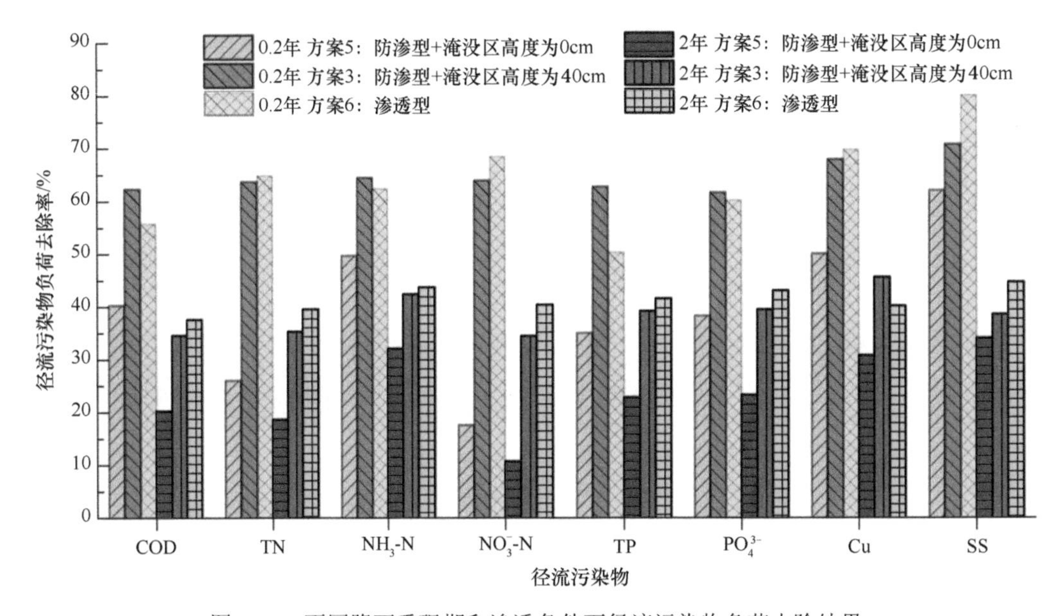

图3-18 不同降雨重现期和渗透条件下径流污染物负荷去除结果

3.4 小 结

本章基于现场构建的生物滞留池试验设施进行现场试验，以探究不同降雨重现期、生物炭分布状态、淹没区高度和渗透条件对赤红壤地区生物滞留池的雨水径流控制效应的影响，并得出以下结论。

（1）在种植土中掺入生物炭可以提高种植土的含水量提升能力，特别是当生物炭与赤红壤均匀混合时。入渗到石屑填料层的水量越多，石屑填料层的含水量提升能力越强。此外，石屑填料层和砾石排水层的含水量提升能力随着淹没区高度增加而增加。

（2）在0.2～2年降雨重现期内，生物滞留池的溢流率随降雨重现期增大而增大，出流率、径流量削减率和峰值流量削减率随降雨重现期增大而减小。溢流率和径流量削减率随淹没区高度增加而增加，出流率随淹没区高度增加而减少。种植土中不同生物炭分布状态下生物滞留池的径流量削减率排序为生物炭与赤红壤均匀混合（44.7%～66.4%）>生物炭与赤红壤层状分布（38.4%～59.8%）>种植土中不含有生物炭（37.0%～55.2%）；不同淹没区高度下径流量削减率排序为淹没区高度40cm（38.4%～59.8%）>淹没区高度20cm（16.3%～29.6%）>淹没区高度 0cm（11.4%～16.2%）；不同渗透条件下生物滞留池的径流量削减率排序为渗透型（46.2%～62.8%）>防渗型（11.4%～16.2%）。

（3）在0.2～2年降雨重现期内，在赤红壤种植土中加入生物炭可以提高其径流污染物去除能力。当生物炭与赤红壤层状分布时生物滞留池对COD、NH_3-N和NO_3^--N的径流污染物浓度去除效果最佳（COD 55.2%、NH_3-N 68.3%、NO_3^--N 23.9%），而生物炭与赤红壤均匀混合时对 TN、TP、PO_4^{3-}、Cu 和 SS 的径流污染物浓度去除效果最佳（TN 40.1%、TP 60.9%、PO_4^{3-} 63.4%、Cu 77.3%、SS 95.3%）。不同生物炭分布状态下污染物的径流污染物负荷去除率平均值排序为生物炭与赤红壤均匀混合（COD 57.1%、TN 54.7%、NH_3-N 57.2%、NO_3^--N 55.2%、TP 56.1%、PO_4^{3-} 55.6%、Cu 63.1%、SS 62.4%）>生物炭与赤红壤层状分布（COD 48.5%、TN 49.5%、NH_3-N 53.5%、NO_3^--N 49.2%、TP 51.0%、PO_4^{3-} 50.6%、Cu 56.8%、SS 54.7%）>种植土中不含有生物炭（COD 44.4%、TN 40.0%、NH_3-N 48.2%、NO_3^--N 41.5%、TP 44.8%、PO_4^{3-} 45.7%、Cu 53.0%、SS 46.3%）。

（4）在 0.2～2 年降雨重现期内，径流污染物浓度去除率和径流污染物负荷去除率随着淹没区高度增加而增加。不同淹没区高度下径流污染物（除 COD 外）浓度去除率平均值排序为淹没区高度为 40cm（TN 31.1%、NH_3-N 68.3%、NO_3^--N 23.9%、TP 59.5%、PO_4^{3-} 58.4%、Cu 73.0%、SS 93.9%）>淹没区高度为 20cm（TN 20.3%、NH_3-N 66.5%、NO_3^--N 18.0%、TP 46.6%、PO_4^{3-} 51.1%、Cu 60.7%、SS 81.1%）>淹没区高度为 0cm（TN 15.0%、NH_3-N 59.5%、NO_3^--N 12.1%、TP 40.2%、PO_4^{3-} 47.1%、Cu 56.5%、SS 70.6%）。不同淹没区高度径流污染物（除 COD 外）负荷去除率平均值排序为淹没区高度为 40cm（TN 49.5%、NH_3-N 53.5%、NO_3^--N 49.2%、TP 51.0%、PO_4^{3-} 50.6%、Cu 56.8%、SS 54.7%）>淹没区高度为 20cm（TN 31.7%、NH_3-N 48.0%、NO_3^--N 34.8%、TP 37.0%、PO_4^{3-} 37.8%、Cu 43.5%、SS 53.6%）>淹没区高度为 0cm（TN 22.3%、NH_3-N 40.9%、NO_3^--N 14.2%、TP 28.9%、PO_4^{3-} 30.8%、Cu 40.4%、SS 48.1%）。

（5）在 0.2～2 年降雨重现期内，渗透型生物滞留池的径流污染物负荷去除率平均值（COD 46.7%、TN 52.2%、NH_3-N 53.1%、NO_3^--N 54.5%、TP 46.0%、PO_4^{3-} 51.7%、Cu 55.0%、SS 62.4%）明显比防渗型生物滞留池在淹没区高度为 0cm 时的径流污染物负荷去除率平均值（COD 30.3%、TN 22.3%、NH_3-N 40.9%、NO_3^--N 14.2%、TP 28.9%、PO_4^{3-} 30.8%、Cu 40.4%、SS 48.1%）高，而增加防渗型生物滞留池的淹没区高度可以进一步缩小防渗型和渗透型生物滞留池径流污染物负荷去除率之间的差距。

第4章　基于现场监测的LID措施水量水质控制效应研究

为获知LID措施在实际应用中的径流控制效果，本章选择广州市天河智慧城内的透水铺装、绿地和人工湿地开展长期现场监测，分析透水铺装和绿地的雨水径流水量水质控制效应，探究人工湿地在不同季节和降雨强度下的水质变化，从而为LID措施的规划和设计提供技术支撑。

4.1　监测场地及监测方案

4.1.1　透水铺装和绿地

选取位于广州市天河智慧城核心区某排水区域内的一处透水铺装和绿地进行雨水径流现场监测，并在其附近一栋办公楼楼顶安装雨量计，其位置如图4-1所示。透水铺装实际是一个停车场，整体上北高南低，但坡度较小，在透水铺装上产生的径流最终汇入其南边的排水沟渠内。透水铺装的面积约为1000m^2，没有承接周边区域的雨水径流。绿地实际上为一处坡式绿地，功能与LID措施中的植被缓冲带类似，本章将其视为植被缓冲带。该坡式绿地整体西高东低、坡度较大，所产生的径流最终汇集于其东边的排水沟渠内。绿地面积约为350m^2，也没有承接周边区域的雨水径流。为能够对透水铺装和

图4-1　透水铺装、绿地和雨量计现场监测位置示意图

绿地产流进行实时监测，分别在透水铺装和绿地产流汇水沟渠出口处安装矩形堰流量计测量产流流量（图 4-2），安装在附近办公楼楼顶的雨量计则进行实时雨量监测。为了对透水铺装和绿地所产生的雨水径流进行水质监测，在产流之后，于流量计后端进行人工取样，并送至实验室分析水质情况。

(a)透水铺装

(b)绿地

图 4-2　透水铺装和绿地产流测量所用矩形堰流量计

4.1.2　人 工 湿 地

选取位于广州市天河智慧城核心区的人工湿地进行水质现场监测，并在其附近一栋办公楼楼顶安装雨量计，探究不同季节和降雨强度对人工湿地水质的影响。该人工湿地的流域汇水面积约为 2.2km^2，水流自东北往西南流。根据人工湿地的地表水水深，将其划分为浅水区和深水区。浅水区种植了睡莲、美人蕉和芦苇等净水植物，深水区则缺乏植物。此外，该人工湿地的水源主要来自降雨径流，而这些径流将各种污染物从地表带入湿地中。根据雨水径流进入人工湿地的位置及湿地的水深情况，设置其水质监测地点如图 4-3 所示。

沿着水流方向分别设置监测位置为#1、#2、#3、#4、#5 和#6。具体分析各监测位置，#1 位于人工湿地的源头，是附近山体的雨水径流汇入人工湿地的位置；#2 位于道路雨水径流进入人工湿地位置的上游；#3 是道路雨水径流进入人工湿地的位置，监测该位置的水质可以得知道路雨水径流所引起的水质变化；#4 位于浅水区和深水区之间的过渡处；#5 在深水区的中段，此处也有排水小区的地表雨水径流排入；#6 位于深水区的尽头，该处有一个水闸，但处于常闭状态。

人工湿地的水质监测时间范围为 2018 年 4 月～2019 年 4 月。在监测期间，通过雨量计来实时监测人工湿地区域的降雨情况。此外，分别于 6 个监测位置进行取样，每月采集一次或两次水样。每次取样结束后，将水样送到实验室进行水质分析检测。

图 4-3　人工湿地监测位置

4.2　样品采集及其水质检测方法

对于透水铺装和绿地，具体采样方案是：在降雨开始前抵达采样位置，自产流开始，于流量计后端每 5min 取一个样。当径流较小时可适当延长采样间隔，直至产流结束。样品收集于 2000mL 的聚乙烯塑料瓶内，并在结束采样后及时送至实验室进行水质分析检测。透水铺装和绿地的径流水质监测污染物指标有 6 项，分别为 SS、BOD_5、COD_{Mn}、NH_3-N、TN 和 TP。COD_{Mn} 按照《水质 高锰酸盐指数的测定》（GB/T 11892—1989）进行检测，其余水质指标的检测方法如表 2-5 所示。

对于人工湿地，具体采样方案是，在降雨时赶到监测位置，并在雨停后进行采样，以了解整场降雨及其所带来的雨水径流对人工湿地水质的影响。主要监测水质指标有 BOD_5、COD_{Mn}、TP、TN、NH_3-N 和水温。COD_{Mn} 按照《水质 高锰酸盐指数的测定》（GB/T 11892—1989）进行检测，水温则使用水温计进行检测，其余水质指标按照表 2-5 所列方法进行检测。

4.3　透水铺装和绿地雨水径流控制效应分析

4.3.1　透水铺装和绿地雨水径流水量控制效应分析

1. 透水铺装

透水铺装雨水径流水量监测工作从 2018 年 5 月开始，选取 2018 年 5 月 2 日～10 月

16 日共 20 场降雨进行分析。20180626（小雨、单峰）、20180723（小雨、双峰）、20180907（暴雨、单峰）和 20181016（大雨、单峰）4 场典型降雨情形下透水铺装产生径流过程如图 4-4 所示，20 场降雨的特征及其对应的透水铺装径流量削减率情况如表 4-1 所示。

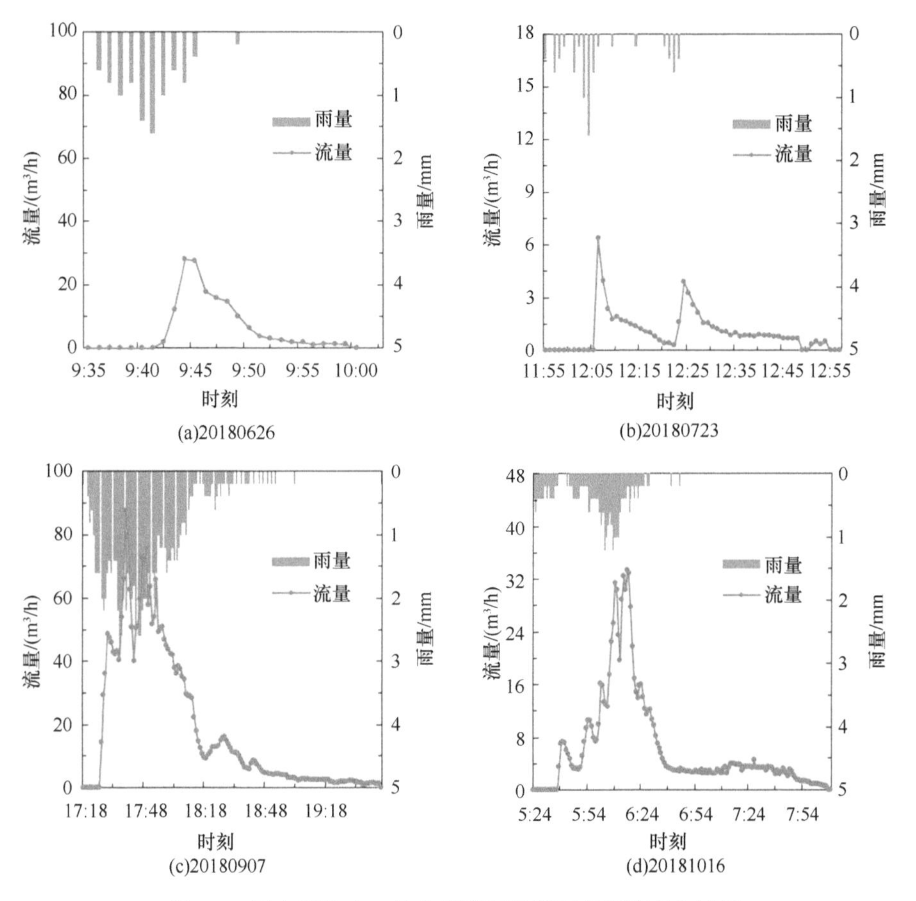

图 4-4　透水铺装在 4 场典型降雨情形下的径流变化过程

表 4-1　不同场次降雨的特征及透水铺装径流量削减率结果

降雨场次	降雨历时/min	雨量/mm	雨前干旱期/d	平均雨强/(mm/min)	最大雨强/(mm/min)	透水铺装产流量/m³	透水铺装径流深/mm	透水铺装径流量削减率/%
20180502	26	24.8	1.1	0.95	1.80	7.00	7.00	71.8
20180507	159	77.2	0.1	0.49	2.40	34.01	34.01	55.9
20180514	61	29.6	1.4	0.49	1.80	11.27	11.27	61.9
20180517	41	9.2	3.7	0.22	0.40	1.79	1.79	80.5
20180530	44	29	2.8	0.66	2.80	10.08	10.08	65.2
20180601	39	13.4	2.2	0.34	1.20	4.00	4.00	70.2
20180602	96	29.2	0.8	0.30	1.20	11.89	11.89	59.3
20180622	91	29.8	6.0	0.33	2.40	9.80	9.80	67.1
20180625	140	49.4	1.3	0.35	2.00	21.97	21.97	55.5
20180626	14	9.2	0.6	0.66	1.60	2.56	2.56	72.2

续表

降雨场次	降雨历时/min	雨量/mm	雨前干旱期/d	平均雨强/（mm/min）	最大雨强/（mm/min）	透水铺装产流量/m^3	透水铺装径流深/mm	透水铺装径流量削减率/%
20180702	48	15.2	6.0	0.32	1.00	3.57	3.57	76.5
20180703	18	7.6	1.0	0.42	1.20	1.37	1.37	81.9
20180723	29	7.8	4.0	0.27	1.60	1.05	1.05	86.5
20180724	49	15.6	0.7	0.32	1.60	8.39	8.39	46.2
20180731	51	9.4	0.8	0.18	0.80	3.17	3.17	66.2
20180807	20	14.8	4.2	0.74	1.60	5.30	5.30	64.2
20180810	71	7.8	3.0	0.11	2.00	3.24	3.24	58.4
20180828	110	25.6	0.2	0.23	1.40	14.84	14.84	42.0
20180907	105	90.6	0.9	0.86	2.80	45.75	45.75	49.5
20181016	82	27	6.0	0.33	1.20	17.25	17.25	36.1
最小值	14	7.6	0.1	0.11	0.40	1.05	1.05	36.1
最大值	159	90.6	6.0	0.95	2.80	45.75	45.75	86.5
平均值	64.70	26.11	2.34	0.43	1.64	10.92	10.92	63.36
标准差	41.13	22.64	1.83	0.23	0.63	11.57	11.57	13.41

由表 4-1 可知，这 20 场降雨的降雨历时为 14～159min，雨量为 7.6～90.6mm，雨前干旱期为 0.1～6.0d，降雨特征较为丰富，透水铺装径流量削减率为 36.1%～86.5%。根据《透水砖路面技术规程》（CJJ/T 188—2012）要求，透水铺装的设计应满足当地 2 年一遇的暴雨强度下，持续降雨 60min 后，其表面不产生径流。而广州市 2 年一遇、降雨历时 60min 的场次雨量约为 60.5mm，因此按规范要求，广州市的透水铺装设计应当在 60.5mm 降雨下不产生径流。然而由表 4-1 可知，现状透水铺装在雨量为 7.6mm 时就已产生径流，且径流量削减率仅为 81.9%，说明现状透水铺装的透水性能远远不能满足规范要求。

此外，由表 4-1 可知，各降雨特征与透水铺装径流量削减率之间的关系变化波动较大，说明在实际运用中透水铺装的径流水量削减能力受到多种因素综合影响。通过相关关系分析可知，透水铺装径流量削减率与降雨历时呈极显著相关，与雨量呈显著相关，但与其他降雨特征的相关关系不显著。径流深与雨量以及不同降雨特征与透水铺装径流量削减率之间的线性回归分析结果如图 4-5 所示。

由图 4-5 可知，透水铺装的径流深与雨量之间的线性拟合关系如式（4-1）所示，其决定系数 R^2 为 0.9579，说明径流深与雨量之间线性拟合程度高，线性关系较为明显。

$$y = 1.9156x + 5.1992 \tag{4-1}$$

降雨历时与透水铺装径流量削减率之间的线性拟合关系如式（4-2）所示，其方程斜率为$-0.2008<0$，拟合决定系数 R^2 为 0.3797，说明拟合程度一般，透水铺装径流量削减率在趋势上随着降雨历时增大而减小。

$$y = -0.2008x + 76.355 \tag{4-2}$$

雨量与透水铺装径流量削减率之间的线性拟合关系如式（4-3）所示，其方程斜率为-0.2773，拟合决定系数 R^2 为 0.2196，说明拟合程度一般，透水铺装径流量削减率

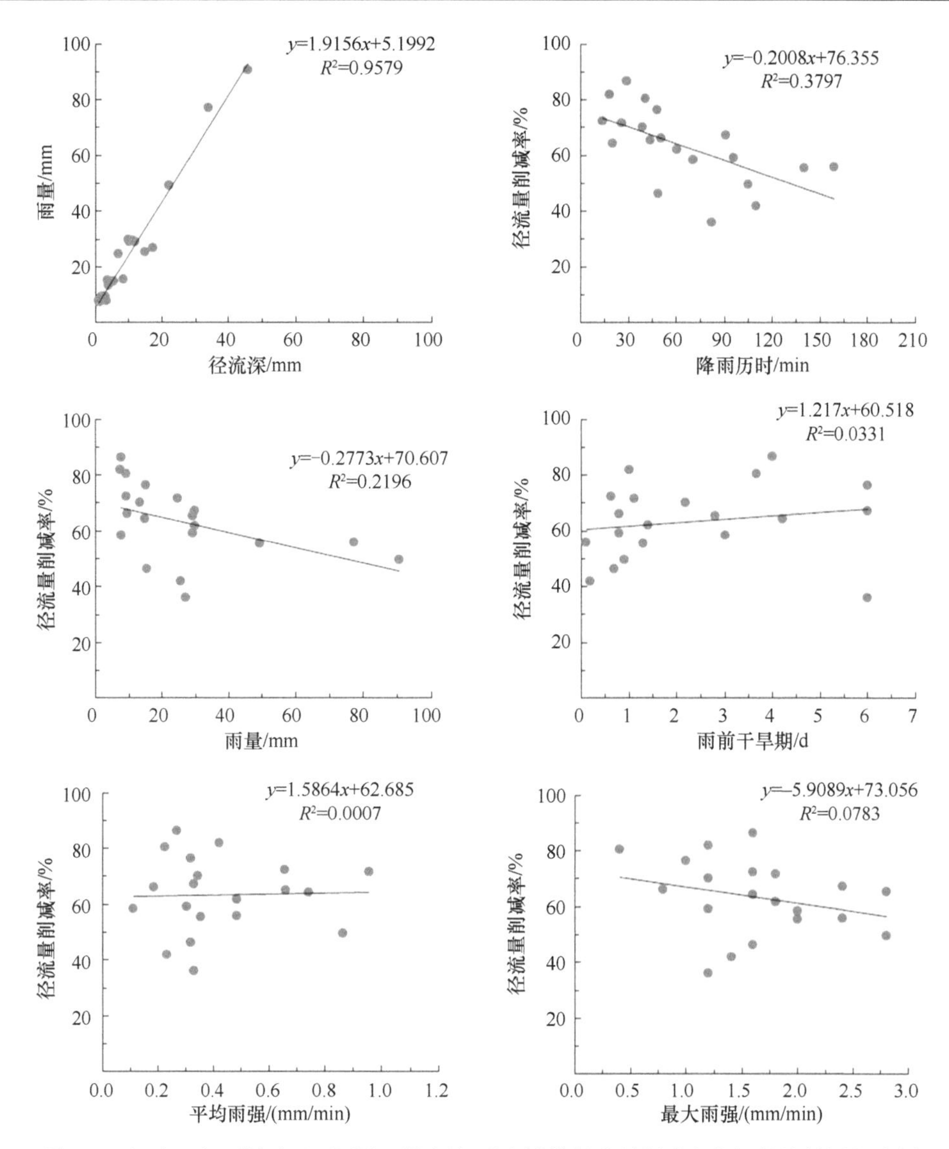

图 4-5　径流深与雨量以及不同降雨特征与透水铺装径流量削减率之间的线性回归分析

在趋势上随着雨量增大而减小。

$$y = -0.2773x + 70.607 \tag{4-3}$$

雨前干旱期和最大雨强与透水铺装径流量削减率之间的拟合决定系数 R^2 分别为 0.0331 和 0.0783，说明拟合程度较低。根据雨前干旱期和最大雨强与透水铺装径流量削减率之间的拟合方程，可知透水铺装径流量削减率在趋势上随着雨前干旱期增大而增大，随最大雨强增大而减小。此外，平均雨强与透水铺装径流量削减率之间的拟合决定系数 R^2 为 0.0007，说明拟合程度很低，两者之间线性关系很弱，无明显变化趋势。

2. 绿地

绿地雨水径流水量监测工作从 2018 年 6 月开始，选取 2018 年 6 月 26 日～10 月

17 日共 11 场降雨进行分析。20180626、20180723、20180907 和 20181016 4 场典型降雨情形下绿地产生径流过程如图 4-6 所示。11 场降雨的降雨特征及其对应的绿地径流量削减率情况如表 4-2 所示。

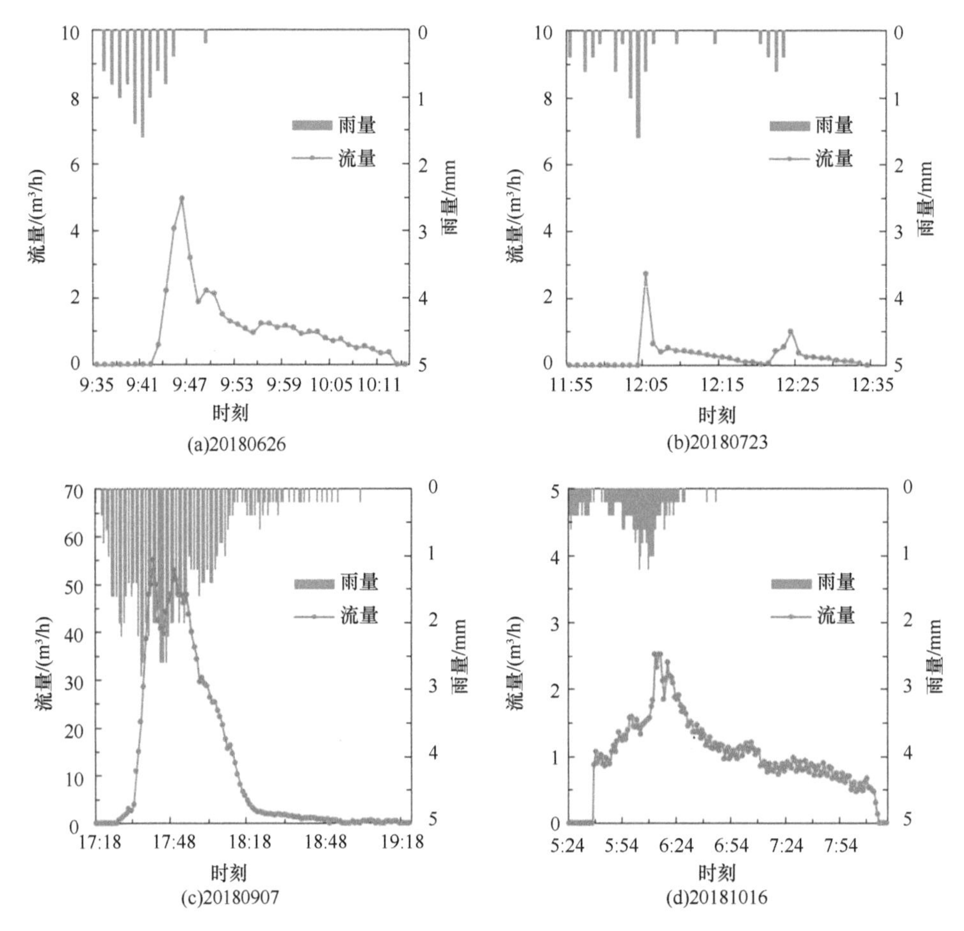

图 4-6　绿地在 4 场典型降雨情形下的径流变化过程

表 4-2　不同场次降雨的降雨特征及绿地径流量削减率结果

降雨场次	降雨历时/min	雨量/mm	雨前干旱期/d	平均雨强/（mm/min）	最大雨强/（mm/min）	绿地产流量/m³	绿地径流深/mm	绿地径流量削减率/%
20180626	14	9.2	0.6	0.66	1.60	0.68	1.95	78.8
20180703	18	7.6	1.0	0.42	1.20	0.25	0.73	90.4
20180719	32	4	6.0	0.13	0.60	0.14	0.39	90.2
20180723（1）	29	7.8	4.0	0.27	1.60	0.19	0.54	93.1
20180723（2）	65	20.2	0.1	0.31	1.80	2.17	6.19	69.4
20180724	49	15.6	0.7	0.32	1.60	2.47	7.07	54.7
20180818	139	13	0.5	0.09	0.40	2.21	6.30	51.5
20180907	105	90.6	0.9	0.86	2.80	24.56	70.16	22.6
20181010	195	18.6	13.0	0.10	1.00	2.96	8.47	54.5
20181016	82	27	6.0	0.33	1.20	2.96	8.47	68.6

续表

降雨场次	降雨历时/min	雨量/mm	雨前干旱期/d	平均雨强/（mm/min）	最大雨强/（mm/min）	绿地产流量/m³	绿地径流深/mm	绿地径流量削减率/%
20181017	340	31.6	1.0	0.09	0.60	6.72	19.21	39.2
最小值	14	4	0.1	0.09	0.40	0.14	0.39	22.6
最大值	340	90.6	13.0	0.86	2.80	24.56	70.16	93.1
平均值	97	22.3	3.0	0.33	1.30	4.12	11.77	64.8
标准差	97.99	24.20	3.96	0.25	0.68	7.04	20.11	22.70

由表4-2可知，这11场降雨的降雨历时为14～340min，雨量在4～90.6mm，雨前干旱期在0.1～13.0d，最大雨强在0.40～2.80mm/min，降雨特征变化区间较大，绿地径流量削减率为22.6%～93.1%。各场次降雨特征与绿地径流量削减率之间的关系变化波动较大，说明在实际运用中绿地的径流水量削减能力也受到多种因素综合影响。通过相关关系分析可知，绿地径流量削减率与降雨历时呈显著相关，与雨量呈极显著相关，但与其他降雨特征的相关关系不显著。径流深与雨量以及不同降雨特征与绿地径流量削减率之间的线性回归分析结果如图4-7所示。

由图4-7可知，绿地的径流深与雨量之间的线性拟合关系如式（4-4）所示，拟合决定系数R^2为0.9771，说明绿地的径流深与雨量之间线性拟合程度高。

$$y = 1.1895x + 8.29 \tag{4-4}$$

降雨历时与绿地径流量削减率之间的线性拟合关系如式（4-5）所示，其方程斜率为$-0.1521<0$，拟合决定系数R^2为0.4305，说明拟合程度一般，绿地径流量削减率在趋势上随着降雨历时增大而减小。

$$y = -0.1521x + 79.588 \tag{4-5}$$

雨量与绿地径流量削减率之间的线性拟合关系如式（4-6）所示，其方程斜率为-0.7379，拟合决定系数R^2为0.6177，说明拟合程度较好，绿地径流量削减率在趋势上随着雨量增大而减小。

$$y = -0.7379x + 81.265 \tag{4-6}$$

雨前干旱期、平均雨强和最大雨强与绿地径流量削减率之间的拟合决定系数R^2分别为0.0153、0.0373和0.0637，说明其拟合程度较低。根据雨前干旱期、平均雨强和最大雨强与绿地径流量削减率之间的拟合方程，可知绿地径流量削减率在趋势上随着雨前干旱期增加而增大，随平均雨强和最大雨强增大而减小。

通过对比透水铺装和绿地径流量削减率与雨量之间的关系，可发现在降雨较小时，绿地的径流量削减率比透水铺装大；雨量较大时，绿地的径流量削减率则比透水铺装小。究其原因，当雨量较小时，绿地表层植被和土壤相较于透水铺装能够更多地截留雨水径流。当雨量较大时，绿地表层土壤在前期达到饱和后，后期对雨水径流的渗透拦截作用变小，再加上绿地的坡度较大，其径流更加不易蓄滞；而透水铺装的下层垫层材料的渗透能力较好，渗透能力变化不大，其坡度也较小，因而在大雨时可以削减更多的雨水径流。

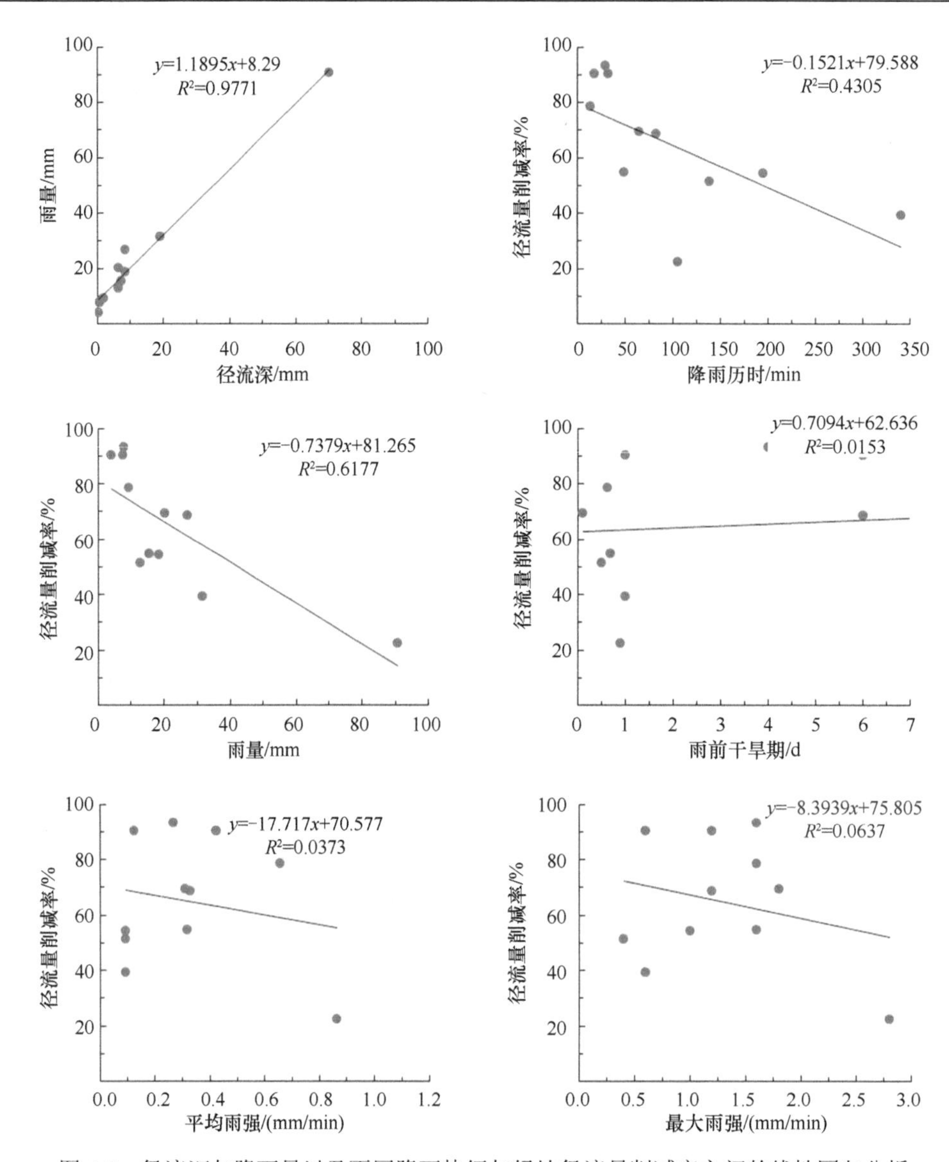

图 4-7 径流深与降雨量以及不同降雨特征与绿地径流量削减率之间的线性回归分析

4.3.2 透水铺装和绿地雨水径流水质特征分析

由于现场水质监测工作难度较大，能够完整监测的降雨径流水质场次不多，选取2018年7月3日及2018年7月23日两场降雨径流水质的监测结果进行分析。20180703场次降雨为单峰型，其累计雨量为7.6mm，雨量较小，最大雨强为1.2mm/min，雨前干旱期为1.0d；20180723场次降雨为双峰型，其累计雨量为7.8mm，第1个雨峰的最大雨强为1.60mm/min，第2个雨峰的最大雨强为1.80mm/min，雨前干旱期为4.0d；20180703和20180723场次降雨下透水铺装和绿地的雨水径流污染物随径流变化过程分别如图4-8和图4-9所示。

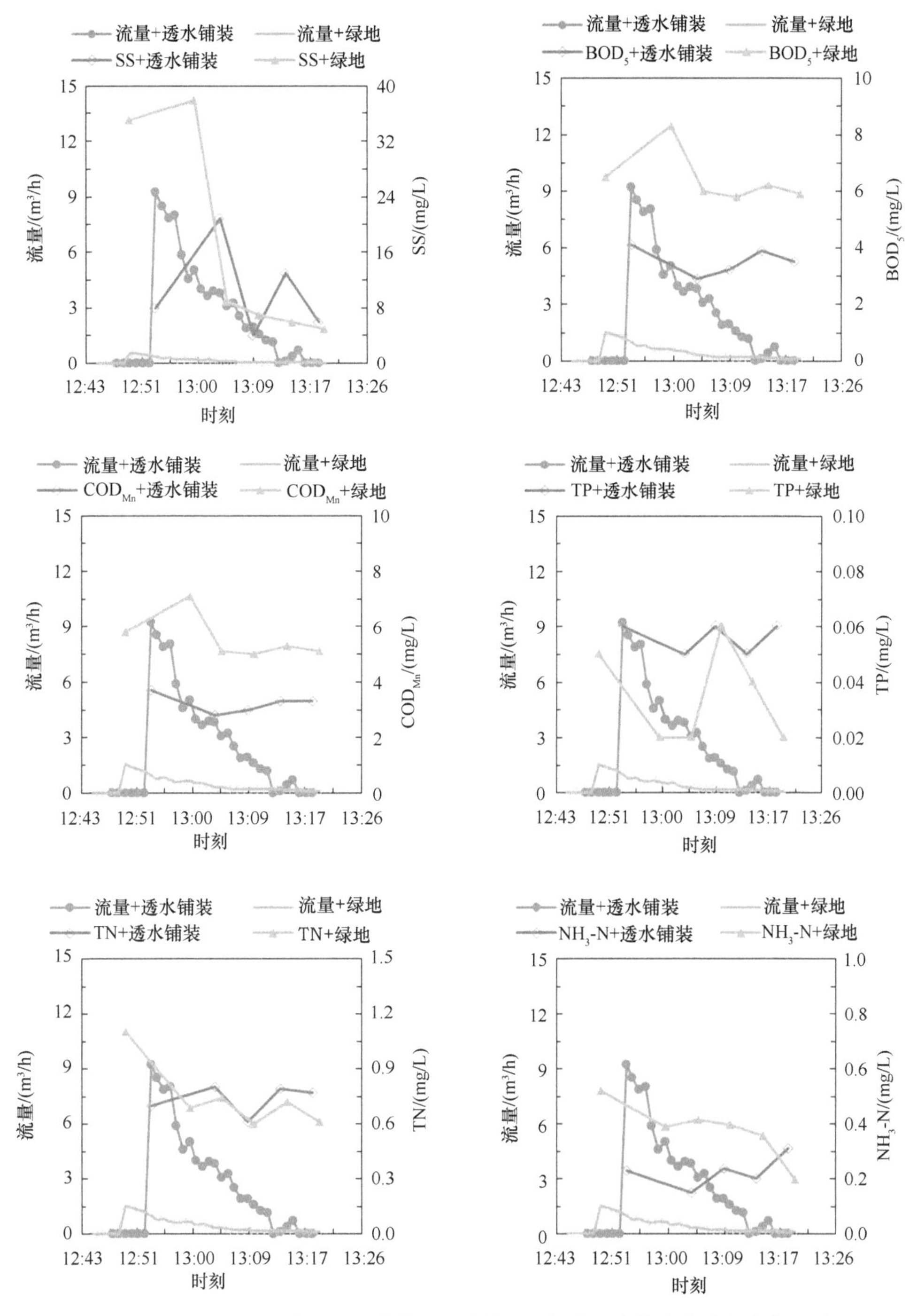

图 4-8　20180703 场次降雨透水铺装和绿地的雨水径流污染物浓度随径流变化过程

由图 4-8 可知，20180703 场次降雨为单峰径流过程，其降雨下的透水铺装的径流污染物浓度随径流变化不大；绿地的径流污染物浓度基本上随径流变小而降低。由图 4-9 可知，20180723 场次降雨为双峰径流过程，透水铺装雨水径流 SS、BOD_5 和 COD_{Mn} 浓度先随着径流减小而减小，然后又随着径流增大而增大；透水铺装雨水径流 TN、NH_3-N

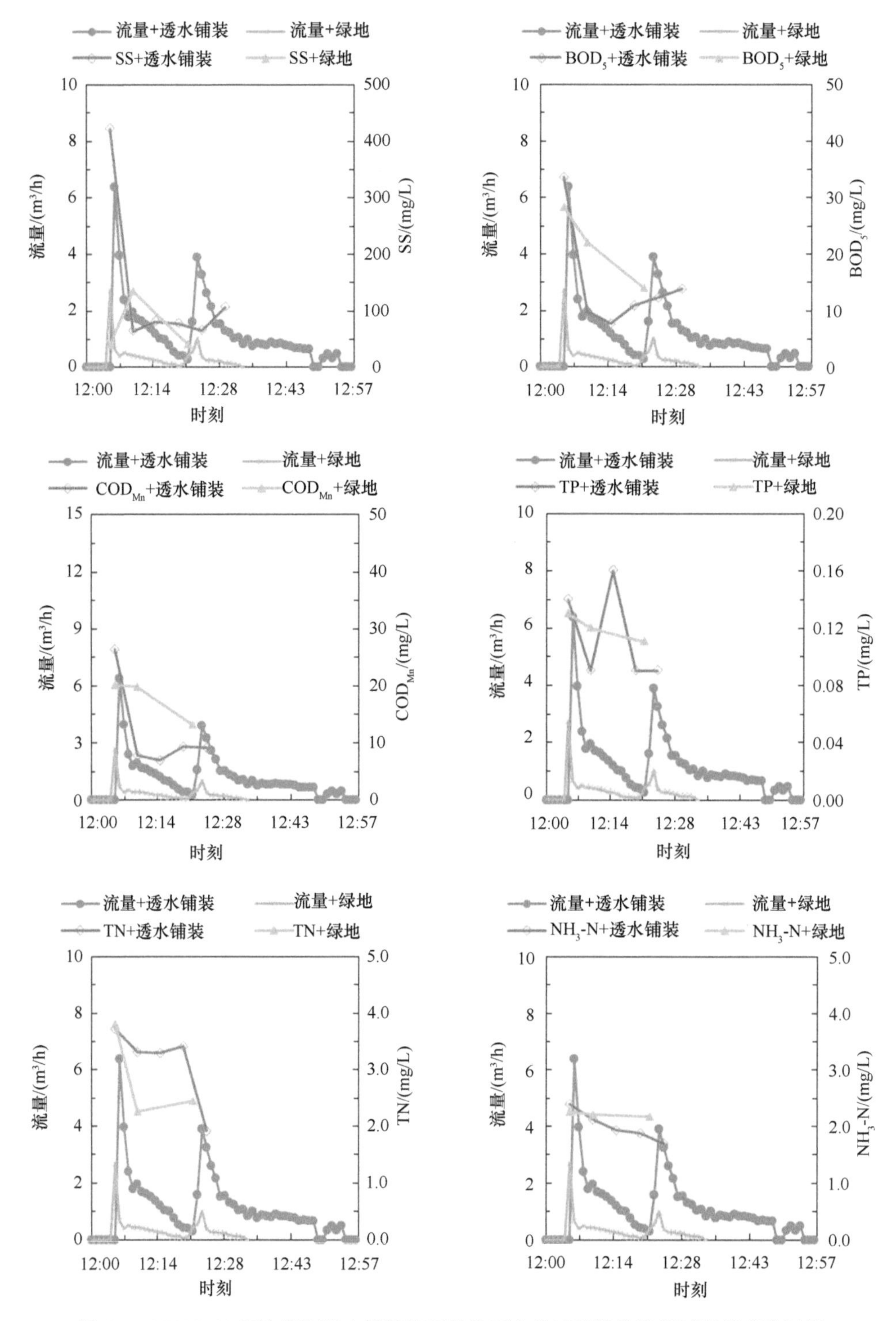

图 4-9　20180723 场次降雨透水铺装和绿地的雨水径流污染物浓度随径流变化过程

的浓度则随着时间推移而降低；绿地雨水径流 SS 浓度随着时间推移先增大后下降，其他水质指标（BOD_5、COD_{Mn}、TP、TN、NH_3-N）的浓度基本随着时间推移而降低。

20180703 场次降雨的雨量不大，而且是一次单峰降雨，从而使得透水铺装在降雨前期和后期冲刷起来的污染物变化不大，再加上透水铺装对雨水径流污染物的净化能力变化不大，因此透水铺装雨水径流污染物浓度变化不大。对于绿地，其雨水径流污染物在被冲刷起来后，在流动的过程中被拦截和吸附，在降雨径流较小时，表现更加明显，因而其径流污染物基本上随着径流变小而降低。

20180723 场次降雨时，由于第二次雨峰的冲刷，透水铺装径流中的 SS、BOD_5 和 COD_{Mn} 浓度又随径流增大而增大，而 TN 和 NH_3-N 在第一次被冲刷后残余量可能不多，所以透水铺装径流中 TN 和 NH_3-N 的浓度逐渐降低。对于绿地，雨水径流中 BOD_5、COD_{Mn}、TP、TN 和 NH_3-N 的浓度基本随着时间推移而降低，原因可能是其在第一次被冲刷后残余量不多，所以浓度逐渐降低。

进一步分析 20180703 和 20180723 两场降雨下透水铺装和绿地雨水径流中各污染物的特征，其结果如表 4-3 所示。

表 4-3　不同降雨下透水铺装和绿地雨水径流水质特征

降雨场次		项目	SS	BOD_5	COD_{Mn}	TP	TN	NH_3-N
20180703	透水铺装	EMC/（mg/L）	12.2	3.57	3.29	0.056	0.727	0.2017
		污染物负荷量/g	16.71	4.89	4.51	0.08	1.00	0.28
		水质标准	—	III	II	II	III	II
	绿地	EMC/（mg/L）	29.4	6.95	6.05	0.037	0.873	0.4456
		污染物负荷量/g	7.35	1.74	1.51	0.01	0.22	0.11
		水质标准	—	V	IV	II	III	II
	两者污染物浓度差值/%		58.5	48.6	45.6	−51.4	16.7	54.7
	两者污染物负荷差值/%		56.0	64.4	66.5	87.5	78.0	60.7
20180723	透水铺装	EMC/（mg/L）	138.3	15.38	11.11	0.108	2.433	1.7482
		污染物负荷量/g	145.22	16.15	11.67	0.11	2.55	1.84
		水质标准	—	劣V	V	III	劣V	V
	绿地	EMC/（mg/L）	67.5	21.03	17.42	0.12	2.851	2.2087
		污染物负荷量/g	12.83	4.00	3.31	0.02	0.54	0.42
		水质标准	—	劣V	劣V	III	劣V	劣V
	两者污染物浓度差值/%		104.9	−26.9	−36.2	−10.0	−14.7	−20.8
	两者污染物负荷差值/%		91.2	75.2	71.6	81.8	78.8	77.2

由表 4-3 可知，20180703 场次降雨下，透水铺装雨水径流为III类水，而绿地雨水径流为V类水，绿地雨水径流中 SS、BOD_5、COD_{Mn}、TN 和 NH_3-N 浓度比透水铺装高，其中 SS、BOD_5、COD_{Mn} 和 NH_3-N 的差值达到 50%左右，而绿地雨水径流中 TP 浓度则比透水铺装低 51.4%。20180723 场次降雨下，透水铺装雨水径流和绿地雨水径流皆为劣V类水，绿地雨水径流中 BOD_5、COD_{Mn}、TP、TN、NH_3-N 浓度比透水铺装高，差值在 10.0%～36.2%，而绿地雨水径流中 SS 浓度则比透水铺装低 104.9%。20180723 场次降雨时的透水铺装和绿地雨水径流污染物浓度均比 20180703 场次降雨时高，分析其原因，两场降雨的雨量接近，所处季节也相同，其主要影响因素为雨前干旱期。20180703

场次降雨的雨前干旱期为 1.0d，20180723 场次降雨的雨前干旱期为 4.0d，而雨前干旱期越久，地表累积的污染物越多，从而被冲刷到雨水径流中的污染物也就越多。此外，虽然各场次降雨下绿地雨水径流的污染物浓度总体上比透水铺装高，但是各场次降雨下透水铺装径流污染物负荷量都比绿地大，这是因为透水铺装所产生的雨水径流水量要比绿地大得多。除以上研究因素外，透水铺装的使用周期和运维条件也会对其雨水径流调控效果产生影响。

4.4 人工湿地在不同季节和降雨强度下的水质变化分析

4.4.1 监测数据整理及其分析方法

在 2018 年 4 月～2019 年 4 月监测期间，分别在 6 个采样点进行了 20 次取样监测工作，其中 12 次是在降雨后进行采样，其余 8 次在无降雨期间进行采样。按照中国气象局降雨等级规定，将取样时的降雨情况（取样前 24 小时雨量）划分成不同降雨强度等级，即小雨（0.1～9.9mm）、中雨（10.0～24.9mm）、大雨（25.0～49.9mm）、暴雨（50.0～99.9mm）、大暴雨（100.0～249.9mm）。采样日期及其对应降雨的降雨强度等级划分情况见表 4-4。由表 4-4 可知，无雨总共有 8 次，小雨有 7 次，中雨有 2 次，大雨有 2 次，暴雨有 1 次。

表 4-4　各监测场次取样前 24 小时内雨量及其等级划分

取样时间	雨量/mm	降雨等级
20180413	0.2	小雨
20180416	4.8	小雨
20180509	7.4	小雨
20180516	0	无雨
20180604	9.6	中雨
20180619	0	无雨
20180710	4	小雨
20180716	0	无雨
20180811	3.6	小雨
20180815	2	小雨
20180831	71.8	暴雨
20180914	0.2	小雨
20181016	27.8	大雨
20181115	0	无雨
20181215	0	无雨
20190115	0	无雨
20190215	0	无雨
20190218	31.2	大雨
20190308	14.2	中雨
20190415	0	无雨

对监测所得的雨量和水质数据进行统计分析，其结果如表 4-5 所示。由表 4-5 可知，BOD_5、COD_{Mn}、TP、TN 和 NH_3-N 的最大值分别为 26 mg/L、11.1 mg/L、0.36 mg/L、12.1

mg/L 和 3.35 mg/L。根据《地表水环境质量标准》(GB 3838—2002)，BOD_5、TP、TN 和 NH_3-N 最高浓度均超过Ⅴ类水的标准限值，但 COD_{Mn} 最高浓度低于Ⅴ类水的标准限值。

表 4-5　人工湿地各水质指标污染物浓度及雨量统计分析

类别	雨量/mm	BOD_5/(mg/L)	COD_{Mn}/(mg/L)	TP/(mg/L)	TN/(mg/L)	NH_3-N/(mg/L)	温度/℃
案例数	20	120	120	120	120	120	120
最小值	0	2	2.1	0.02	0.28	0.038	15.5
最大值	71.8	26	11.1	0.36	12.1	3.35	32.6
平均值	8.84	7.41	5.355	0.118	2.712	0.974	24.289
标准差	17.017	5.046	2.225	0.069	1.918	0.830	5.313

为进一步确定每个监测位置的综合水质，使用了综合水质标识指数（CWQII）进行综合评价。综合水质标识指数可以定性和定量地评估地表水水质，是一种用于地表水水质评估的相对较新的工具（徐祖信，2005a，2005b；Ji et al.，2016）。先计算分析每个水质指标的单因子指数（SFI），然后计算这些单因子指数的算术平均值即可得综合水质标识指数。本节采用 COD_{Mn}、BOD_5、TP、TN 和 NH_3-N 5 个水质指标进行人工湿地的综合水质标识指数计算和评价。每个水质指标的单因子指数由式（4-7）计算。

$$\mathrm{SFI}_i=\begin{cases} j+\dfrac{C_i-S_{i,j-1}}{S_{i,j}-S_{i,j-1}} & S_{i,j-1}\leqslant C_i\leqslant S_{i,j},\ j=1,\ 2,\ 3,\ 4,\ 5 \\ 6+\dfrac{C_i-S_{i,5}}{S_{i,5}} & C_i>S_{i,5} \end{cases} \tag{4-7}$$

式中，C_i 为第 i 项水质指标的实测浓度，mg/L，$i=COD_{Mn}$、BOD_5、TP、TN 或 NH_3-N；$S_{i,j}$ 为第 i 项水质指标第 j 类水的标准限值（表 4-6），mg/L，如 $S_{TP,2}$ 表示 TP 的Ⅱ类水的标准限值，其中 $S_{i,0}=0$。

表 4-6　地表水环境质量标准基本项目标准限值　　（单位：mg/L）

水质指标	Ⅰ类	Ⅱ类	Ⅲ类	Ⅳ类	Ⅴ类
高锰酸盐指数（COD_{Mn}）≤	2	4	6	10	15
五日生化需氧量（BOD_5）≤	3	3	4	6	10
总磷（TP，湖、库，以 P 计）≤	0.01	0.025	0.05	0.1	0.2
总氮（TN，湖、库，以 N 计）≤	0.2	0.5	1.0	1.5	2.0
氨氮（NH_3-N）≤	0.15	0.5	1.0	1.5	2.0

然后根据式（4-8）计算 COD_{Mn}、BOD_5、TP、TN 和 NH_3-N 的单因子指数算术平均值，即可得综合水质标识指数。根据综合水质标识指数可以判断人工湿地的综合水质情况，人工湿地综合水质标识级别评价的判断标准如表 4-7 所示。Ⅰ类是最佳的综合水质，且等级越高水质越差。因此综合水质标识指数越大，意味着水质越差。

$$\mathrm{CWQII}=\frac{1}{5}\left(\mathrm{SFI}_{\mathrm{COD_{Mn}}}+\mathrm{SFI}_{\mathrm{BOD_5}}+\mathrm{SFI}_{\mathrm{TP}}+\mathrm{SFI}_{\mathrm{TN}}+\mathrm{SFI}_{\mathrm{NH_3\text{-}N}}\right) \tag{4-8}$$

表 4-7 人工湿地综合水质标识级别评价的判断标准

判断标准	综合水质标识级别
1.0≤CWQII≤2.0	Ⅰ类
2.0< CWQII≤3.0	Ⅱ类
3.0< CWQII≤4.0	Ⅲ类
4.0< CWQII≤5.0	Ⅳ类
5.0< CWQII≤6.0	Ⅴ类
6.0< CWQII≤7.0	劣Ⅴ类但不黑臭
CWQII >7.0	劣Ⅴ类并黑臭

4.4.2 人工湿地在不同季节下的水质变化分析

1. 不同季节下人工湿地污染物浓度变化

为探究季节变化对人工湿地水质的影响，根据取样时人工湿地的水温及广州地区的气候特征，将监测时段划分为春季（2 月、3 月和 4 月）、夏季（5 月、6 月和 7 月）、秋季（8 月、9 月和 10 月）和冬季（11 月、12 月和 1 月），然后取每个季节中各水质指标实测值的平均值作为分析数据。不同季节每个监测位置的水质指标变化如图 4-10 所示。

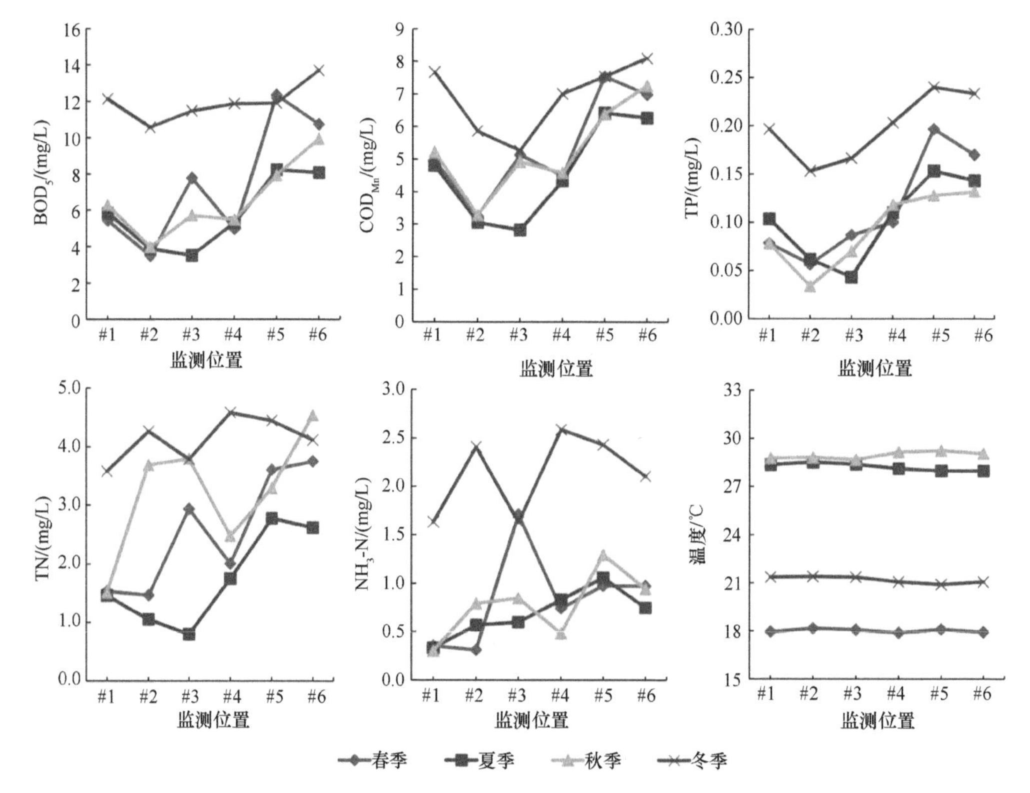

图 4-10 不同季节各项水质指标随监测位置变化过程

由图 4-10 可知，冬季时整个人工湿地的污染物浓度均较高，而夏季时人工湿地的 BOD_5、COD_{Mn} 和 TN 浓度最低，而各监测位置的 TP 和 NH_3-N 浓度在各季节时的高低表现有所不同。相同季节里各监测位置水温相差不大，夏季和秋季时水温接近。此外，根据雨量监测数据可知，在监测期间，春、夏、秋、冬四个季节的累计雨量分别为 467mm、1102.4mm、728.4mm 和 50.8mm。

根据不同季节下的各监测位置污染物平均浓度分析计算两相邻监测位置之间的污染物浓度去除率，计算结果如表 4-8 所示。计算结果中的污染物浓度去除率为正，说明湿地水体中的污染物被两监测位置之间的人工湿地进一步净化、稀释和去除；若污染物浓度去除率为负，说明湿地水体在这两监测位置内接收或产生了污染物，从而导致污染物浓度增大。

表 4-8　不同季节下两相邻监测位置之间的污染物浓度去除率　（单位：%）

监测位置	季节	BOD_5	COD_{Mn}	TP	TN	NH_3-N
#1 与#2	春季	35.6	34.3	27.7	4.3	12.1
	夏季	33.7	36.5	40.3	28.3	−71.5
	秋季	36.6	37.2	56.4	−144.2	−163.6
	冬季	12.9	23.5	22.0	−19.0	−47.7
#2 与#3	春季	−122.4	−57.9	−52.9	−99.7	−449.6
	夏季	9.1	7.7	29.7	24.5	−5.3
	秋季	−43.7	−50.0	−105.9	−2.8	−6.9
	冬季	−8.5	10.2	−8.7	11.2	32.4
#3 与#4	春季	36.2	12.7	−15.4	31.6	56.6
	夏季	−50.7	−53.8	−153.8	−120.8	−39.0
	秋季	4.2	6.9	−68.6	34.7	43.3
	冬季	−3.5	−32.9	−22.0	−21.0	−58.8
#4 与#5	春季	−148.7	−68.0	−96.7	−79.9	−31.7
	夏季	−55.3	−48.1	−39.4	−58.7	−27.4
	秋季	−44.9	−39.3	−8.5	−32.8	−168.7
	冬季	−0.3	−7.6	−18.0	3.0	6.1
#5 与#6	春季	13.1	7.3	13.6	−3.9	0.4
	夏季	1.8	2.3	6.5	5.7	29.2
	秋季	−25.2	−13.8	−3.1	−37.9	27.2
	冬季	−15.1	−7.5	2.8	7.4	13.4

由图 4-10 和表 4-8 可知，在#1 与#2 区间，水流中的 BOD_5、COD_{Mn} 和 TP 经过该区间的人工湿地净化和去除，四个季节里的污染物浓度去除率分别为 12.9%～36.6%、23.5%～37.2%、22.0%～56.4%。而 TN 的浓度去除率仅在春季和夏季时为正，NH_3-N 仅在春季时为正。结果表明该区间较好地去除 BOD_5、COD_{Mn} 和 TP 等污染物，而冬季由于该区间植被大量凋萎死亡等而释放大量含氮污染物，从而增大了水流中的 TN 和 NH_3-N 浓度，导致#1 流向#2 的径流水质逐渐变差。

在#2 与#3 区间，春秋两季时各污染物浓度去除率均为负值，这是因为#3 为道路雨水径流入口，且在春秋两季时降雨时间间隔一般较久，其所带来的径流污染物浓度较高，使得此时#3 的各项污染物浓度均比#2 高。而在夏季时降雨比较集中，降雨时间间隔较短，其所带来的径流污染物浓度相对较低，从而稀释了#3 的污染物浓度，使得 BOD_5、COD_{Mn}、TP 和 TN 的浓度去除率皆为正值。#3 位置的植物生长较少，而#2 处的水生植物较多，使得冬季时植物死亡腐烂而释放 COD_{Mn}、TN 和 NH_3-N 对#3 的影响较小，从而使得该区间在冬季时的 COD_{Mn}、TN 和 NH_3-N 的浓度去除率都为正值。

在#3 与#4 区间，春秋两季时 BOD_5、COD_{Mn}、TN 和 NH_3-N 的浓度去除率为正值，这是因为#3 在春秋两季时接收的雨水径流污染物浓度较高，经该区间的人工湿地进一步净化，污染物浓度有所下降。但在夏冬两季时，各项污染物浓度去除率均为负值。这是由于夏季时#3 污染物浓度经雨水径流稀释后较低，而经过该区间后反而受到了进一步污染。而在冬季时，该区间的植物死亡凋萎导致污染物释放，加上高污染物浓度的深水区水的影响，因而#4 污染物浓度比#3 污染物浓度高。

在#4 与#5 区间，每个季节的污染物浓度去除率基本上都为负值，这是因为#5 位于深水区，而深水区的水体因为自净能力较差和污染物累积等，其污染物浓度均比浅水区的#4 高。此外，BOD_5、COD_{Mn}、TP 和 TN 的浓度去除率基本上从春季到冬季逐渐增大，说明随着季节变化，#4 的污染物浓度逐渐与#5 的污染物浓度趋近。

在#5 和#6 区间，春夏两季各项污染物的浓度去除率基本为正值，这是因为#5 的污染物浓度较高，而春夏两季时深水区中微生物净化水体作用较强，使得该区间的水体得到进一步净化，因此#6 的水质要比#5 好。

2. 不同季节下人工湿地的综合水质变化

采用综合水质标识指数对人工湿地水质综合状况进行评估。不同季节下人工湿地各水质指标的单因子指数及其综合水质标识指数计算结果如表 4-9 所示，不同季节下各监测位置的综合水质标识指数变化情况如图 4-11 所示。

表 4-9 不同季节下人工湿地各项水质指标的单因子指数和综合水质标识指数

季节	监测位置	SFI_{BOD_5}	$SFI_{COD_{Mn}}$	SFI_{TP}	SFI_{TN}	$SFI_{NH_3\text{-}N}$	CWQII
春季	#1	4.72	3.48	4.57	5.07	2.58	4.08
	#2	3.50	2.63	4.13	4.94	2.46	3.53
	#3	5.45	3.57	4.73	6.47	5.42	5.13
	#4	4.48	3.24	5.00	6.00	3.48	4.44
	#5	6.24	4.38	5.97	6.81	3.95	5.47
	#6	6.07	4.25	5.70	6.88	3.95	5.37
	均值	5.08	3.59	5.02	6.03	3.64	4.67
夏季	#1	4.92	3.40	5.03	4.92	2.52	4.16
	#2	3.87	2.53	4.23	4.10	3.13	3.57
	#3	3.52	2.41	3.73	3.58	3.19	3.29
	#4	4.65	3.17	5.10	5.50	3.66	4.41
	#5	5.56	4.10	5.53	6.39	4.12	5.14
	#6	5.52	4.07	5.43	6.31	3.50	4.97
	均值	4.67	3.28	4.84	5.13	3.35	4.26

续表

季节	监测位置	SFI_{BOD_5}	$SFI_{COD_{Mn}}$	SFI_{TP}	SFI_{TN}	$SFI_{NH_3\text{-}N}$	CWQII
秋季	#1	5.07	3.61	4.56	5.02	2.43	4.14
	#2	3.98	2.64	3.36	6.85	3.59	4.08
	#3	4.86	3.46	4.40	6.90	3.70	4.66
	#4	4.74	3.29	5.18	6.24	2.95	4.48
	#5	5.49	4.10	5.28	6.65	4.59	5.22
	#6	5.99	4.32	5.32	7.27	3.89	5.36
	均值	5.02	3.57	4.68	6.49	3.53	4.66
冬季	#1	6.21	4.42	5.97	6.79	5.26	5.73
	#2	6.06	3.93	5.53	7.13	7.13	5.96
	#3	6.15	3.63	5.67	6.89	5.26	5.52
	#4	6.19	4.25	6.02	7.29	7.29	6.21
	#5	6.19	4.38	6.20	7.22	7.22	6.24
	#6	6.37	4.53	6.17	7.06	7.06	6.24
	均值	6.20	4.19	5.93	7.06	6.54	5.98

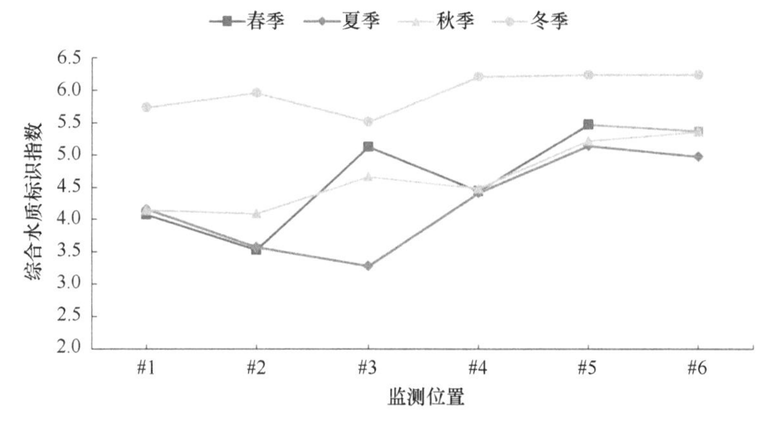

图 4-11　不同季节各监测位置综合水质标识指数变化情况

由表 4-9 可知，在冬季时，所有监测位置的SFI_{BOD_5}、SFI_{TP}、SFI_{TN}和$SFI_{NH_3\text{-}N}$均大于 5.0，说明冬季时人工湿地整体水质较差的原因是 BOD_5、TP、TN 和 NH_3-N 的浓度过高。各监测位置在春、夏、秋三季的水质指标单因子指数具体分析如下：对于#1，春季的 SFI_{TN}、夏季的 SFI_{TP}、秋季的SFI_{BOD_5}和 SFI_{TN}都仅略微超过 5.0，其余水质指标的单因子指数均小于 5.0，说明#1 在春、夏、秋的水质较好，其综合水质主要影响污染物为 TN、TP 及 BOD_5。对于#2，春季和夏季所有水质指标的单因子指数均小于 5.0，秋季只有 SFI_{TN} 大于 5.0。对于#3，春季只有 SFI_{TN}、SFI_{BOD_5}和$SFI_{NH_3\text{-}N}$均大于 5.0，夏季所有水质指标的单因子指数均小于 5.0，而秋季只有 SFI_{TN}大于 6.0。对于在浅水区和深水区的交汇处的#4，春季只有SFI_{TN}大于 5.0，而夏季和秋季的SFI_{TN}和SFI_{TP}均大于 5.0。对于#5 和#6，春、夏、秋三季的 SFI_{TN}、SFI_{BOD_5}和 SFI_{TP}均大于 5.0。这些结果表明，影响人工湿地水质的主要污染物在四季均有所不同，春季的主要污染物为 TN 和 BOD_5，夏、秋两季的主要污染物为 TN，而冬季的主要污染物为 TN、NH_3-N、BOD_5 和 TP。

由表 4-9 和图 4-11 可知，各监测位置在不同季节时的综合水质标识指数大小排序为，春季，#5>#6>#3>#4>#1>#2；夏季，#5>#6>#4>#1>#2>#3；秋季，#6>#5>#3>#4>#1>#2；冬季，#6=#5>#4>#2>#1>#3。结合人工湿地综合水质标识级别评价的判断标准可知，#5 和#6 水质在四季里均最差，最好时也仅为Ⅴ类水。对于其余监测位置，春季时，#2 为Ⅲ类水，#1 和#4 为Ⅳ类水，#3 为Ⅴ类水；夏季时，#2 和#3 为Ⅲ类水，#1 和#4 为Ⅳ类水；秋季时，#1、#2、#3 和#4 为Ⅳ类水；冬季时，#1、#2 和#3 为Ⅴ类水，#4 为劣Ⅴ类但不黑臭。#5 和#6 水质最差的可能原因是其位于人工湿地深水区，该区域的水动力条件不足，污染物易于累积，且该区域比较缺乏水生植物而导致其过滤净化效果较差。夏季时，#3 综合水质标识指数最小，这是由于在夏季时采样前的降雨基本为小雨和中雨，#3 虽然接收到大量的雨水径流，但其对#3 的总体作用是稀释了污染物浓度。在春秋两季，#3 综合水质标识指数大于#4，说明#3 和#4 之间的湿地改善了其径流水质。#2 和#3 在空间位置上接近，但由于#3 为道路雨水径流输入位置，所以整体上#3 综合水质标识指数比#2 大。在春、夏、秋三季，#2 综合水质标识指数都比#1 小，而在冬季时比#1 大，其原因是春、夏、秋三季时#1 和#2 之间的湿地植被及其微生物等生长良好，净化功能较好，可以净化自#1 流向#2 的径流。但在冬季时#1 和#2 之间的植被大量凋萎死亡，释放出氮、磷等污染物，导致#1 流向#2 的径流水质逐渐变差。

总的来说，人工湿地在不同季节下的综合水质标识指数均值大小排序为冬季（5.98）>春季（4.67）>秋季（4.66）>夏季（4.26）。冬季时水质最差的主要原因是冬季时的植物生长力和微生物的活性均较低，降低了人工湿地的净化能力。此外，人工湿地在冬季时还可能释放出 TN 和 TP 等内源性污染物。总体上各监测位置夏季时水质均较好，这是由于夏季时植物生长加快以及根际微生物代谢增强促进了养分吸收（Li et al.，2014）。此外，夏季降雨较多，补充了湿地水量，稀释了污染物。冬季则相反，雨量减少导致人工湿地径流流动性下降，加剧了植物的枯萎和腐烂，导致水质下降。因此需要在冬季加大水质改善的力度，例如，建立季节性植物配置系统。

4.4.3 人工湿地在不同降雨强度下的水质变化分析

降雨径流中挟带的面源污染已被认为是造成其接受水域水质恶化的主要因素，而且不同强度的降雨会影响面源污染物的运输和转化，因此有必要研究不同降雨强度对人工湿地水质的影响。基于不同季节对人工湿地水质影响分析结果，可知人工湿地在冬季时的污染物浓度整体较高，水质较差，且监测期间整个冬季的累计雨量仅为 50.8mm。而人工湿地水质在春、夏、秋三季的水质比较接近，且降雨较为丰富。因此，为了更好地研究不同降雨强度对人工湿地水质的影响情况，选取了春、夏、秋三季的水质数据进行分析。

1. 不同降雨强度下人工湿地污染物浓度变化

为了探究人工湿地水质在不同降雨强度等级下的变化情况，根据表 4-4，将春季、夏季和秋季三个季节期间的水质数据划分为无雨、小雨、中雨、大雨和暴雨共 5 组，然后取各组水质数据的平均值作为分析数据。将人工湿地水质数据分组后，不同降雨强度等级下各项水质指标随监测位置变化如图 4-12 所示。不同降雨强度等级下两相邻监测位置之间的污染物浓度去除率如表 4-10 所示。

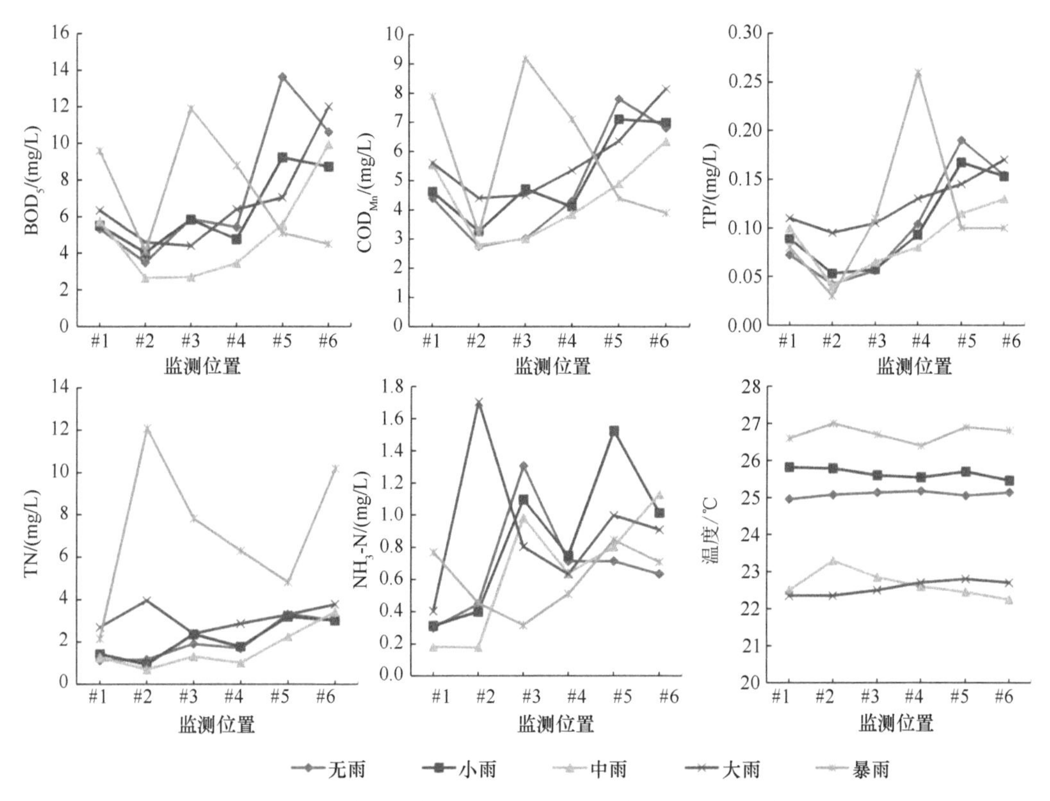

图 4-12　不同降雨强度等级下各项水质指标随监测位置变化过程

表 4-10　不同降雨强度等级下两相邻监测位置之间的污染物浓度去除率（单位：%）

监测位置	降雨等级	BOD_5	COD_{Mn}	TP	TN	NH_3-N
#1 与#2	无雨	34.6	37.7	41.7	−3.2	−49.0
	小雨	27.2	29.3	40.3	35.0	−28.2
	中雨	53.9	49.5	60.0	45.6	1.4
	大雨	27.6	21.4	13.6	−46.8	−323.0
	暴雨	57.3	59.5	62.5	−460.2	41.0
#2 与#3	无雨	−69.0	−10.2	−33.3	−66.3	−192.4
	小雨	−45.6	−44.1	−8.1	−157.3	−174.9
	中雨	−1.9	−7.1	−62.5	−91.2	−450.4
	大雨	4.3	−2.3	−10.5	39.7	52.9
	暴雨	−190.2	−187.5	−266.7	35.4	30.2

续表

监测位置	降雨等级	BOD_5	COD_{Mn}	TP	TN	NH_3-N
#3 与#4	无雨	7.5	−42.4	−85.7	11.5	45.4
	小雨	18.6	12.7	−62.5	24.9	32.0
	中雨	−27.8	−28.3	−23.1	23.7	35.1
	大雨	−45.5	−18.9	−23.8	−20.1	21.2
	暴雨	26.1	22.8	−136.4	19.4	−60.6
#4 与#5	无雨	−150.7	−81.4	−82.7	−95.2	0.1
	小雨	−94.0	−72.6	−80.0	−79.7	−104.2
	中雨	−62.3	−27.3	−43.8	−126.0	−26.0
	大雨	−10.2	−18.7	−11.5	−14.8	−57.7
	暴雨	42.0	38.0	61.5	23.5	−66.0
#5 与#6	无雨	22.1	12.8	18.9	8.0	11.2
	小雨	5.4	1.6	8.5	5.5	33.5
	中雨	−77.7	−29.6	−13.0	−52.0	−40.5
	大雨	−70.2	−28.3	−17.2	−14.9	9.0
	暴雨	11.8	11.4	0.0	−111.6	16.2

由图 4-12 可知，暴雨使得整个人工湿地的污染物浓度变化较大，其明显地增加#1、#3、#4 和降低#5、#6 的 BOD_5 和 COD_{Mn} 浓度，明显地提高#3、#4 和降低#5、#6 的 TP 浓度，明显提高#2～#6 的 TN 浓度，明显地降低#3 和#4 的 NH_3-N 浓度。而中雨明显降低#1、#2、#3 和#4 的 BOD_5、COD_{Mn}、TP 和 TN 的浓度。大雨也使得人工湿地的 COD_{Mn}、TP、TN 和 NH_3-N 变化较大，而小雨和无雨时相同监测位置的污染物浓度差异较小。

由图 4-12 和表 4-10 可知，在#1 与#2 区间，水流中的 BOD_5、COD_{Mn} 和 TP 经过该区间的人工湿地净化和去除，在不同降雨等级下的浓度去除率均为正值，且中雨和暴雨时的去除率较高。而 TN 的浓度去除率仅在小雨和中雨时为正值，NH_3-N 的浓度去除率仅在中雨和暴雨时为正值，这是由于大雨和暴雨及其雨水径流冲刷挟带着大量的含氮污染物进入#2，使得#2 的 TN 浓度明显增大；而大雨则明显地增大了#2 的 NH_3-N 浓度。结果表明自#1 流向#2 的水流，可以被该区间较好地去除 BOD_5、COD_{Mn} 和 TP 等污染物，而且在中雨和暴雨时的浓度去除效果更好。

在#2 与#3 区间，除了大雨和暴雨时 TN 和 NH_3-N 的浓度去除率为正值，其余情况下的污染物浓度去除率基本上都为负值。这是因为#3 为道路雨水径流入口，其水质比其上游的#2 差，再加上降雨带来的雨水径流，其水质污染加重。TN 在大雨和暴雨时的浓度去除率为正值，是因为大雨和暴雨使得#2 的 TN 浓度明显增大。大雨和暴雨及其所带来的雨水径流明显地降低#3 的 NH_3-N 的浓度，但又使得#2 的 NH_3-N 浓度上升，使得该区间的 NH_3-N 浓度去除率为正值。

在#3 与#4 区间，小雨和暴雨时 BOD_5 和 COD_{Mn} 的浓度去除率为正，而中雨和大雨时 BOD_5 和 COD_{Mn} 的浓度去除率为负值。这是由于小雨和暴雨及其所带来的雨水径流使得#3 的 BOD_5 和 COD_{Mn} 浓度提高，而经过#3 和#4 区间的湿地进一步净化，#4 的 BOD_5 和 COD_{Mn} 浓度有所下降。各降雨强度等级下的 TP 浓度去除率均为负值，说明#4 的 TP 浓度始终比#3 高。对于 TN，浓度去除率（大雨除外）均为正，说明大雨使得#4 的 TN 浓度变高，降低#3 和#4 区间人工湿地的 TN 去除能力。对于 NH_3-N，浓度去除率随着降雨强度增大而逐渐下降，其原因是#3 的 NH_3-N 浓度随降雨强度增大而降低，而#4 的 NH_3-N 浓度虽然也随降雨强度增大而降低，但降低幅度不比#3 大。

在#4 与#5 区间，除暴雨时 BOD_5、COD_{Mn}、TP 和 TN 的浓度去除率为正外，其余情况的浓度去除率基本上均为负值。其原因是该区间内缺乏净化植物且水动力条件不足使得整体上#5 污染物浓度比#4 高。BOD_5、COD_{Mn} 和 TP 的浓度去除率随着降雨强度增大而增大，甚至在暴雨时 BOD_5、COD_{Mn} 和 TP 的浓度去除率变为正值，这是因为#5 的 BOD_5、COD_{Mn} 和 TP 浓度基本上随着降雨强度增大而降低（中雨除外），而#4 基本上随着降雨强度增大而增大（中雨除外）。对于 TN，浓度去除率基本随降雨强度增大而上升。对于 NH_3-N，#5 的 NH_3-N 浓度变化与降雨之间的关系不明显，但小雨时#5 的 NH_3-N 浓度最大，因此小雨该区间的 NH_3-N 的浓度去除率最低。

在#5 与#6 区间，无雨和小雨时的各项污染物浓度去除率均为正值，而中雨和大雨时各项污染物的浓度去除率基本均为负值（除大雨时 NH_3-N 外）。其可能原因是在小雨和无雨时，降雨对该区间的水质影响较小，经过该区间的进一步净化，#6 的各项污染物浓度比#5 低。但在中雨和大雨期间，#5 的污染物浓度受雨水径流的影响而迅速降低，但#6 的污染物浓度变化较小，因而导致#6 的污染物浓度在中雨和大雨时比#5 高。但在暴雨时，污染物（除 TN 外）浓度去除率均不为负值，这是由于暴雨使得该区间的 BOD_5、COD_{Mn}、TP 和 NH_3-N 浓度均有所下降，且#6 的污染物浓度比#5 低。

2. 不同降雨强度下人工湿地的综合水质变化

为了综合分析人工湿地在不同降雨强度等级下的水质情况，采用综合水质标识指数进行人工湿地综合水质状况评价。各降雨强度等级下人工湿地各水质指标及其综合水质标识指数计算结果如表 4-11 所示，不同降雨强度等级下各监测位置的综合水质标识指数变化情况如图 4-13 所示。

表 4-11　不同降雨强度等级下各项水质指标的单因子指数和综合水质标识指数

降雨等级	监测位置	SFI_{BOD_5}	$SFI_{COD_{Mn}}$	SFI_{TP}	SFI_{TN}	$SFI_{NH_3\text{-}N}$	CWQII
无雨	#1	4.66	3.20	4.44	4.23	2.43	3.79
	#2	3.48	2.37	3.68	4.30	2.85	3.34
	#3	4.94	2.51	4.12	5.82	4.61	4.40
	#4	4.72	3.15	5.04	5.38	3.43	4.34
	#5	6.36	4.45	5.90	6.65	3.43	5.36
	#6	6.06	4.20	5.54	6.52	3.27	5.12
	均值	5.04	3.31	4.79	5.48	3.34	4.39

续表

降雨等级	监测位置	SFI_{BOD_5}	$SFI_{COD_{Mn}}$	SFI_{TP}	SFI_{TN}	$SFI_{NH_3\text{-}N}$	CWQII
小雨	#1	4.76	3.31	4.77	4.83	2.46	4.03
	#2	4.01	2.64	4.06	3.84	2.71	3.45
	#3	4.92	3.36	4.14	6.18	4.19	4.56
	#4	4.38	3.06	4.86	5.55	3.49	4.27
	#5	5.81	4.28	5.67	6.60	5.05	5.48
	#6	5.68	4.25	5.53	6.51	4.03	5.20
	均值	4.93	3.48	4.84	5.59	3.66	4.50
中雨	#1	4.88	3.78	5.00	4.52	2.09	4.05
	#2	1.88	2.40	3.60	3.37	2.08	2.67
	#3	1.90	2.50	4.30	4.62	3.97	3.46
	#4	3.45	2.93	4.60	4.00	3.28	3.65
	#5	4.80	3.45	5.15	6.13	3.61	4.63
	#6	5.99	4.09	5.30	6.72	4.26	5.27
	均值	3.82	3.19	4.66	4.89	3.22	3.96
大雨	#1	5.09	3.80	5.10	6.35	2.72	4.61
	#2	4.30	3.20	4.90	6.98	5.41	4.96
	#3	4.20	3.25	5.05	6.19	3.61	4.46
	#4	5.10	3.68	5.30	6.43	3.27	4.75
	#5	5.26	4.09	5.45	6.65	4.00	5.09
	#6	6.20	4.54	5.70	6.89	3.82	5.43
	均值	5.03	3.76	5.25	6.58	3.81	4.88
暴雨	#1	5.90	4.48	4.60	6.08	3.54	4.92
	#2	4.05	2.60	3.20	11.05	2.87	4.75
	#3	6.19	4.80	5.10	8.91	2.48	5.50
	#4	5.70	4.28	6.30	8.15	3.02	5.49
	#5	4.55	3.20	5.00	7.41	3.69	4.77
	#6	4.25	2.95	5.00	10.10	3.42	5.14
	均值	5.11	3.72	4.87	8.62	3.17	5.10

由表 4-11 可知，对于#1 和#2，在无雨、小雨和中雨时，各项指标的单因子指数均小于或等于 5.0。但是在大雨或暴雨时，#1 的 SFI_{TN} 和 SFI_{BOD_5} 与#2 的 SFI_{TN} 均超过 5.0。结果表明，无雨、小雨和中雨给#1 和#2 带来的污染物浓度较低，但大雨和暴雨却给#1 和#2 带来了较多的含氮污染物。

对于#3 和#4，在无雨和小雨时，明显大于 5.0 的只有 SFI_{TN}。在中雨时，其所有水质指标的单因子指数均小于或等于 5.0。在大雨时，#3 的 SFI_{TN} 和 SFI_{TP} 以及#4 的 SFI_{TN}、SFI_{BOD_5} 和 SFI_{TP} 均大于 5.0。在暴雨时，#3 和#4 的 SFI_{TN}、SFI_{BOD_5} 和 SFI_{TP} 均大于 5.0，

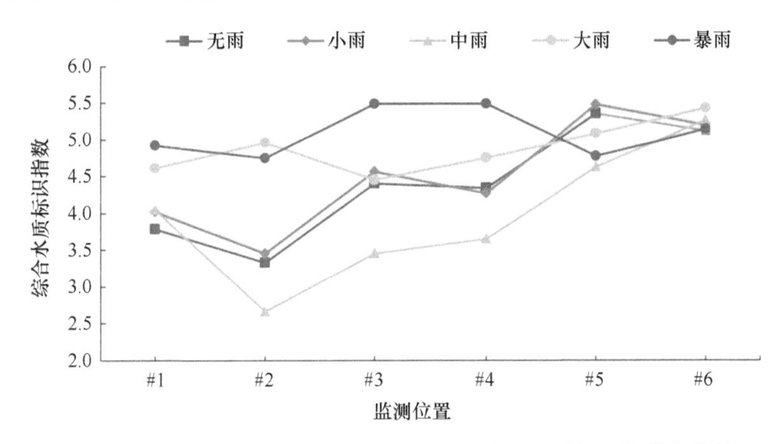

图 4-13　不同降雨强度等级下各监测位置的综合水质标识指数变化情况

且 SFI_{BOD_5} 和 SFI_{TP} 均大于其他监测位置。这些结果表明，中雨使得#3 和#4 的水质得到改善，但大雨和暴雨将大量的氮、磷污染物冲刷进入人工湿地，使得#3 和#4 水质变差。

对于#5 和#6，在无雨至大雨期间，单因子指数大于 5 的水质指标分别为 TN、BOD_5 和 TP。而在暴雨时只有 SFI_{TN} 大于 5。这表明暴雨给#5 和#6 带来更多的是污染物浓度稀释作用。总体来说，降雨及其径流给人工湿地带来的主要污染物是 TN、BOD_5 和 TP，特别是在大雨和暴雨时。

由表 4-11 和图 4-13 可知，在不同降雨强度等级下，各监测位置的综合水质标识指数大小排序如下：在无雨或小雨时，#5>#6>#3>#4>#1>#2；在中雨时，#6>#5>#1>#4>#3>#2；在大雨时，#6>#5>#2>#4>#1>#3；在暴雨时，#3>#4>#6>#1>#5>#2。结合人工湿地综合水质标识级别评价的判断标准可知，#1 在暴雨和大雨时水质均较差（Ⅳ类），在无雨、小雨和中雨时一般（Ⅲ类）；#2 在大雨时水质最差，暴雨时次之，但皆为Ⅳ类水，而在无雨和小雨时一般（Ⅲ类），在中雨时水质最好（Ⅲ类）；#3 在暴雨时水质最差（Ⅴ类），无雨、小雨和大雨时水质较差（Ⅳ类），而中雨时水质较好（Ⅲ类）；#4 在暴雨时水质最差（Ⅴ类），无雨、小雨和大雨时水质较差（Ⅳ类），而中雨时水质较好（Ⅲ类）；#5 在无雨、小雨和大雨时水质最差（Ⅴ类），而在中雨和暴雨时较差（Ⅳ类）；#6 水质变动不大且水质均较差，为Ⅴ类水。除了在暴雨时#3 和#4 的水质最差之外，其他降雨等级下，#5 和#6 水质在所有降雨强度中均最差。究其原因，在暴雨时，大量污染物随着道路径流进入#3，导致其水质变差。而#3 和#4 之间的湿地无法完全处理暴雨期间的道路雨水径流，导致#4 水质较差。相反地，暴雨及其所带来的雨水径流给#5 和#6 的影响实际上稀释了现有污染物，从而略微改善了水质。其他研究也表明，降雨强度会显著影响接收水体的水质（Delpla et al.，2011），当入流的污染物浓度较低时，接收水体的水质会得到改善。

总的来说，人工湿地不同降雨强度等级下的综合水质标识指数均值大小排序为暴雨（5.10）>大雨（4.88）>小雨（4.50）>无雨（4.39）>中雨（3.96）。这表明中雨对湿地的污染物具有稀释作用，降低了湿地的污染物浓度。但随着降雨强度增大，地表雨水径流将更多的污染物带入湿地，抵消了稀释作用，使得湿地的污染物浓度增大。

4.5 小　结

本章基于长期的现场监测数据，分析了透水铺装和绿地的雨水径流水量水质控制效应，并探究了不同季节和降雨强度对人工湿地水质的影响，得到的主要结论如下。

（1）透水铺装径流量削减率在趋势上随着降雨历时、雨量和最大雨强增大而减小，随雨前干旱期增加而增大。透水铺装径流量削减率与降雨历时极显著相关，与雨量显著相关。

（2）绿地径流量削减率在趋势上随着降雨历时、雨量、平均雨强和最大雨强增大而减小，随雨前干旱期增加而增大。而绿地径流量削减率则与降雨历时显著相关，与雨量极显著相关。

（3）通过对比透水铺装和绿地径流量削减率与雨量之间的关系，可以发现在降雨较小时，绿地径流量削减率比透水铺装大；雨量较大时，绿地径流量削减率则比透水铺装小。

（4）20180723 场次降雨时的透水铺装和绿地雨水径流污染物浓度均比 20180703 高，其主要影响因素为雨前干旱期，20180703 场次降雨的雨前干旱期为 1.0d，20180723 场次降雨的雨前干旱期为 4.0d，而雨前干旱期越久，地表累积的污染物越多，从而使冲刷到雨水径流中的污染物也就越多。

（5）冬季时整个人工湿地的污染物浓度均较高，而夏季时人工湿地的 BOD_5、COD_{Mn} 和 TN 浓度最低，而各监测位置的 TP 和 NH_3-N 浓度在各季节时的高低表现有所不同。影响人工湿地水质的主要污染物在春季时为 TN 和 BOD_5，夏秋两季时为 TN，而在冬季时为 TN、NH_3-N、BOD_5 和 TP。

（6）整个人工湿地在不同季节下的综合水质标识指数均值大小排序为：冬季（5.98）>春季（4.67）>秋季（4.66）>夏季（4.26）。总体上，各监测位置在夏季时的水质均较好，其原因是在夏季时植物生长加快以及根际微生物代谢增强，促进了养分吸收。此外，夏季降雨较多，补充了湿地水量，稀释了污染物。冬季则相反，雨量减少导致人工湿地流动性下降，加剧了植物的枯萎和腐烂，导致水质下降。

（7）暴雨明显地增加人工湿地#1、#3、#4 和降低#5、#6 的 BOD_5 和 COD_{Mn} 浓度，明显地提高#3、#4 和降低#5、#6 的 TP 浓度，明显增加#2～#6 的 TN 浓度，明显地降低#3 和#4 的 NH_3-N 浓度。而中雨明显降低#1、#2、#3 和#4 的 BOD_5、COD_{Mn}、TP 和 TN 浓度。总体来说，降雨及其径流给人工湿地带来的主要污染物是 TN、BOD_5 和 TP，特别是在大雨和暴雨时。

（8）整个人工湿地在不同降雨强度等级下的综合水质标识指数均值大小排序为暴雨（5.10）>大雨（4.88）>小雨（4.50）>无雨（4.39）>中雨（3.96）。这表明中雨对湿地的污染物具有稀释作用，降低了湿地的污染物浓度。但随着降雨强度增大，地表雨水径流将更多的污染物带入湿地，抵消了稀释作用，使得湿地的污染物浓度增大。

第5章　基于 Hydrus-1D 模型的 LID 单项措施雨水径流控制效应研究

试验和监测是探究 LID 措施雨水径流控制规律和机理必不可少的环节，但是进行大量工况下的试验和监测显然会耗费大量财力和物力。而基于物理模型试验结果构建数值模型，并通过数值模型来模拟分析显然更加经济和合理。因此本章将结合第 2 章和第 3 章的试验研究结果，运用 Hydrus-1D 模型进一步探究 LID 单项措施在多种工况下的雨水径流控制效果和规律。由于 Hydrus-1D 模型无法模拟含有内部蓄水空间的 LID 措施，因此本章探究的 LID 措施主要包括 0cm 淹没区高度的防渗型生物滞留池、渗透型生物滞留池、下凹式绿地和透水铺装。此外，Hydrus-1D 模型假定溢流污染物浓度与入流浓度相同，而出流污染物浓度则随着入流浓度和填料的性能而变化。因此 Hydrus-1D 模型可以模拟防渗型生物滞留池的出流水量、溢流水量和出流污染物浓度变化，而对于只考虑表面溢流的渗透型生物滞留池、下凹式绿地和透水铺装只适合进行水量效果模拟。

5.1　模型原理与构建

Hydrus-1D 是基于土壤水动力学原理的一维入渗模型，可模拟多孔介质中变饱和情况下的水分、溶质运移和热量传递过程（Šimůnek et al.，2016）。该模型可以考虑多种汇源项的影响及边界条件，模拟最小时间间隔为 1s。构建 Hydrus-1D 模型需要输入土壤几何和时间信息、土壤水力参数、植被特性、初始和边界条件、土壤剖面信息和溶质传输与反应参数等。由于本章研究的每场降雨的时长（60min）较短，因此忽略植物生长及根系吸水的影响，而只运用 Hydrus-1D 模型的水流和溶质运移两个模块来进行 LID 单项措施雨水径流控制效应模拟评估。模型的长度单位设定为 cm，时间单位为 min，质量单位为 g，迭代条件采用默认值。

5.1.1　水流模型选择及其参数设定

在 Hydrus-1D 中，多孔介质中的一维垂直水分运动采用 Richards 方程进行计算，如式（5-1）：

$$\frac{\partial\theta}{\partial t}=\frac{\partial}{\partial z}\left[K(\theta)\left(\frac{\partial h}{\partial z}+1\right)\right]-s(h) \tag{5-1}$$

式中，θ 为土壤含水率；h 为压力水头，cm；K 为土壤导水率，cm/min；z 为土壤深度，cm，假定向下为正；$s(h)$ 为源汇项。

Hydrus-1D 提供了多种模型来计算土壤水分特性，主要分为单孔模型和双孔模型两大类。本章选择目前应用较为广泛的单孔模型，即 VG 模型来计算土壤水分特性，同时不考虑土壤中水流运动的滞后效应。VG 模型基于土壤水分特征参数来预测土壤含水率和非饱和渗透系数，其计算公式如式（5-2）～式（5-4）所示：

$$\theta = \theta_r + \frac{\theta_s - \theta_r}{(1 + |\alpha h|^n)^{1-1/n}} \tag{5-2}$$

$$K = K_s S_e^l \left[1 - \left(1 - S_e^{\frac{n-1}{n}} \right) \right]^2 \tag{5-3}$$

$$S_e = \frac{\theta - \theta_r}{\theta_s - \theta_r} \tag{5-4}$$

式中，θ_s 为土壤饱和含水率；θ_r 为土壤残余含水率；α 为与土壤进气吸力有关的参数；n 为土壤水分特征曲线的形状参数；K_s 为土壤饱和渗透系数，cm/min；S_e 为相对饱和度；l 为孔隙连通性系数，一般取值为 0.5，无量纲。

各 LID 措施的土壤水力特征参数的初始数据主要来自第 3 章中填料及基土的土壤水分特征曲线 van Genuchten 模型拟合参数（表 3-2）。各 LID 措施水流模块的初始条件均为试验前的初始土壤含水量，上边界均为具有表层的大气边界，下边界均为自由排水边界。

5.1.2 溶质运移模型选择及其参数设定

Hydrus-1D 采用传统的对流弥散方程模拟溶质在土壤中的运移和转化过程，如式（5-5）所示：

$$\frac{\partial(\theta_c + \rho c_s)}{\partial t} = \frac{\partial}{\partial z}\left[\theta D_{dh} \frac{\partial c}{\partial z} \right] - \frac{\partial(qc)}{\partial z} - R_s \tag{5-5}$$

式中，c_s 为土壤剖面中溶质的浓度，mg/kg；ρ 为土壤容重，g/cm^3；q 为土壤水分通量，cm/d；D_{dh} 为动力弥散系数，cm^2/d；θ 为土壤含水率；R_s 为汇源项，表示溶质发生的各种零级反应、一级及其他反应。

Hydrus-1D 提供了 9 种模型来计算溶质运移过程，包括均衡模型、单位点吸附模型和双重孔隙度（流动–不流动水）模型等，本章选择双重孔隙度（流动–不流动水）模型来计算溶质运移过程。纵向弥散度 D_L 设定为填料层的厚度；溶质在水中的分子扩散系数 D_w 根据经验公式 $D_w = (2.71 \times 10^{-4}) / M^{0.71}$ 计算，式中，M 为溶质的摩尔质量（李玮等，2013）。不考虑溶质在气相中的分子扩散情况，因此设定 D_a 为 0。假定溶质仅在溶解相发生一级反应，因此只需给溶解相一级反应速率常数 Sink$_w$1 和传质系数 ω 进行赋值。溶质运移的上边界为浓度通量边界，下边界为零浓度梯度边界，同时选择液相浓度作为初始条件。

5.1.3　填料剖面划分

在 Hydrus-1D 的 Soil Profile-Graphical Editor 模块中进行填料的一维剖面划分，划分的依据是各层填料的厚度。由于各 LID 措施水流模块的下边界设定为自由排水边界，因此将防渗型生物滞留池的剖面划分为赤红壤层、生物炭层、赤红壤层和石屑层；渗透型生物滞留池的剖面被划分为赤红壤层、生物炭层、赤红壤层、石屑层、砾石层和基土层；下凹式绿地的剖面则划分为种植土层和土壤基层；透水铺装的剖面则划分为透水砖、找平层、级配碎石层、粗砂垫层和土壤基层。各 LID 措施的填料剖面几何信息如图 5-1 所示。

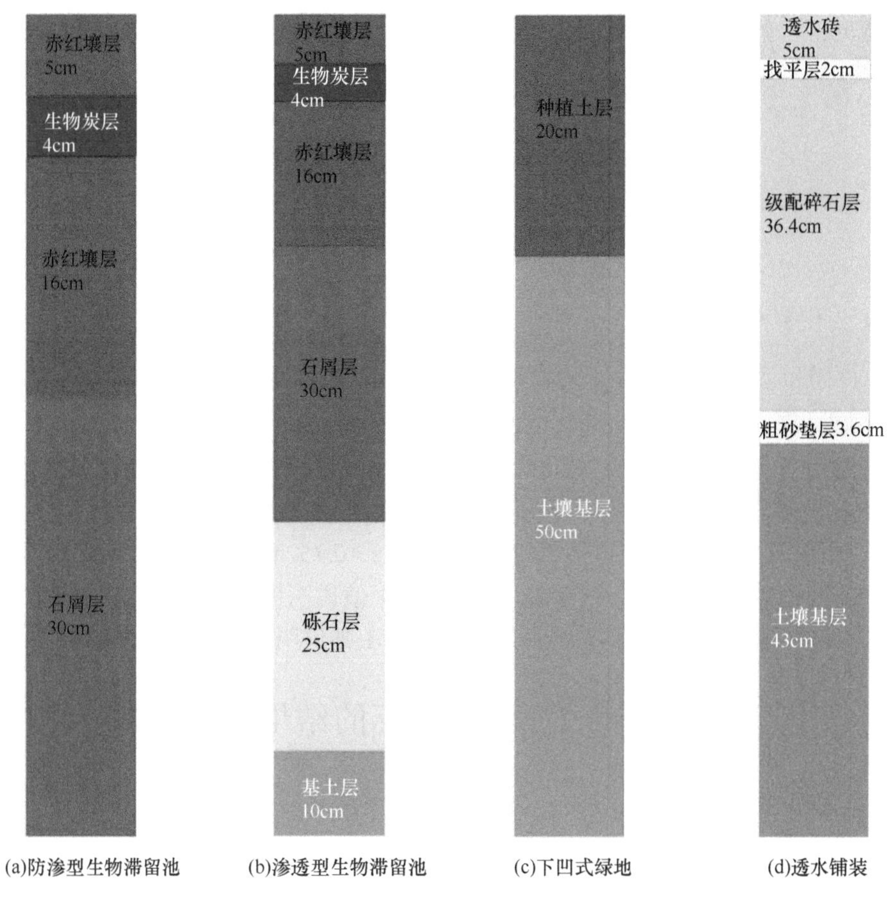

图 5-1　各 LID 措施的填料剖面图

5.2　模型参数率定与验证

5.2.1　参数率定与验证评价指标

根据第 2 章和第 3 章的试验观测数据进行模型参数的率定与验证，并选用纳什效率系数（E_{NS}）、相对误差系数（Re）和决定系数（R^2）来评价模型模拟值和实测值之间的拟合情况。模型模拟流量与实测流量之间的 E_{NS}、Re 和 R^2 的计算公式如式（5-6）～式（5-8）所示。模型模拟污染物浓度与实测污染物浓度之间的 E_{NS}、Re 和 R^2 也采用式（5-6）～式（5-8）进行计算，但是需要将流量改为污染物浓度。

$$E_{NS}=1-\frac{\sum_{i=1}^{n}(q_{obs,i}-q_{sim,i})^2}{\sum_{i=1}^{n}(q_{obs,i}-\overline{q}_{obs})^2} \tag{5-6}$$

$$Re=\frac{\sum_{i=1}^{n}q_{sim,i}-\sum_{i=1}^{n}q_{obs,i}}{\sum_{i=1}^{n}q_{obs,i}}\times 100\% \tag{5-7}$$

$$R^2=\frac{\left[\sum_{i=1}^{n}(q_{obs,i}-\overline{q}_{obs})(q_{sim,i}-\overline{q}_{sim})\right]^2}{\sum_{i=1}^{n}(q_{obs,i}-\overline{q}_{obs})^2\sum_{i=1}^{n}(q_{sim,i}-\overline{q}_{sim})^2} \tag{5-8}$$

式中，n 为模拟时长；$q_{obs,i}$ 为 i 时刻的实测流量；$q_{sim,i}$ 为 i 时刻的模拟流量；$\overline{q}_{obs}$ 为模拟时长内实测流量平均值；$\overline{q}_{sim}$ 为模拟时长内模拟流量平均值。由于 Hydrus-1D 模型模拟的是一维土柱的入渗和溶质运移情况，因此其流量单位为 cm/min。

E_{NS} 常用于水文模型参数的率定与验证，其反映了模型模拟值和实测值之间的统计差异。E_{NS} 的取值范围为负无穷至 1，当 $0\leqslant E_{NS}<0.5$ 时，表示模型可信度一般；当 $0.5\leqslant E_{NS}<0.75$ 时，表示模型可信度较好；当 $E_{NS}\geqslant 0.75$ 时，表示模型可信度很好。Re 的绝对值越小说明模型的模拟误差越小，Re 为正值说明模拟值总体上大于实测值，Re 为负值说明模拟值总体上小于实测值。R^2 越接近 1 则说明模型模拟效果越好。

5.2.2　评价指标的结果

1. 防渗型生物滞留池

选取第 3 章中 0cm 淹没区高度的防渗型生物滞留池在 0.5 年和 2 年降雨重现期下的试验观测数据进行模型的水量指标参数率定，其中 2 年降雨重现期下的试验数据也用于模型水质指标参数的率定。采用试错法调整土壤水力参数和溶质运移及反应参数，使得率定期时防渗型生物滞留池水量和水质指标的 E_{NS} 都高于 0.6，相对误差绝对值控制在 20%以内。经参数调整后，得到了符合要求的模拟结果，率定期溢流的模拟与实测结果如图 5-2 所示，率定期水质指标的模拟与实测结果如图 5-3 所示。

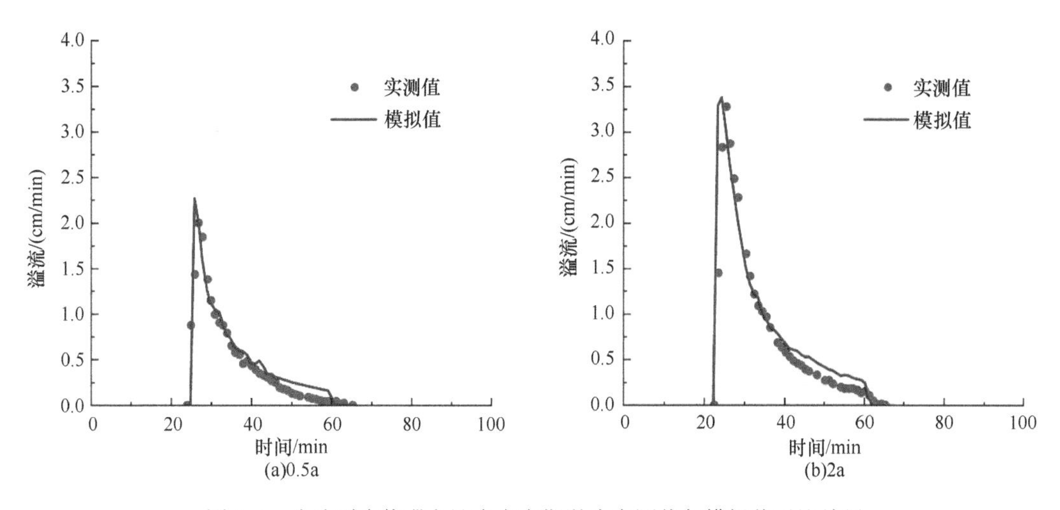

图5-2 防渗型生物滞留池在率定期溢流实测值与模拟值对比结果

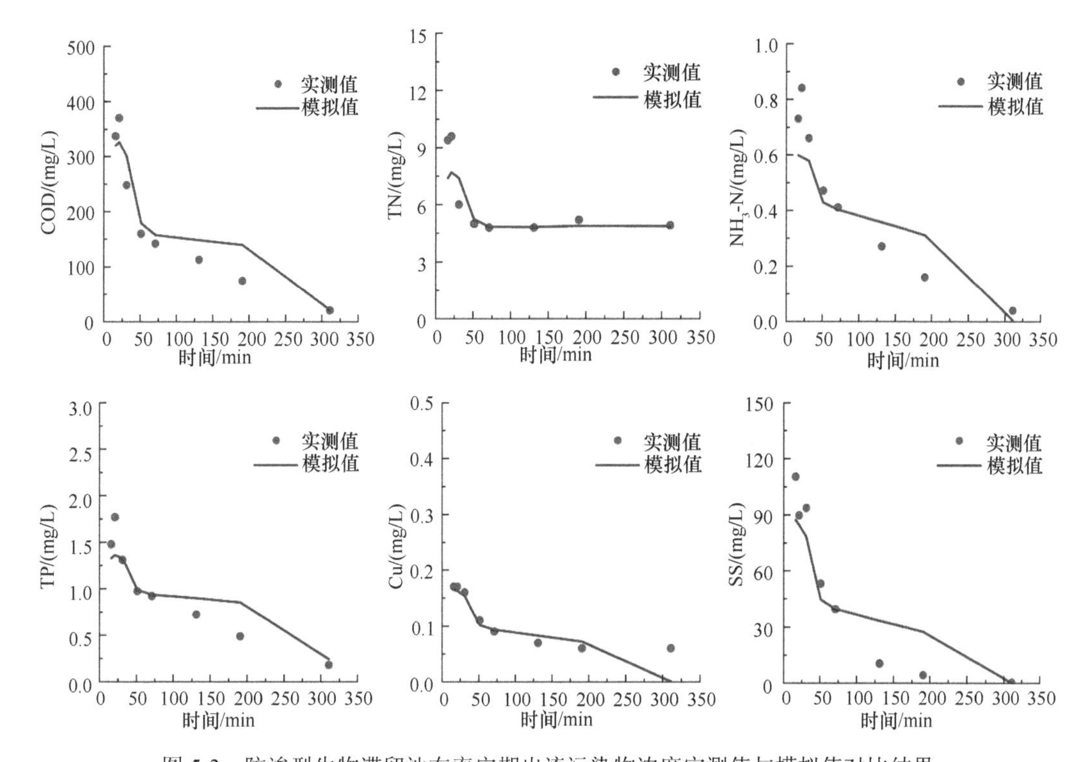

图5-3 防渗型生物滞留池在率定期出流污染物浓度实测值与模拟值对比结果

然后选取0.2年和1年降雨重现期下的试验观测数据进行模型的水量指标参数验证，0.2年降雨重现期下的试验观测数据则进行水质指标参数验证，从而得到水量指标和水质指标的参数率定与验证评价结果如表5-1和表5-2所示。最后得到模型的土壤水力参数和溶质运移及反应参数如表5-3～表5-5所示。由表5-1可知，防渗型生物滞留池水量指标（出流和溢流）的模型模拟值与实测值之间的E_{NS}在率定期与验证期均大于0.74，Re的绝对值小于24.2%，R^2大于0.76。由表5-2可知，防渗型生物滞留池的大部分水质指标（COD、NH_3-N、TP、Cu、SS）的模型模拟值与实测值之间的 E_{NS} 在率定期与验证期均大于 0.75，仅 TN 的 E_{NS} 在 0.65～0.7。此外，模型模拟值与实测值之间 Re 的绝对值小于 8.9%，R^2 大于 0.75。上述结果表明所构建的防渗型生物滞留池 Hydrus-1D 模型模拟精度较高，可用于进一步的模拟评估。

表 5-1　防渗型生物滞留池水量指标的参数率定与验证评价结果

类别	降雨重现期/年	评价指标	出流	溢流
率定期	0.5	E_{NS}	0.755	0.829
		R^2	0.766	0.851
		Re/%	10.82	10.03
	2	E_{NS}	0.748	0.857
		R^2	0.774	0.881
		Re/%	17.27	12.34
验证期	0.2	E_{NS}	0.753	0.754
		R^2	0.852	0.763
		Re/%	24.16	4.98
	1	E_{NS}	0.758	0.833
		R^2	0.777	0.892
		Re/%	12.70	18.37

表 5-2　防渗型生物滞留池水质指标的参数率定与验证评价结果

类别	降雨重现期/年	评价指标	COD	TN	NH_3-N	TP	Cu	SS
率定期	2	E_{NS}	0.897	0.675	0.787	0.816	0.761	0.856
		R^2	0.926	0.750	0.860	0.869	0.837	0.915
		Re/%	8.84	–5.12	–8.54	1.26	–6.40	–1.27
验证期	0.2	E_{NS}	0.889	0.651	0.753	0.827	0.880	0.807
		R^2	0.934	0.805	0.782	0.865	0.887	0.879
		Re/%	7.47	1.00	8.57	–3.33	3.70	3.84

表 5-3　防渗型生物滞留池 Hydrus-1D 模型的土壤水力参数

填料	θ_r	θ_s	α /（1/cm）	n	K_s /（cm/min）	l
赤红壤层	0.0243	0.47	0.0149	1.1986	0.08	0.5
生物炭层	0.4	0.7	3.275	1.08	0.15	0.5
石屑层	0.0424	0.171	0.1068	1.08	0.2	0.5

表 5-4　防渗型生物滞留池 Hydrus-1D 模型的溶质运移参数

项目	赤红壤	生物炭	石屑	COD	TN	NH_3-N	TP	Cu	SS
体积密度/（g/cm^3）	1.25	0.68	1.76	—	—	—	—	—	—
纵向弥散性/cm	5	4	30	—	—	—	—	—	—
束缚水含量	0.42	0.6	0.145	—	—	—	—	—	—
D_w /（cm^2/min）	—	—	—	0.00026	0.00087	0.00209	0.00063	0.00085	0.00032

表 5-5　防渗型生物滞留池 Hydrus-1D 模型的溶质反应参数

溶质类型	参数	赤红壤	生物炭	石屑
COD	$Sink_w1$	0.01	0.01	0.01
	传质系数 ω	0.0005	0.0005	0.0005
TN	$Sink_w1$	0	–0.005	–0.003
	传质系数 ω	0.00051	0.0001	0.00057
NH_3-N	$Sink_w1$	0.033	0.033	0.033
	传质系数 ω	0.001	0.001	0.001
TP	$Sink_w1$	0.007	0.007	0.007
	传质系数 ω	0.001	0.001	0.001
Cu	$Sink_w1$	0.035	0.035	0.03
	传质系数 ω	0.001	0.001	0.0007
SS	$Sink_w1$	0.055	0.055	0.055
	传质系数 ω	0.0013	0.0013	0.0013

2. 渗透型生物滞留池

选取第 3 章中渗透型生物滞留池在 0.5 年和 2 年降雨重现期下的试验观测数据进行模型的水量指标参数率定，并采用试错法调整模型的土壤水力参数，使得渗透型生物滞留池在率定期时的水量指标的 E_{NS} 大于 0.6，Re 绝对值控制在 20%以内。经参数调整后，得到了符合要求的模拟结果，率定期溢流的模拟与实测结果如图 5-4 所示。然后选取 0.2 年和 1 年降雨重现期下的试验观测数据进行模型参数验证，从而得到模型参数的率定与验证评价结果，如表 5-6 所示。最后得到模型的土壤水力参数，如表 5-7 所示。由表 5-6 可知，渗透型生物滞留池水量指标（溢流）的模型模拟值与实测值之间的 E_{NS} 在率定期与验证期均大于 0.73，Re 的绝对值小于 17.9%，R^2 大于或等于 0.76，结果表明所构建的渗透型生物滞留池 Hydrus-1D 模型模拟精度较高，可用于进一步的模拟评估。

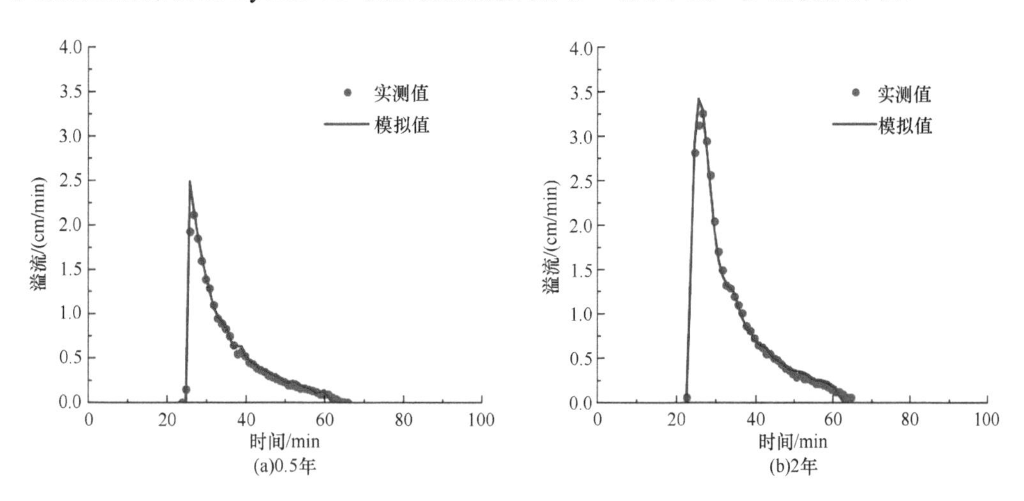

图 5-4　渗透型生物滞留池在率定期溢流实测值与模拟值对比结果

表 5-6　渗透型生物滞留池模型参数的率定与验证评价结果

类别	降雨重现期/年	评价指标	
率定期	0.5	E_{NS}	0.97
		R^2	0.98
		Re/%	5.65
	2	E_{NS}	0.99
		R^2	0.99
		Re/%	1.29
验证期	0.2	E_{NS}	0.73
		R^2	0.76
		Re/%	−17.86
	1	E_{NS}	0.92
		R^2	0.93
		Re/%	1.54

表 5-7　渗透型生物滞留池 Hydrus-1D 模型的土壤水力参数

填料	θ_r	θ_s	α/（1/cm）	n	K_s/（cm/min）	l
赤红壤层	0.0243	0.47	0.0149	1.1986	0.08	0.5
生物炭层	0.4	0.7	3.275	1.08	0.15	0.5
石屑层	0.0424	0.171	0.1068	1.08	0.2	0.5
砾石层	0.01	0.4	0.125	1.5	5.539	0.5
基土层	0.05	0.292	0.0766	1.1511	0.0152	0.5

3. 下凹式绿地

选取第 2 章中下凹式绿地（马尼拉草）在 1 年、5 年和 20 年降雨重现期时的试验观测数据进行模型的水量指标参数率定，并采用试错法调整模型的土壤水力参数，使得下凹式绿地在率定期的 E_{NS} 大于 0.6，Re 绝对值控制在 20%以内，最后得到了率定期下凹式绿地的溢流模拟值与实测值，如图 5-5 所示。然后选取 0.5 年、2 年和 10 年降雨重现期时的试验观测数据进行模型参数验证，进而得到模型参数的率定与验证评价结果，如

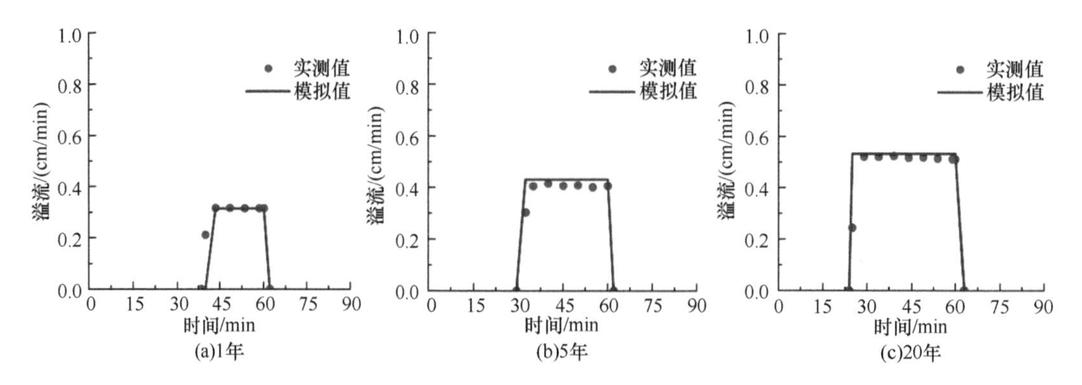

图 5-5　下凹式绿地在率定期溢流实测值与模拟值对比结果

表5-8所示，最后得到模型的土壤水力参数，如表5-9所示。由表5-8可知，下凹式绿地水量指标（溢流）的模型模拟值与实测值之间的E_{NS}在率定期与验证期均大于或等于0.69，Re的绝对值小于13.2%，R^2大于或等于0.79，结果表明所构建下凹式绿地模型的模拟精度较高，可用于进一步的模拟评估。

表5-8　下凹式绿地模型参数的率定与验证评价结果

类别	降雨重现期/年	评价指标	
率定期	1	E_{NS}	0.69
		R^2	0.79
		Re/%	−12.14
	5	E_{NS}	0.92
		R^2	0.96
		Re/%	10.22
	20	E_{NS}	0.81
		R^2	0.85
		Re/%	9.45
验证期	0.5	E_{NS}	0.82
		R^2	0.88
		Re/%	−13.15
	2	E_{NS}	0.89
		R^2	0.95
		Re/%	11.61
	10	E_{NS}	0.89
		R^2	0.92
		Re/%	−4.00

表5-9　下凹式绿地Hydrus-1D模型的土壤水力参数

填料	θ_r	θ_s	α/（1/cm）	n	K_s/（cm/min）	l
种植土层	0.0243	0.47	0.001	1.8	0.08	0.5
土壤基层	0.0243	0.47	0.0005	2.5	0.06	0.5

4. 透水铺装

选取第2章中透水铺装在中雨和暴雨时的试验观测数据进行模型的水量指标参数率定，并采用试错法调整模型的土壤水力参数，使得透水铺装在率定期时的水量指标的E_{NS}大于0.6，Re绝对值控制在20%以内，最后得到了率定期时透水铺装的溢流模拟值与实测值如图5-6所示。然后选取小雨和大雨时的试验观测数据进行模型参数验证，进而得到透水铺装模型参数的率定与验证评价结果，如表5-10所示，最后得到模型的土壤水力参数，如表5-11所示。由表5-10可知，透水铺装水量指标（溢流）的模型模拟值与实测值之间的E_{NS}在率定期大于或等于0.75，在验证期大于或等于0.57；Re的绝对值小于16.49%；R^2大于或等于0.74。结果表明所构建透水铺装模型的模拟精度较高，可用于进一步的模拟评估。

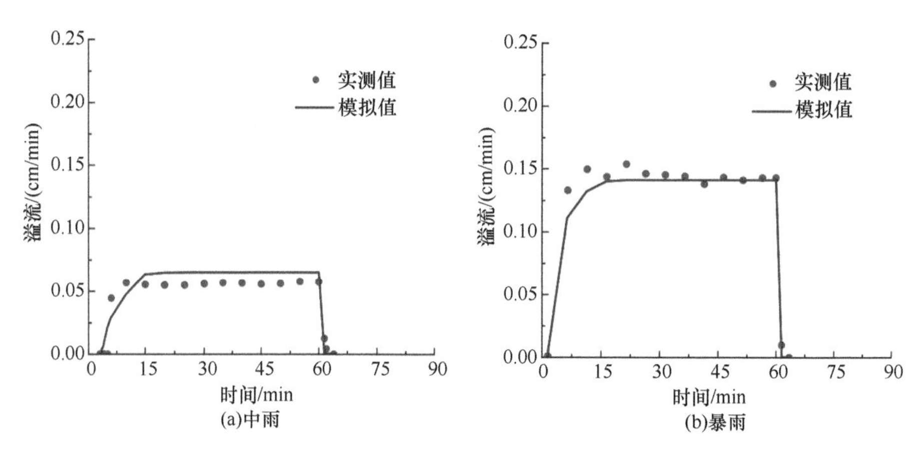

图 5-6　透水铺装在率定期溢流实测值与模拟值对比结果

表 5-10　透水铺装模型参数的率定与验证评价结果

类别	降雨类型	评价指标	
率定期	中雨	E_{NS}	0.75
		R^2	0.85
		Re/%	11.75
	暴雨	E_{NS}	0.97
		R^2	0.98
		Re/%	–2.64
验证期	小雨	E_{NS}	0.75
		R^2	0.86
		Re/%	–10.83
	大雨	E_{NS}	0.57
		R^2	0.74
		Re/%	16.49

表 5-11　透水铺装 Hydrus-1D 模型的土壤水力参数

填料	θ_r	θ_s	α/（1/cm）	n	K_s/（cm/min）	l
透水砖	0	0.22	0.025	1.41	0.018	0.5
找平层	0.01	0.43	0.145	2.68	0.495	0.5
级配碎石层	0	0.17	0.023	2.85	1	0.5
粗砂垫层	0.01	0.43	0.145	2.68	0.495	0.5
土壤基层	0.0243	0.47	0.0149	1.2	0.08	0.5

5.3　模拟方案及结果分析

基于所构建的各项 LID 措施 Hydrus-1D 模型，进行各项 LID 措施在不同情景方案下的雨水径流控制效应模拟评估，探索其雨水径流控制效果变化规律。对于防渗型和渗透型生物滞留池，研究的影响因素主要为降雨重现期、汇水面积比（生物滞留池面积与汇水面积之比）、蓄水层高度和种植土厚度等关键参数。对于下凹式绿地，研究的影响因素主要为降雨重现期、雨水口高度、汇水面积比（下凹式绿地面积与汇水面积之比）和种植土厚度等关键参数。对于透水铺装，研究的影响因素主要为降雨重现期、降雨历时、雨峰系数和透水砖渗透系数等。模型所用降雨数据由广州市暴雨强度公式[式（2-1）]和芝加哥雨型计算得到。对于防渗型生物滞留池、渗透型生物滞留和下凹式绿地，还需结合雨水流量公式[式（2-2）]计算其入流流量。

5.3.1　防渗型生物滞留池

根据已验证的防渗型生物滞留池 Hydrus-1D 模型，进行不同降雨重现期下，不同汇水面积比、不同蓄水层高度和不同种植土厚度等情景下雨水径流控制效果的模型模拟。防渗型生物滞留池的种植土包含赤红壤层和生物炭层，本章通过改变生物炭层下的赤红壤层厚度来调整种植土厚度，而表层的赤红壤层和生物炭层的厚度保持不变。

1. 不同汇水面积比

《指南》中规定生物滞留池的汇水面积比一般为 5%～10%，因此防渗型生物滞留池的汇水面积比应设置在此范围内。为探索不同降雨重现期和汇水面积比对防渗型生物滞留池雨水径流控制效果的影响，其模拟方案表 5-12。经模型模拟与计算分析，不同降雨重现期和汇水面积比下，防渗型生物滞留池的径流量削减率和径流污染物负荷去除率结果如图 5-7 所示。

表 5-12　防渗型生物滞留池在不同汇水面积比时的模拟方案

方案	降雨重现期/年	汇水面积比/%	蓄水层高度/cm	种植土厚度/cm	降雨历时/min	雨峰系数
1	0.5	5	20	25	60	0.4
2		6	20	25	60	0.4
3		7	20	25	60	0.4
4		8	20	25	60	0.4
5		9	20	25	60	0.4
6		10	20	25	60	0.4
7	1	5	20	25	60	0.4
8		6	20	25	60	0.4
9		7	20	25	60	0.4
10		8	20	25	60	0.4
11		9	20	25	60	0.4
12		10	20	25	60	0.4
13	2	5	20	25	60	0.4
14		6	20	25	60	0.4
15		7	20	25	60	0.4
16		8	20	25	60	0.4
17		9	20	25	60	0.4
18		10	20	25	60	0.4

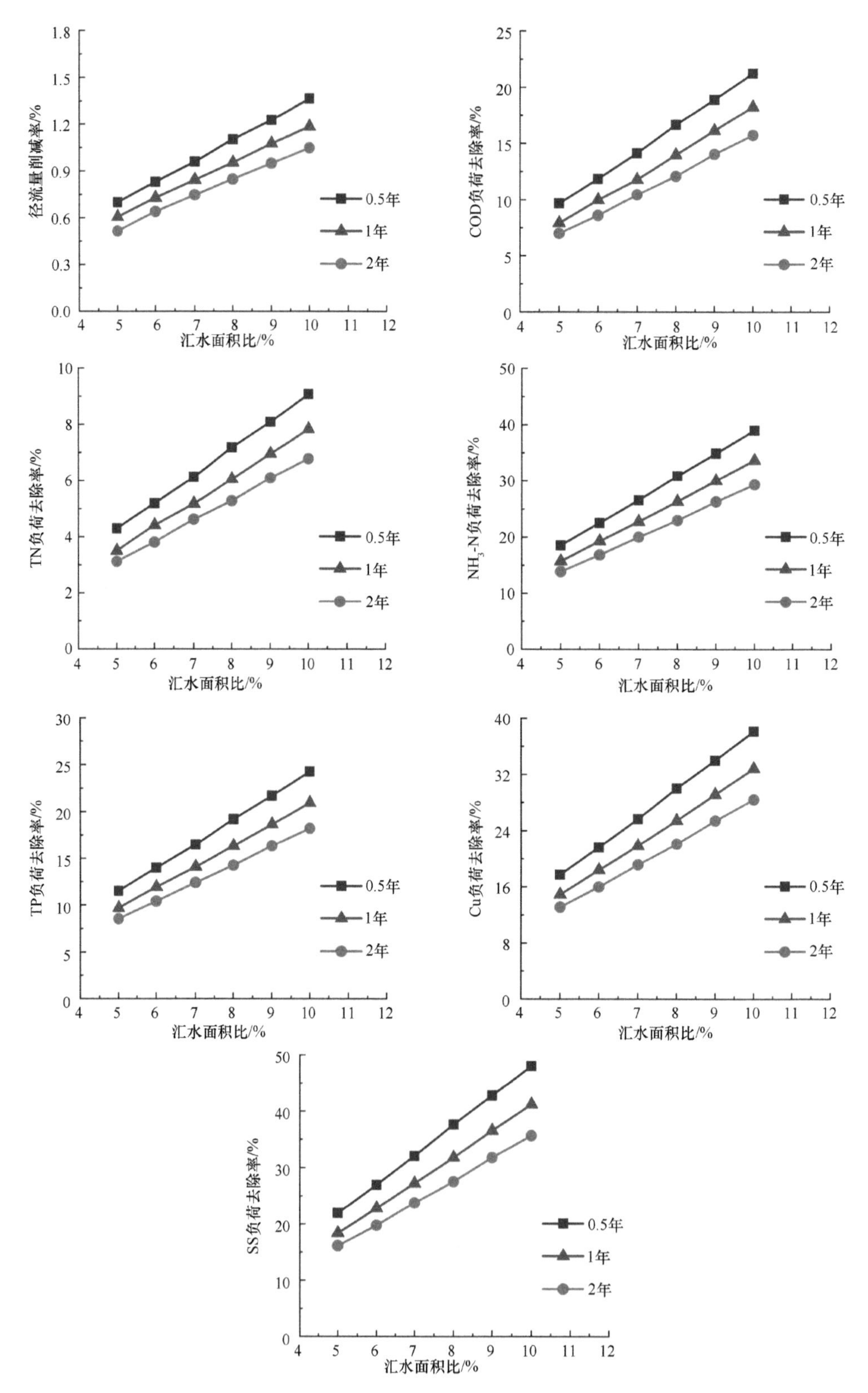

图 5-7　防渗型生物滞留池在不同汇水面积比下径流量削减率和径流污染物负荷去除率

由图 5-7 可知，防渗型生物滞留池的径流量削减率和径流污染物负荷去除率随降雨重现期增大而减小，随着汇水面积比增大而增大。这是因为降雨重现期越大，生物滞留池所需处理的雨水径流就越多，而在一定时间内生物滞留池削减的径流水量和污染物负荷是固定的，因此其径流量削减率和径流污染物负荷去除率就越小。汇水面积比越大，那么单位面积的防渗型生物滞留池所需服务的汇水面积越小，单位面积生物滞留池所处理的雨水径流就越少，因此其径流量削减率和径流污染物负荷去除率就越大。

进一步探索各降雨重现期下汇水面积比与径流量削减率和径流污染物负荷去除率之间的相关关系，得到其拟合曲线方程式，如表 5-13 所示。表 5-13 中变量 x 表示汇水面积比，y 分别表示径流量削减率和各径流污染物负荷去除率。由表 5-13 可知，不同降雨重现期下各拟合曲线方程均为二元一次方程，其斜率大于 0 且 R^2 均大于 0.99，说明防渗型生物滞留池的汇水面积比与径流量削减率和各径流污染物负荷去除率之间为正线性相关关系。

表 5-13 防渗型生物滞留池的汇水面积比与径流量削减率和径流污染物负荷去除率之间的拟合曲线

指标	降雨重现期/年	拟合曲线方程	R^2
径流量削减率	0.5	$y = 0.1329x + 0.034$	0.9998
	1	$y = 0.1154x + 0.0327$	0.9997
	2	$y = 0.1053x + 0.0025$	0.9979
COD 负荷去除率	0.5	$y = 2.3318x - 2.0768$	0.9997
	1	$y = 2.0664x - 2.4965$	0.9993
	2	$y = 1.7617x - 1.8854$	0.9995
TN 负荷去除率	0.5	$y = 0.9615x - 0.5537$	0.9995
	1	$y = 0.8612x - 0.8084$	0.9995
	2	$y = 0.7378x - 0.579$	0.9994
NH_3-N 负荷去除率	0.5	$y = 4.1049x - 2.0488$	0.9999
	1	$y = 3.5874x - 2.281$	0.9999
	2	$y = 3.1086x - 1.7368$	0.9998
TP 负荷去除率	0.5	$y = 2.563x - 1.3644$	0.9999
	1	$y = 2.2489x - 1.5984$	0.9999
	2	$y = 1.944x - 1.2039$	0.9998
Cu 负荷去除率	0.5	$y = 4.0974x - 2.8754$	0.9998
	1	$y = 3.5853x - 3.1551$	0.9998
	2	$y = 3.0903x - 2.4626$	0.9997
SS 负荷去除率	0.5	$y = 5.2428x - 4.4075$	0.9998
	1	$y = 4.5797x - 4.6923$	0.9998
	2	$y = 3.9372x - 3.7316$	0.9996

2. 不同蓄水层高度

《指南》中规定生物滞留池的蓄水层高度一般为 20～30cm，因此防渗型生物滞留池的蓄水层高度应设置在此范围内。为探索不同降雨重现期下蓄水层高度对防渗型生物滞留池雨水径流控制效果的影响，其模拟方案如表 5-14。在不同降雨重现期和蓄水层高度下，防渗型生物滞留池的径流量削减率和径流污染物负荷去除率结果如图 5-8 所示。

表 5-14　防渗型生物滞留池在不同蓄水层高度时的模拟方案

方案	降雨重现期/年	汇水面积比/%	蓄水层高度/cm	种植土厚度/cm	降雨历时/min	雨峰系数
1		10	20	25	60	0.4
2		10	22.5	25	60	0.4
3	0.5	10	25	25	60	0.4
4		10	27.5	25	60	0.4
5		10	30	25	60	0.4
6		10	20	25	60	0.4
7		10	22.5	25	60	0.4
8	1	10	25	25	60	0.4
9		10	27.5	25	60	0.4
10		10	30	25	60	0.4
11		10	20	25	60	0.4
12		10	22.5	25	60	0.4
13	2	10	25	25	60	0.4
14		10	27.5	25	60	0.4
15		10	30	25	60	0.4

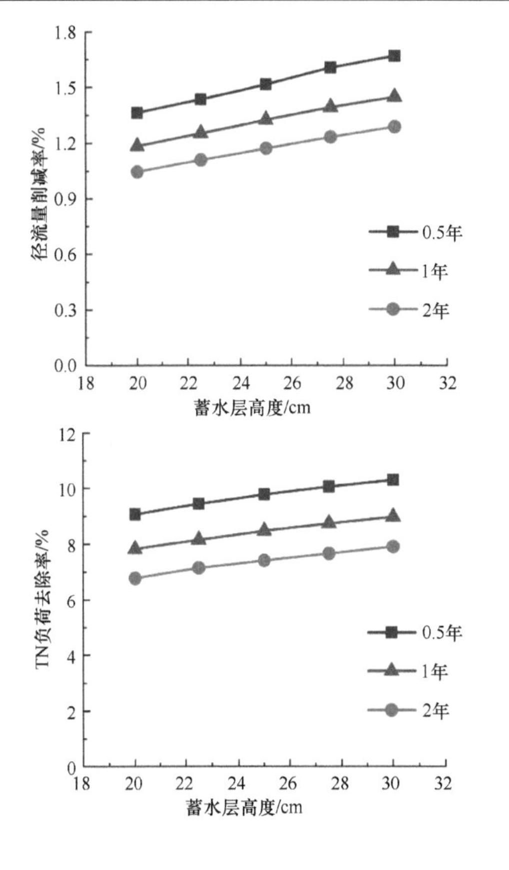

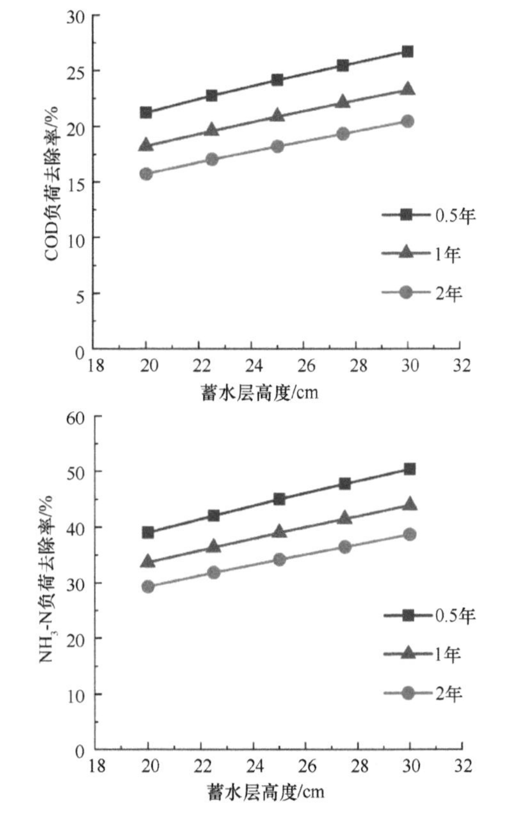

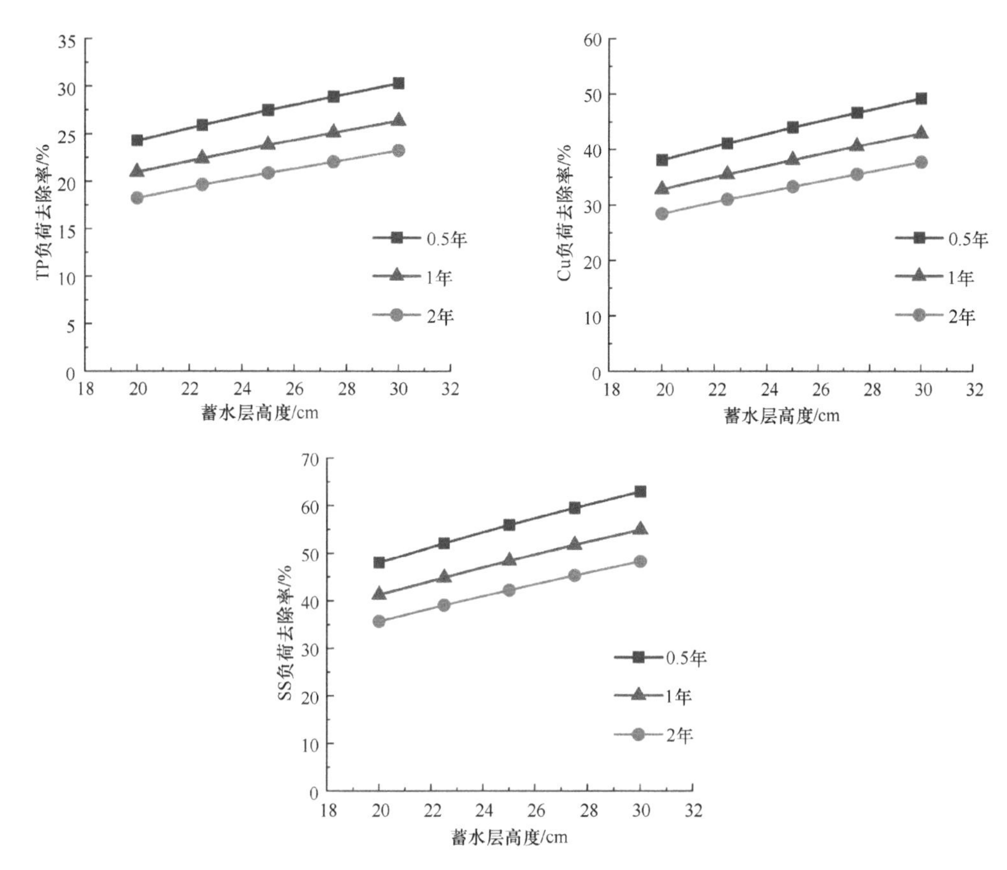

图 5-8　防渗型生物滞留池在不同蓄水层高度下径流量削减率和径流污染物负荷去除率

由图 5-8 可知，防渗型生物滞留池的径流量削减率和径流污染物负荷去除率随着蓄水层高度增加而增加，这是因为蓄水层高度越高，那么防渗型生物滞留池表层蓄滞径流的空间越大，所蓄滞和削减的水量就越多，从而去除更多的污染物负荷。当蓄水层高度为 30cm 时，防渗型生物滞留池的径流量削减率和各径流污染物负荷去除率最大。

各降雨重现期下，蓄水层高度与径流量削减率和径流污染物负荷去除率之间的拟合曲线方程如表 5-15 所示。表 5-15 中变量 x 表示蓄水层高度，y 分别表示径流量削减率和各径流污染物负荷去除率。由表 5-15 可知，不同重现期下各拟合曲线方程均为二元一次方程，其斜率大于 0 且 R^2 均大于 0.99，说明防渗型生物滞留池的蓄水层高度与径流量削减率和各径流污染物负荷去除率之间为正线性相关关系。其中，NH_3-N、Cu 和 SS 的拟合曲线方程斜率比其他污染物大，说明其负荷去除率随着蓄水层高度增加而增加的幅度比其他污染物大。

表 5-15　防渗型生物滞留池的蓄水层高度与径流量削减率和径流污染物负荷去除率之间的拟合曲线

指标	降雨重现期/年	拟合曲线方程	R^2
径流量削减率	0.5	$y = 0.0314x + 0.7347$	0.9975
	1	$y = 0.0268x + 0.6518$	0.9978
	2	$y = 0.0243x + 0.5642$	0.9994

续表

指标	降雨重现期/年	拟合曲线方程	R^2
COD 负荷去除率	0.5	$y = 0.5448x + 10.456$	0.9982
	1	$y = 0.5033x + 8.2342$	0.9994
	2	$y = 0.469x + 6.4428$	0.9986
TN 负荷去除率	0.5	$y = 0.1231x + 6.6496$	0.9922
	1	$y = 0.1155x + 5.5454$	0.9945
	2	$y = 0.1112x + 4.6064$	0.9931
NH_3-N 负荷去除率	0.5	$y = 1.1372x + 16.419$	0.9994
	1	$y = 1.0256x + 13.244$	0.9995
	2	$y = 0.9313x + 10.855$	0.9993
TP 负荷去除率	0.5	$y = 0.6015x + 12.338$	0.9987
	1	$y = 0.5434x + 10.13$	0.9992
	2	$y = 0.4974x + 8.3696$	0.999
Cu 负荷去除率	0.5	$y = 1.1111x + 16.05$	0.9988
	1	$y = 1.0112x + 12.662$	0.9993
	2	$y = 0.9251x + 10.094$	0.9992
SS 负荷去除率	0.5	$y = 1.4915x + 18.423$	0.9987
	1	$y = 1.3692x + 13.981$	0.9993
	2	$y = 1.2563x + 10.74$	0.9993

比较表 5-13 和表 5-15，可知不同蓄水层高度与径流量削减率和径流污染物负荷去除率之间的拟合曲线方程的斜率比不同汇水面积比情况下小。例如，在 0.2～5 年降雨重现期下，汇水面积比与 SS 负荷去除率之间的拟合曲线方程斜率为 3.9372～5.2428，而蓄水层高度与 SS 负荷去除率之间的拟合曲线方程斜率为 1.2563～1.4915，这说明径流量削减率和各径流污染物负荷去除率随着蓄水层高度增加而增加的幅度比随着汇水面积增加而增加的幅度小。

3. 不同种植土厚度

为满足植物生长需要，生物滞留池的种植土厚度不宜小于 20cm。为探索不同降雨重现期和种植土厚度对防渗型生物滞留池雨水径流控制效果的影响，其模拟方案如表 5-16。经模型模拟与计算分析，不同降雨重现期和种植土厚度下，防渗型生物滞留池的径流量削减率和径流污染物负荷去除率结果如图 5-9 所示。

表 5-16　防渗型生物滞留池在不同种植土厚度下的模拟方案

方案	降雨重现期/年	汇水面积比/%	蓄水层高度/cm	种植土厚度/cm	降雨历时/min	雨峰系数
1	0.5	10	20	20	60	0.4
2		10	20	25	60	0.4
3		10	20	30	60	0.4
4		10	20	35	60	0.4
5		10	20	40	60	0.4

续表

方案	降雨重现期/年	汇水面积比/%	蓄水层高度/cm	种植土厚度/cm	降雨历时/min	雨峰系数
6		10	20	20	60	0.4
7		10	20	25	60	0.4
8	1	10	20	30	60	0.4
9		10	20	35	60	0.4
10		10	20	40	60	0.4
11		10	20	20	60	0.4
12		10	20	25	60	0.4
13	2	10	20	30	60	0.4
14		10	20	35	60	0.4
15		10	20	40	60	0.4

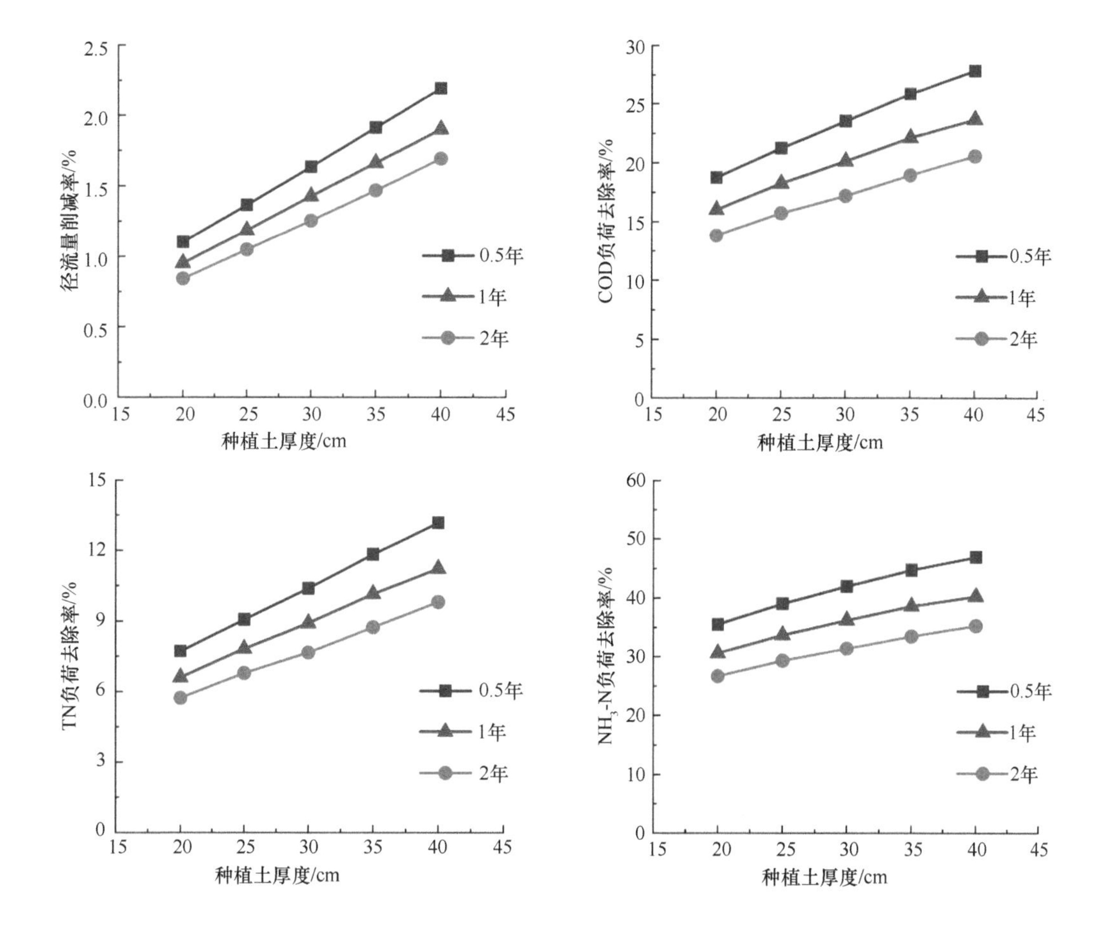

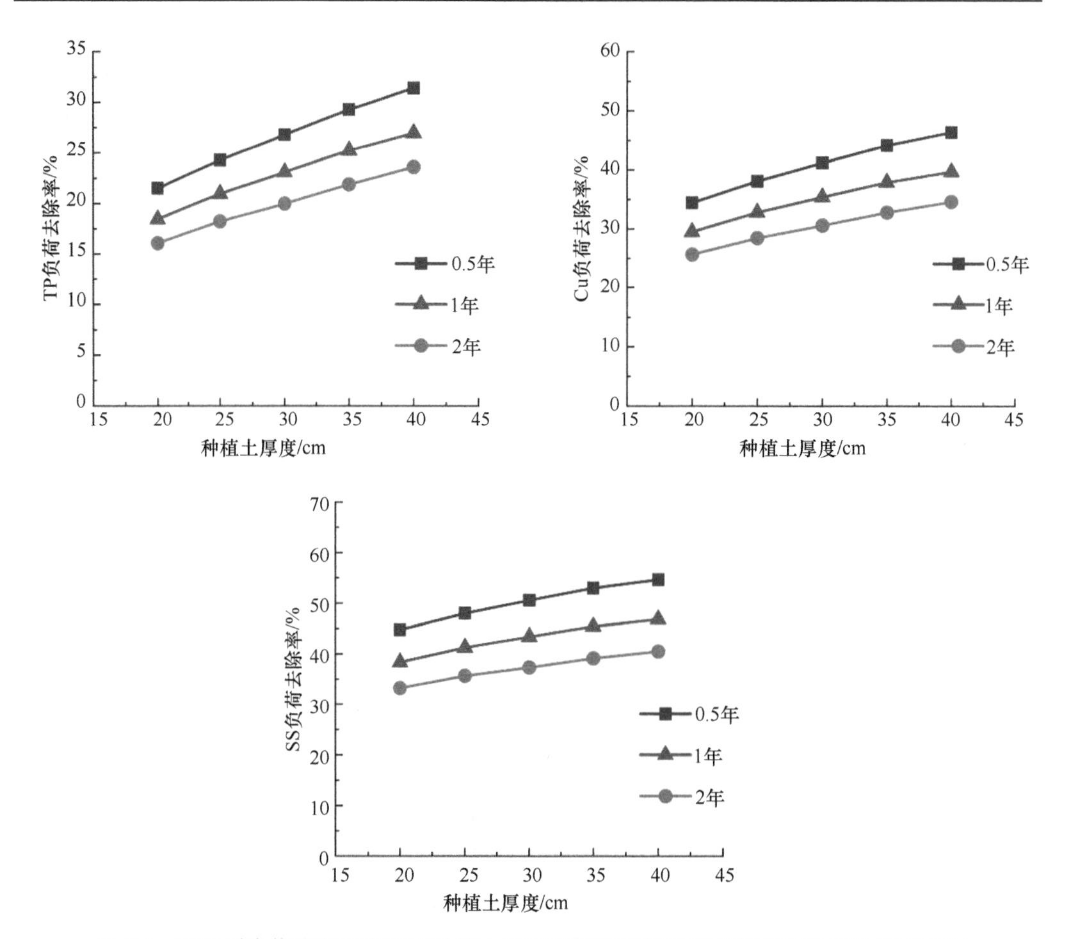

图 5-9　防渗型生物滞留池在不同种植土厚度下径流量削减率和径流污染物负荷去除率

由图 5-9 可知，防渗型生物滞留池的径流量削减率和径流污染物负荷去除率随种植土厚度增加而增加。这是因为土壤孔隙储存的水量随着种植土厚度增加而增加，水中的污染物也被固定在土壤孔隙中，因此径流量削减率和各径流污染物负荷去除率也随之增大。此外，种植土厚度增加也增加了各污染物与填料接触和反应的时间，从而吸附和去除更多的污染物。

各降雨重现期下，种植土厚度与径流量削减率和径流污染物负荷去除率之间的拟合曲线方程如表 5-17 所示。表 5-17 中变量 x 表示种植土厚度，y 分别表示径流量削减率和各径流污染物负荷去除率。由表 5-17 可知，不同降雨重现期下各拟合曲线方程均为二元一次方程，其斜率大于 0 且 R^2 均大于 0.98，说明防渗型生物滞留池的种植土厚度与径流量削减率和各径流污染物负荷去除率之间也为正线性相关关系。

表 5-17　防渗型生物滞留池的种植土厚度与径流量削减率和径流污染物负荷去除率之间的拟合曲线

指标	降雨重现期/年	拟合曲线方程	R^2
径流量削减率	0.5	$y = 0.0546x + 0.0031$	0.9998
	1	$y = 0.0475x - 0.0001$	1
	2	$y = 0.0424x - 0.01$	0.9997

续表

指标	降雨重现期/年	拟合曲线方程	R^2
COD 负荷去除率	0.5	$y = 0.4568x + 9.7483$	0.9987
	1	$y = 0.3848x + 8.4809$	0.9964
	2	$y = 0.335x + 7.2163$	0.9988
TN 负荷去除率	0.5	$y = 0.2729x + 2.2479$	0.9998
	1	$y = 0.2315x + 1.9966$	0.9995
	2	$y = 0.2029x + 1.6592$	0.9989
NH_3-N 负荷去除率	0.5	$y = 0.5699x + 24.526$	0.9924
	1	$y = 0.4853x + 21.278$	0.9886
	2	$y = 0.427x + 18.453$	0.9946
TP 负荷去除率	0.5	$y = 0.4984x + 11.713$	0.998
	1	$y = 0.425x + 10.18$	0.9963
	2	$y = 0.3732x + 8.7749$	0.9987
Cu 负荷去除率	0.5	$y = 0.6007x + 22.843$	0.9926
	1	$y = 0.509x + 19.787$	0.9887
	2	$y = 0.4456x + 17.073$	0.9947
SS 负荷去除率	0.5	$y = 0.4953x + 35.354$	0.986
	1	$y = 0.4235x + 30.324$	0.9833
	2	$y = 0.361x + 26.382$	0.9896

比较表 5-13、表 5-15 和表 5-17，可知不同汇水面积比与径流量削减率和径流污染物负荷去除率之间的拟合曲线方程斜率远大于蓄水层高度和种植土厚度与径流量削减率和径流污染物负荷去除率之间的拟合曲线方程斜率，说明增加汇水面积比可以明显地提高径流量削减率和径流污染物负荷去除率，而增加蓄水层高度和种植土厚度的提高效果相对较小。

5.3.2　渗透型生物滞留池

与防渗型生物滞留池的研究类似，渗透型生物滞留池也基于已验证的渗透型生物滞留池 Hydrus-1D 模型，进一步研究不同降雨重现期、汇水面积比、蓄水层高度和种植土厚度对雨水径流控制效果的影响。渗透型生物滞留池的汇水面积比、蓄水层高度和种植土厚度的设置依据和方式与防渗型生物滞留池相同，因此渗透型生物滞留的模拟方案与防渗型生物滞留池相同。但渗透型生物滞留池仅有表面溢流而没有底部出流，而 Hydrus-1D 模型假定溢流污染物浓度与入流相同，因此只进行渗透型生物滞留池的径流量削减率分析计算。经模型模拟与计算分析，渗透型生物滞留池在不同降雨重现期、汇水面积比、蓄水层高度和种植土厚度时的径流量削减率的结果如图 5-10 所示。

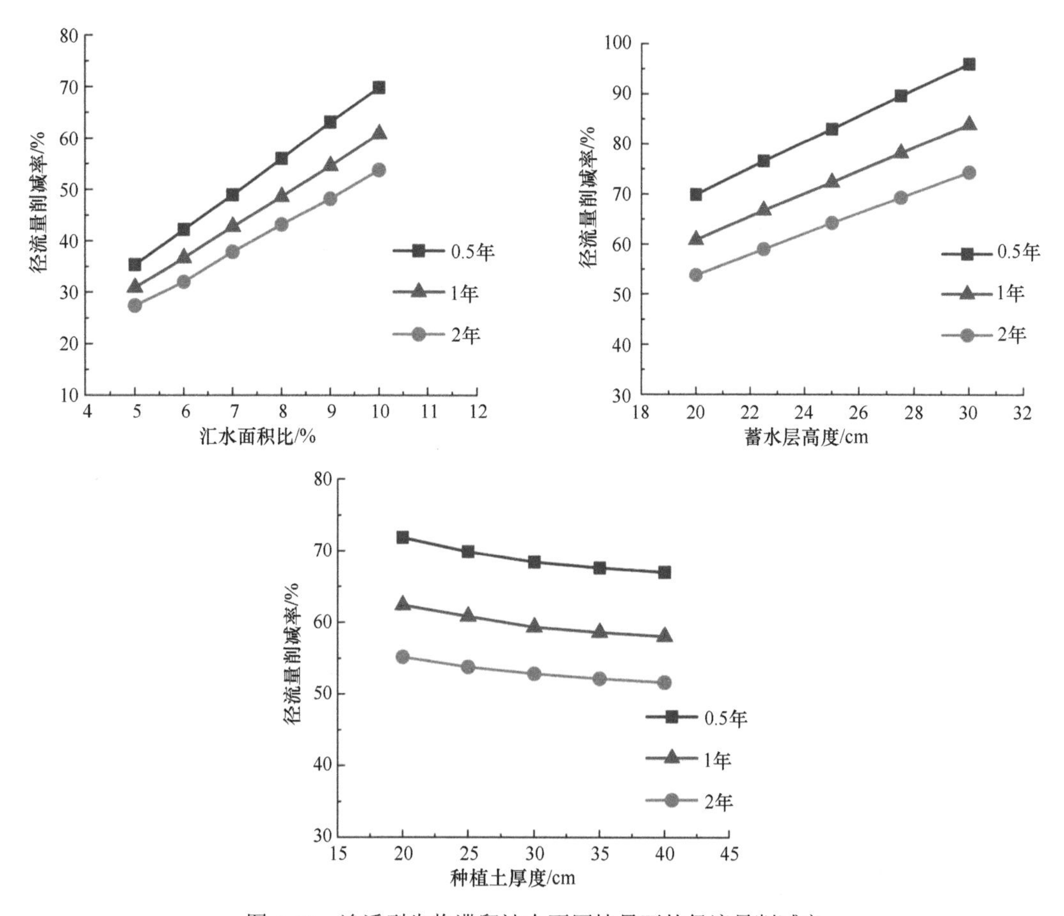

图 5-10　渗透型生物滞留池在不同情景下的径流量削减率

由图 5-10 可知，渗透型生物滞留池的径流量削减率随降雨重现期增大而减小。由图 5-10（a）可知，在种植土厚度为 0～40 cm 时，渗透型生物滞留池的径流量削减率随种植土厚度增加而减小，这是因为汇水面积比越大，单位面积的生物滞留池所需处理的雨水径流就越少，径流量削减率也就越高。由图 5-10（b）可知，渗透型生物滞留池的径流量削减率随蓄水层高度增加而增加，其原因是蓄水层高度越高，则生物滞留池所蓄滞和削减的水量越多。当蓄水层高度为 30cm 和降雨重现期为 0.5～2 年时，径流量削减率为 74.4%～96.0%。由图 5-10（c）可知，在种植土厚度为 0～40cm 时渗透型生物滞留池的径流量削减率随种植土厚度增加而减小。究其原因，虽然种植土越厚，土壤蓄水性能会有所提升，但在渗透型生物滞留池中种植土厚度增加可能会导致种植土的水下渗速率降低，从而导致其径流量削减率变小。

各降雨重现期下，汇水面积比、蓄水层高度和种植土厚度与径流量削减率之间的拟合曲线方程如表 5-18 所示。表 5-18 中变量 x 分别表示汇水面积比、蓄水层高度和种植土厚度，y 则表示径流量削减率。

表 5-18　渗透型生物滞留池的汇水面积比、蓄水层高度和种植土厚度与径流量削减率之间的拟合曲线

模拟情景	降雨重现期/年	拟合曲线方程	R^2
汇水面积比	0.5	$y = 6.9206x + 0.6725$	0.9999
	1	$y = 5.9841x + 0.8318$	0.9999
	2	$y = 5.3066x + 0.6441$	0.9994
蓄水层高度	0.5	$y = 2.6154x + 17.639$	0.9999
	1	$y = 2.3019x + 14.838$	0.9999
	2	$y = 2.058x + 12.728$	0.9999
种植土厚度	0.5	$y = 0.0099x^2 - 0.8344x + 84.559$	0.9989
	1	$y = 0.0079x^2 - 0.6936x + 73.113$	0.998
	2	$y = 0.006x^2 - 0.5351x + 63.476$	0.9988

由表 5-18 可知，不同降雨重现期下，汇水面积比和蓄水层高度与径流量削减率之间的拟合曲线方程均为二元一次方程，其斜率均大于 0 且 R^2 均大于 0.99，说明渗透型生物滞留池的汇水面积比和蓄水层高度与径流量削减率之间为正线性相关关系。在 0.5～2 年降雨重现期，汇水面积比与径流量削减率拟合曲线的斜率为 5.3066～6.9206，而蓄水层高度与径流量削减率拟合曲线的斜率为 2.058～2.6154，说明渗透型生物滞留池的径流量削减率随汇水面积比增大而增大的幅度比蓄水层高度大。而种植土厚度与径流量削减率之间的拟合曲线方程均为二元二次方程且 R^2 大于 0.99，渗透型生物滞留池的径流量削减率随着种植土厚度增大先减小后增大。上述结果说明渗透型生物滞留池径流量削减率随着汇水面积比和蓄水层高度增大而增大，但随着种植土厚度增大先减小后增大。此外，考虑植物耐淹性能和土壤渗透性能，《指南》中建议生物滞留池的蓄水层高度一般为 20～30cm，广州市《城市绿化工程施工和验收规范》则规定草本植被的种植土厚度不小于 30cm。结合本节研究结果，建议渗透型生物滞留池的蓄水层高度取值为 30cm，种植土厚度取值为 30cm。

5.3.3　下凹式绿地

基于已验证的下凹式绿地 Hydrus-1D 模型，进一步探究不同降雨重现期、汇水面积比（下凹式绿地面积与汇水面积之比）、雨水口高度和种植土厚度对下凹式绿地雨水径流控制效果的影响，其模拟方案如表 5-19、表 5-20 和表 5-21 所示。由于下凹式绿地也仅有表面溢流而没有底部出流，因此对下凹式绿地也只进行径流量削减率分析计算。然后根据各方案进行下凹式绿地雨水径流变化模拟，并分析计算其径流量削减率，结果如图 5-11 所示。

表 5-19　下凹式绿地在不同汇水面积比时的模拟方案

方案	降雨重现期/年	汇水面积比/%	雨水口高度/cm	种植土厚度/cm	降雨历时/min	雨峰系数
1	0.5	5	7.5	20	60	0.4
2		10	7.5	20	60	0.4
3		15	7.5	20	60	0.4
4		20	7.5	20	60	0.4
5		21	7.5	20	60	0.4
6	1	5	7.5	20	60	0.4
7		10	7.5	20	60	0.4
8		15	7.5	20	60	0.4
9		20	7.5	20	60	0.4
10		24	7.5	20	60	0.4
11	2	5	7.5	20	60	0.4
12		10	7.5	20	60	0.4
13		15	7.5	20	60	0.4
14		20	7.5	20	60	0.4
15		25	7.5	20	60	0.4

表 5-20　下凹式绿地在不同雨水口高度时的模拟方案

方案	降雨重现期/年	汇水面积比/%	雨水口高度/cm	种植土厚度/cm	降雨历时/min	雨峰系数
1	0.5	15	0	20	60	0.4
2		15	2.5	20	60	0.4
3		15	5	20	60	0.4
4		15	7.5	20	60	0.4
5		15	10	20	60	0.4
6		15	12.5	20	60	0.4
7	1	15	0	20	60	0.4
8		15	2.5	20	60	0.4
9		15	5	20	60	0.4
10		15	7.5	20	60	0.4
11		15	10	20	60	0.4
12		15	12.5	20	60	0.4
13	2	15	0	20	60	0.4
14		15	2.5	20	60	0.4
15		15	5	20	60	0.4
16		15	7.5	20	60	0.4
17		15	10	20	60	0.4
18		15	12.5	20	60	0.4

表 5-21　下凹式绿地在不同种植土厚度时的模拟方案

方案	降雨重现期/年	汇水面积比/%	雨水口高度/cm	种植土厚度/cm	降雨历时/min	雨峰系数
1	0.5	15	7.5	20	60	0.4
2		15	7.5	25	60	0.4
3		15	7.5	30	60	0.4
4		15	7.5	35	60	0.4
5		15	7.5	40	60	0.4
6	1	15	7.5	20	60	0.4
7		15	7.5	25	60	0.4
8		15	7.5	30	60	0.4
9		15	7.5	35	60	0.4
10		15	7.5	40	60	0.4
11	2	15	7.5	20	60	0.4
12		15	7.5	25	60	0.4
13		15	7.5	30	60	0.4
14		15	7.5	35	60	0.4
15		15	7.5	40	60	0.4

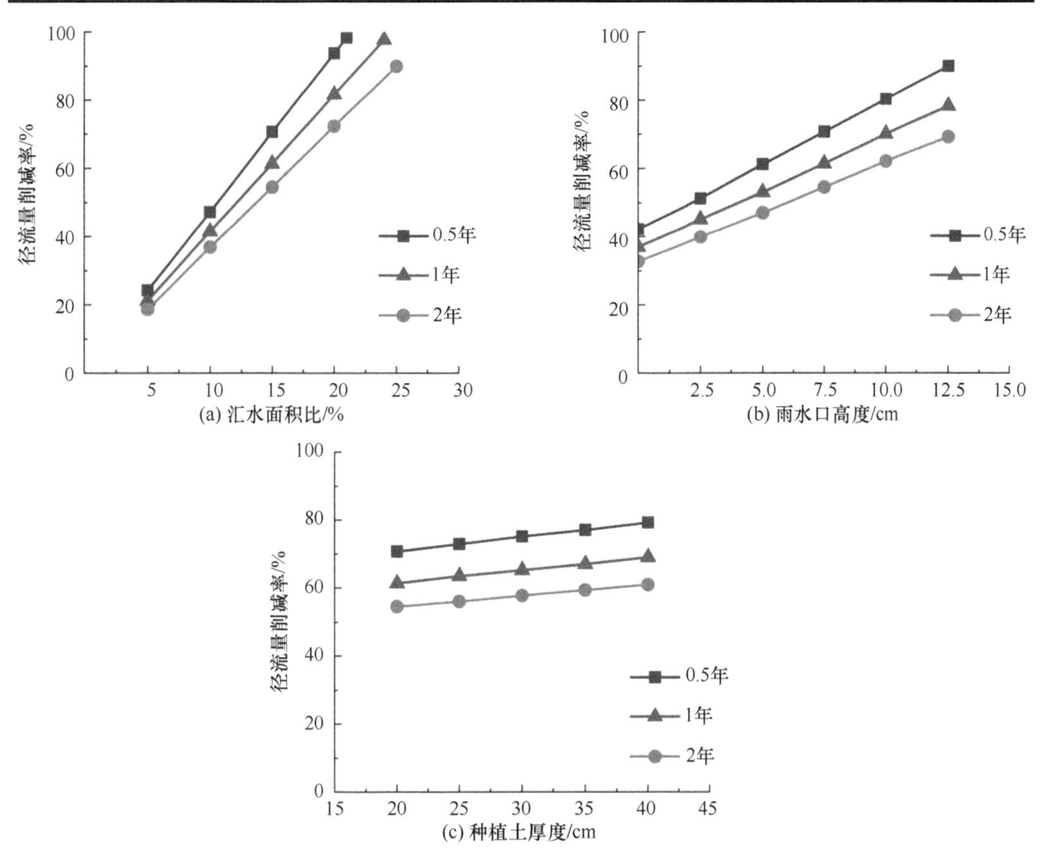

图 5-11　下凹式绿地在不同情景下的径流量削减率

由图 5-11 可知，下凹式绿地的径流量削减率随降雨重现期增大而减小。由图 5-11（a）可知，在低汇水面积比时下凹式绿地的径流量削减率较小，而在高汇水面积比时下凹式绿地的径流量削减率就很高。由图 5-11（b）可知，下凹式绿地的径流量削减率随雨水口高度增加而增加，其原因是下凹式绿地的雨水口高度越高，则其所蓄滞的径流水量就越多，所以径流量削减率就越高。由图 5-11（c）可知，下凹式绿地的径流量削减率随种植土厚度增加而增加，这是因为种植土越厚则其存储的水量就越多，所以径流量削减率越大。

各降雨重现期下，汇水面积比、雨水口高度和种植土厚度与径流量削减率之间的拟合曲线方程如表 5-22 所示。表 5-22 中变量 x 分别表示汇水面积比、雨水口高度和种植土厚度，y 则表示径流量削减率。由表 5-22 可知，这些拟合曲线方程均为二元一次方程，其斜率均大于 0 且 R^2 均大于 0.99，说明下凹式绿地的汇水面积比、雨水口高度和种植土厚度与径流量削减率之间为正线性相关关系。

表 5-22 下凹式绿地的汇水面积比、雨水口高度和种植土厚度与径流量削减率之间的拟合曲线

模拟情景	降雨重现期/年	拟合曲线方程	R^2
汇水面积比	0.5	$y = 4.634x + 1.1147$	1
	1	$y = 4.0233x + 1.1491$	1
	2	$y = 3.557x + 1.1801$	1
雨水口高度	0.5	$y = 3.8364x + 41.96$	0.9999
	1	$y = 3.3163x + 36.701$	0.9999
	2	$y = 2.9364x + 32.602$	0.9999
种植土厚度	0.5	$y = 0.4219x + 62.32$	0.9996
	1	$y = 0.3735x + 54.03$	0.9989
	2	$y = 0.324x + 48.078$	0.9993

由图 5-11 和表 5-22 可知，在 0.5～2 年降雨重现期下汇水面积比与径流量削减率拟合曲线方程的斜率为 3.557～4.634，雨水口高度与径流量削减率拟合曲线方程的斜率为 2.9364～3.8364，而种植土厚度与径流量削减率拟合曲线方程的斜率为 0.324～0.4219。上述结果说明提高汇水面积比和雨水口高度可以较好地提高径流量削减率，而种植土厚度的提高效果不明显。此外，《指南》中建议下凹式绿地的雨水口高度一般为 5～10cm，广州市《城市绿化工程施工和验收规范》规定草本植被的种植土厚度不小于 30cm。因此结合本节研究结果，建议下凹式绿地的汇水面积比不宜小于 15%，雨水口高度取值为 10cm，种植土厚度取值为 30cm。

5.3.4 透水铺装

基于已验证的透水铺装 Hydrus-1D 模型，模拟评估不同降雨重现期、降雨历时、雨峰系数和透水砖渗透系数对透水铺装雨水径流控制效果的影响，其模拟方案如表 5-23、表 5-24 和表 5-25 所示。由于透水铺装也只考虑表面溢流情况对径流控制的影响，因此也只对其进行径流量削减率分析计算。然后根据各模拟方案进行透水铺装的雨水径流产流过程模拟，并分析计算其径流量削减率，结果如图 5-12 所示。

表 5-23　透水铺装在不同降雨历时情况下的模拟方案

方案	降雨重现期/年	降雨历时/min	雨峰系数	透水砖渗透系数/（cm/min）
1	0.5	30	0.4	0.018
2		60	0.4	0.018
3		90	0.4	0.018
4		120	0.4	0.018
5	1	30	0.4	0.018
6		60	0.4	0.018
7		90	0.4	0.018
8		120	0.4	0.018
9	2	30	0.4	0.018
10		60	0.4	0.018
11		90	0.4	0.018
12		120	0.4	0.018

表 5-24　透水铺装在不同雨峰系数时的模拟方案

方案	降雨重现期/年	降雨历时/min	雨峰系数	透水砖渗透系数/（cm/min）
1	0.5	60	0.2	0.018
2		60	0.4	0.018
3		60	0.6	0.018
4		60	0.8	0.018
5	1	60	0.2	0.018
6		60	0.4	0.018
7		60	0.6	0.018
8		60	0.8	0.018
9	2	60	0.2	0.018
10		60	0.4	0.018
11		60	0.6	0.018
12		60	0.8	0.018

表 5-25　透水铺装在不同透水砖渗透系数时的模拟方案

方案	降雨重现期/年	降雨历时/min	雨峰系数	透水砖渗透系数/（cm/min）
1	0.5	60	0.4	0.0180
2		60	0.4	0.0635
3		60	0.4	0.1090
4		60	0.4	0.1545
5		60	0.4	0.2000
6		60	0.4	0.2455
7		60	0.4	0.2910
8	1	60	0.4	0.0180
9		60	0.4	0.0635
10		60	0.4	0.1090
11		60	0.4	0.1545
12		60	0.4	0.2000
13		60	0.4	0.2455
14		60	0.4	0.2910
15	2	60	0.4	0.0180
16		60	0.4	0.0635
17		60	0.4	0.1090
18		60	0.4	0.1545
19		60	0.4	0.2000
20		60	0.4	0.2455
21		60	0.4	0.2910

由图 5-12 可知，透水铺装的径流量削减率随降雨重现期和雨峰系数增大而减小，随着降雨历时和透水砖渗透系数增大而增大。由图 5-12（a）可知，当降雨历时较长时，径流量削减率则较大。这是因为降雨历时越长，平均雨强则越小，入渗水量更多，所以径流量削减率更大。由图 5-12（b）可知，雨峰系数越大，透水铺装径流量削减率越低。其可能原因是前期的降雨使得透水铺装的填料逐渐饱和，而雨峰系数越大则降雨峰值越靠后，从而导致透水铺装的径流水量削减能力越差。由图 5-12（c）可知，透水砖渗透系数在 0.018～0.109cm/min 时，透水铺装径流量削减率随透水砖渗透系数增大而迅速增大。当透水砖渗透系数大于 0.109cm/min 后，径流量削减率的增大趋势逐渐趋缓。当透水砖渗透系数为 0.291cm/min 时，0.5～2 年重现期下的透水铺装削减率为 98.5%～100%，说明当透水砖渗透系数大于 0.291cm/min 时，透水铺装已经基本不产生或产生较少的雨水径流。

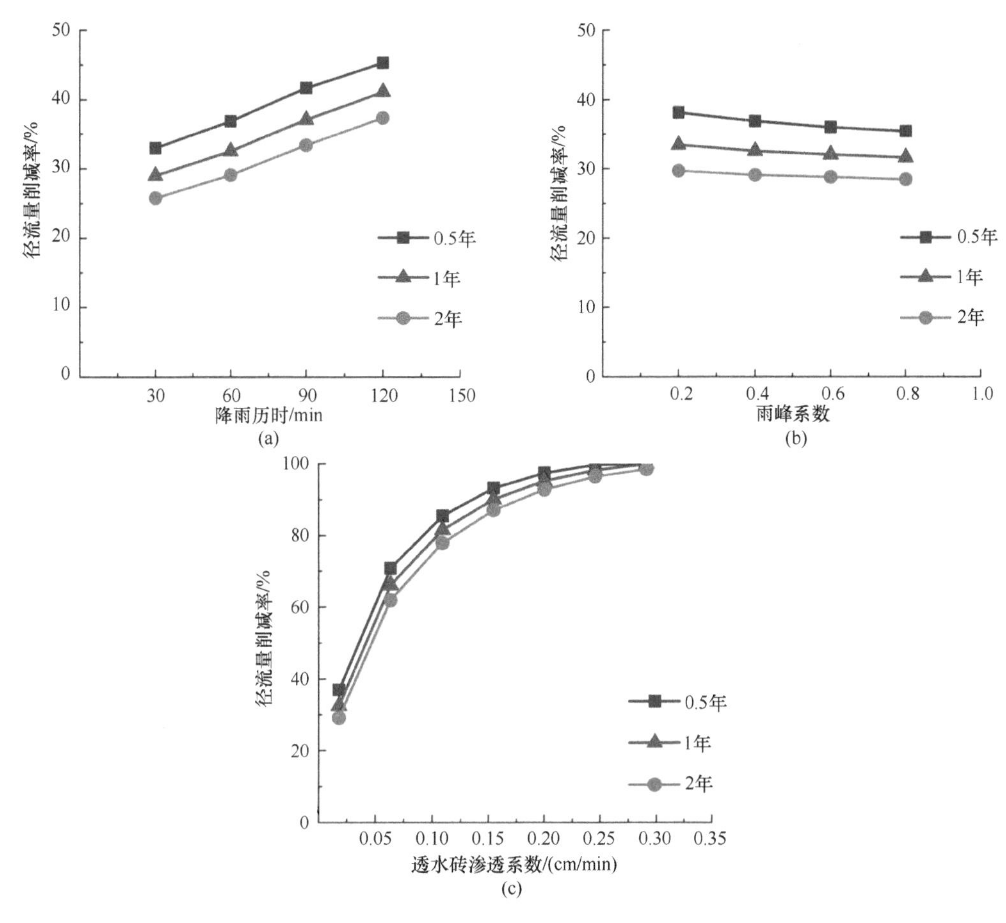

图 5-12　透水铺装在不同情景下的径流量削减率

各降雨重现期下，降雨历时、雨峰系数和透水砖渗透系数与透水铺装径流量削减率之间的拟合曲线方程如表 5-26 所示。表 5-26 中变量 x 分别表示降雨历时、雨峰系数和透水砖渗透系数，y 则表示透水铺装径流量削减率。由表 5-26 可知，降雨历时和透水铺装径流量削减率之间的拟合曲线方程均为二元一次方程，其斜率大于 0 且 R^2 均大于 0.99，说明降雨历时与透水铺装径流量削减率之间为正线性相关关系。雨峰系数和透水铺装径流量削减率之间的拟合曲线为对数函数关系且 R^2 均大于 0.999，两者之间为负相关关系。透水砖渗透系数和透水铺装径流量削减率之间的拟合曲线方程均为二元四次方程且 R^2 均大于 0.999，两者之间为正相关关系。此外，《透水砖路面技术规程》（CJJ/T 188—2012）规定透水砖渗透系数不应小于 0.6cm/min。结合本节研究结果，建议后续研究中透水砖的渗透系数至少取为 0.6cm/min。

表 5-26　降雨历时、雨峰系数和透水砖渗透系数与透水铺装径流量削减率之间的拟合曲线

模拟情景	降雨重现期/年	拟合曲线方程	R^2
降雨历时	0.5	$y = 0.1393x + 28.775$	0.9967
	1	$y = 0.1366x + 24.692$	0.9979
	2	$y = 0.1304x + 21.652$	0.9974

续表

模拟情景	降雨重现期/年	拟合曲线方程	R^2
雨峰系数	0.5	$y = -1.938\ln x + 35.037$	0.9992
	1	$y = -1.286\ln x + 31.336$	0.9991
	2	$y = -0.87\ln x + 28.33$	0.9995
透水砖渗透系数	0.5	$y = -35638x^4 + 28583x^3 - 8802.7x^2 + 1307.3x + 16.107$	0.9998
	1	$y = -31372x^4 + 25781x^3 - 8150.5x^2 + 1261.8x + 12.413$	0.9998
	2	$y = -28516x^4 + 23536x^3 - 7538.7x^2 + 1207.9x + 9.7772$	0.9999

5.4　小　结

本章基于第 2 章和第 3 章的试验装置和设施的结构和填料参数，构建了各项 LID 措施的 Hydrus-1D 模型，并运用实测数据进行模型参数的率定和验证。在此基础上，运用已验证的Hydrus-1D模型进一步探究LID单项措施在多种工况下的雨水径流控制效果和规律，并确定各项 LID 措施关键参数与径流量削减率和径流污染物负荷去除率之间的拟合曲线方程，主要结论如下。

（1）防渗型生物滞留池水量指标和水质指标的模型模拟值与实测值之间的 E_{NS} 在率定期与验证期均大于 0.65，Re 的绝对值小于 24.2%，R^2 大于 0.75。渗透型生物滞留池水量指标的 E_{NS} 在率定期与验证期均大于 0.73，Re 的绝对值小于 17.9%，R^2 大于 0.76。下凹式绿地水量指标的 E_{NS} 在率定期与验证期均大于 0.69，Re 的绝对值小于 13.2%，R^2 大于 0.79。透水铺装水量指标的 E_{NS} 在率定期与验证期均大于 0.57，Re 的绝对值小于 16.49%，R^2 大于 0.74。结果表明所构建的 LID 措施 Hydrus-1D 模型的模拟精度较高，可用于进一步的模拟评估。

（2）防渗型生物滞留池的径流量削减率和径流污染物负荷去除率随降雨重现期增大而减小，随着汇水面积比、蓄水层高度和种植土厚度增大而增大。防渗型生物滞留池的汇水面积比、蓄水层高度和种植土厚度与径流量削减率和径流污染物负荷去除率之间为正线性相关关系。

（3）渗透型生物滞留池的径流量削减率随降雨重现期和种植土厚度增大而减小，随汇水面积比和蓄水层高度增大而增大。渗透型生物滞留池的汇水面积比和蓄水层高度与径流量削减率之间为正线性相关关系，在种植土厚度为 0～40cm 时种植土厚度与径流量削减率之间为负相关关系。提高汇水面积比和蓄水层高度可以明显地提高径流量削减率，而在 0～40cm 时种植土厚度越小则径流量削减率越高。此外，为使雨水径流得到更好的控制，建议渗透型生物滞留池的蓄水层高度取值为 30cm，种植土厚度取值为 30cm。

（4）下凹式绿地的径流量削减率随降雨重现期增大而减小，随汇水面积比、雨水口高度和种植土厚度增加而增大。下凹式绿地的汇水面积比、雨水口高度和种植土厚度与径流量削减率之间为正线性相关关系。提高下凹式绿地汇水面积比和雨水口高度可以较好地提高其径流量削减率，而增加种植土厚度的提高效果不明显。此外，为更好地控制雨水径流，建议下凹式绿地的汇水面积比不宜小于 15%，雨水口高度取值为 10cm，种植土厚度取值为 30cm。

（5）透水铺装的径流量削减率随降雨重现期和雨峰系数增大而减小，随着降雨历时和透水砖渗透系数增大而增大。降雨历时与透水铺装径流量削减率之间为正线性相关关系，雨峰系数和透水铺装径流量削减率之间为对数函数关系且为负相关关系，透水砖渗透系数和透水铺装径流量削减率之间为正相关关系。当透水砖渗透系数大于 0.291cm/min 时，透水铺装已经基本不产生或产生较少的雨水径流。结合规范要求，后续研究中透水砖的渗透系数建议至少取为 0.6cm/min。

第 6 章　SWMM 模型原理与构建

6.1　模 型 原 理

SWMM 是由美国国家环境保护局（Environmental Protection Agency）研发的分布式水文模型[①]，被广泛地应用于城市排水系统的规划、分析和设计中。SWMM 可用于模拟评估单场降雨事件或长期连续降雨事件下城市区域的雨水径流水质水量情况，且数据输入的时间间隔及模拟步长可短至分钟，适用于不同空间尺度的研究区域。SWMM V5.1 以后的版本包含一系列 LID 措施模拟模块，因此可以通过添加 LID 措施来评估其对研究区域雨水径流水量水质控制效果。但目前的 SWMM 仅能模拟由径流水量减少所导致的径流污染物负荷减少。

6.1.1　水 文 模 块

SWMM 的降雨产流计算基本单元为子汇水区，运用该模型分别对各子汇水区进行产汇流计算，然后各子汇水区所产生的径流经过检查井与管道汇流至雨水排放口。子汇水区可以概化为三个分区：透水区、有洼不透水区和无洼不透水区，分别对三个分区进行独立产流计算。在透水区，降雨经下渗损失和洼蓄量损失后而产流；在有洼不透水区，雨量大于洼蓄量损失后即可产流；在无洼不透水区，降雨强度大于蒸发强度时即可产流。SWMM 中提供三种下渗模型，即 Horton 模型、Green-Ampt 模型与 SCS 曲线方法，其中 Horton 模型认为土壤下渗率以指数形式随时间变化而逐渐达到稳定下渗率。Horton 模型的主要优点在于不需要考虑土壤饱和带与不饱和带之间的关系，所需参数少且适用于小流域区域范围模拟，因此本章选择 Horton 模型进行下渗率计算。

SWMM 采用非线性水库法分别对子汇水区的三个分区进行汇流计算，主要根据子汇水区面积、降雨强度、下渗强度、特征宽度、坡度和糙率等特征参数联合求解曼宁方程和水量平衡方程，再通过 Newton-Raphson 迭代法求解完成汇流计算（Niazi et al.，2017）。子汇水区径流经检查井汇入管道，并在管道中汇流至雨水径流排放口。SWMM 提供了三种管道汇流计算方法，分别为恒定流法、运动波法和动力波法。恒定流法和运动波法对管道汇流计算过程都进行了简化，而动力波法则是采用完整的一维圣维南方程组对管道汇流进行计算，从而得到理论上最精确的结果，因此本章选用动力波法对研究区域进行模拟。

6.1.2　水 质 模 块

SWMM 水质模块主要包括污染物类型和土地利用类型两个子模块，其中土地利用

① Rossman L A. 2015. Storm water management model user's manual. version 5.1. National Risk Management Research Laboratory, Office of Research and Development, US Environmental Protection Agency Cincinnati.

类型模块主要包括不同污染物的街道清扫、累积和冲刷参数。在建模过程中需要根据土地利用类型的不同，定义不同的水质模块参数。SWMM 主要提供了幂函数、指数函数、饱和函数和外部时间序列四种方式来模拟污染物累积过程。本章选用指数函数来模拟污染物累积过程，其计算方法如式（6-1）所示：

$$B = C_1\left(1 - e^{-C_2 t}\right) \tag{6-1}$$

式中，B 为污染物累积量，kg/hm^2；C_1 为污染物最大累积量，kg/hm^2；C_2 为增长速率常数，1/d；t 为前期干旱天数，d。

对于下垫面上的污染物冲刷，SWMM 则提供了指数冲刷、性能曲线冲刷和事件平均浓度三种方式进行描述。本章选用指数冲刷来模拟污染物冲刷过程，其计算方法如式（6-2）所示：

$$W = C_1 q^{C_2} B \tag{6-2}$$

式中，W 为冲刷负荷，kg/h；C_1 为冲刷系数；C_2 为冲刷指数；q 为单位面积的径流流速，mm/h；B 为污染物累积剩余量，kg。

6.1.3　LID 措施模块

SWMM 中的 LID 措施是在子汇水区中进行设置，可以在子汇水区内添加一种或者多种 LID 措施，从而实现对 LID 措施水文水力以及水质性能的模拟。LID 措施模块主要包括生物滞留池、雨水花园、绿色屋顶、下渗沟渠、透水铺装、雨水桶和植草沟等。各 LID 措施在模型中被概化为由多个水平层组成，如生物滞留池主要由表面层、土壤层和蓄水层组成，如图 6-1 所示。其他类型 LID 措施包含的水平层与生物滞留池类似。

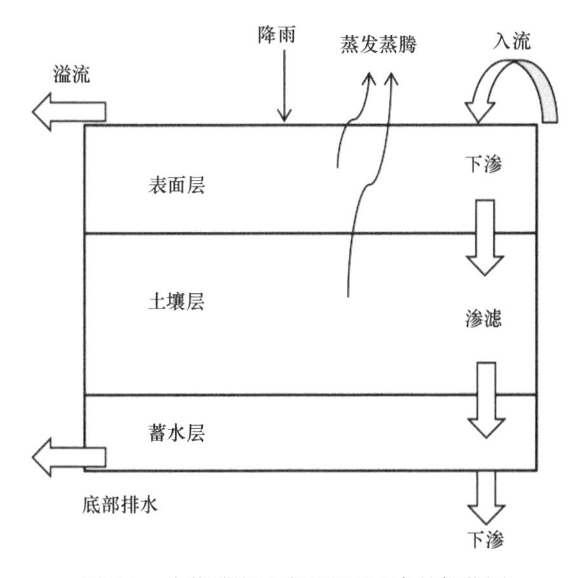

图 6-1　生物滞留池在 SWMM 中的概化图

1. LID 措施水量模拟计算原理

在 SWMM 中，生物滞留池、雨水花园、绿色屋顶和透水铺装的水量模拟计算原理类似。例如，为了模拟生物滞留池的水文性能，SWMM 对其做了以下假定①：

（1）LID 单元的横截面在深度范围内保持不变；

（2）通过 LID 单元的水流在垂直方向上是一维的；

（3）入流均匀地分布于 LID 单元的顶层表面；

（4）土壤层的土壤含水量均匀分布；

（5）忽略蓄水层中的基质力，将蓄水层当成自底部向上蓄水的简单容器。

基于 SWMM 以上假定，模型将对生物滞留池各层的水量模拟计算简化成如式（6-3）～式（6-6）所示的连续方程。

对表面层：

$$\varphi_1 \frac{\partial d_1}{\partial t} = i + q_0 - e_1 - f_1 - q_1 \tag{6-3}$$

式中，φ_1 为表面层孔隙率；d_1 为 t 时刻表面层蓄水深度，mm；i 为降雨强度，mm/s；q_0 为其他区域径流进入表面层的速率，mm/s；e_1 为表面层水分蒸发速率，mm/s；f_1 为表面层水分下渗速率，mm/s；q_1 为表面层径流或溢流速率，mm/s。

对土壤层：

$$D_2 \frac{\partial \theta_2}{\partial t} = f_1 - e_2 - f_2 \tag{6-4}$$

式中，D_2 为土壤层厚度，mm；θ_2 为 t 时刻土壤层含水率；f_1 为表面层水分下渗速率，mm/s；e_2 为土壤层水分蒸发速率，mm/s；f_2 为土壤层水分下渗速率，mm/s。

对蓄水层：

$$\varphi_3 \frac{\partial d_3}{\partial t} = f_2 - e_3 - f_3 - q_3 \tag{6-5}$$

式中，φ_3 为蓄水层孔隙率；d_3 为 t 时刻蓄水层蓄水深度，mm；f_2 为土壤层水分下渗速率，mm/s；e_3 为蓄水层水分蒸发速率，mm/s；f_3 为蓄水层水分下渗速率，mm/s；q_3 为在蓄水层设置底部排水时的径流速率，mm/s。

特别地，对透水铺装，除以上三个方程外，还包括对路面层的连续方程：

$$D_4(1 - F_4)\frac{\partial \theta_4}{\partial t} = f_1 - e_4 - f_4 \tag{6-6}$$

式中，D_4 为路面层厚度，mm；F_4 为不透水部分所占路面面积比例，当路面层采用连续的透水材质时，F_4=0；θ_4 为 t 时刻路面层含水率；f_1 为表面层水分下渗速率，mm/s；e_4 为路面层水分蒸发速率，mm/s；f_4 为路面层水分下渗速率，mm/s。

2. LID 措施水质模拟计算原理

一般情况下，经 LID 措施处理后的污染物浓度与研究区未添加 LID 措施时的污染

---

① Rossman L A, Wayne C. 2016. Storm water management model reference manual volume III–water quality. National Risk Management Research Laboratory, Office of Research and Development, US Environmental Protection Agency Cincinnati.

物浓度计算方法一致，即SWMM对LID措施的水质模拟并没有直接改变污染物在径流中的浓度。虽然LID措施在SWMM中并没有直接降低流入其径流的污染物浓度，但经LID措施处理后的径流所含污染物总负荷量有所减少，且与LID措施削减的水量成正比。

6.2　研究区域概况

6.2.1　基本情况

广州市天河智慧城位于广州市天河区东北部（图6-2），地处亚热带季风气候区，多年平均雨量为1650mm，变化范围为1620～1680mm，变差系数为0.21；年内降雨分配不均，雨量集中在4～9月，约占全年雨量的80.3%。该区域北依火炉山、瘦狗岭，中南部区域地势较为平坦，雨季时降雨强度大，雨水顺着山体汇集于地势较低区域，因而容易发生洪涝灾害。区域内主要用地类型为商业服务业设施，建设规划用地占总土地面积约69%，作为广州市海绵城市建设示范启动区，其是开展海绵城市建设研究的典型对象，因此在天河智慧城选取面积约为11.37 hm^2的区域作为研究对象。

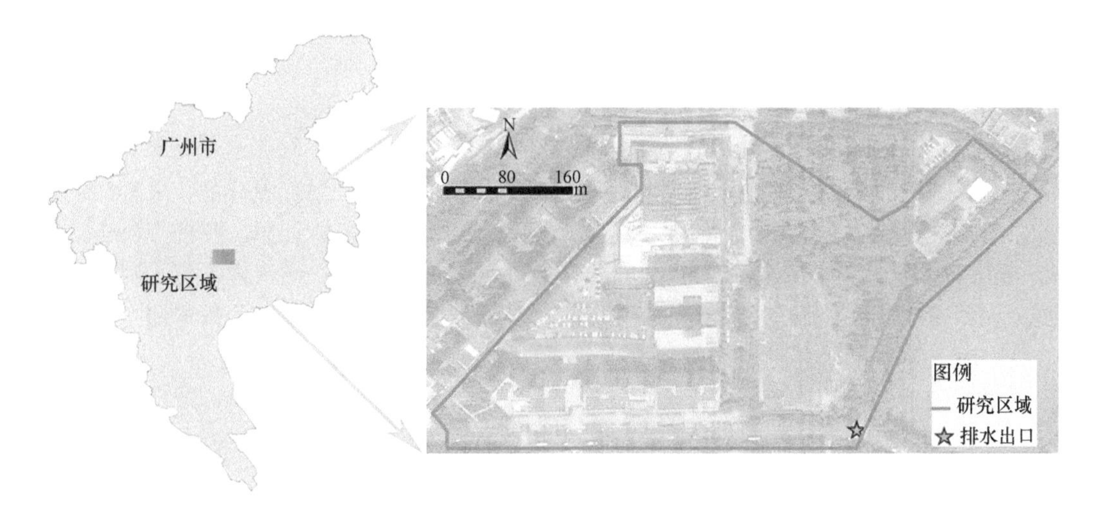

图6-2　研究区域位置示意图

6.2.2　数据监测

为获取研究区域降雨、径流资料，在研究区域开展了降雨、径流水量和水质同步监测，监测点位置如图6-3所示。

在智慧城管委会办公楼楼顶安装翻斗式测量自记式雨量计，精度为0.2mm，采集时间间隔为1min，采用太阳能电池供电以保证设备长期稳定运行。在汇水区域出口检查井位置安装排水监测流量计实时监测流量过程，使用速度面积法采集瞬时液位、瞬时速度、瞬时流量等参数，其中使用多普勒超声波测量原理测量水流流速，监测精度为0.3m/s，采集时间间隔为1min；使用压力或超声波测量原理测量管井液位，监测范围为0～10m。

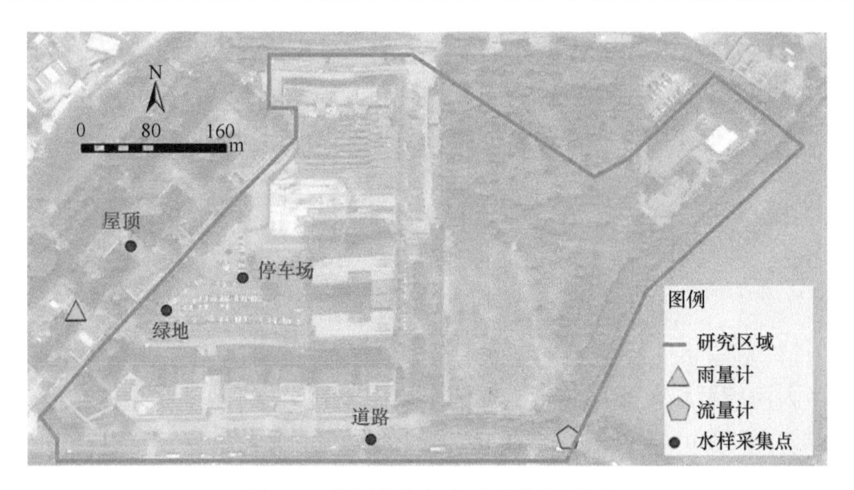

图 6-3　监测点位与水质采样位置图

通过事先测量和记录出水口形状尺寸，以液位计算过水面积，结合流速监测得出其流量。设备装置使用电池供电，便于设备安装于检查井内，并实现对管道流量实行长期稳定监测。降雨数据与流量数据均通过全球移动通信系统（global system for mobile communications，GSM）无线传输，每 5min 发送一次数据至监测平台服务器，通过登录监测平台，可以浏览和下载监测历史数据，通过对监测数据的梳理与统计，为数值模型的水量模块的率定与验证奠定基础。

为了研究该区域的径流水质情况，需要在不同下垫面上采集径流水质样品，本章选择在研究区域的屋顶、绿地、道路和停车场（广场）上分别采集径流样品，采样位置分布如图 6-3 所示。具体采样方法如下：从形成径流时开始取样并计时，在前 20 min 里，每 5min 采集一个水样，径流形成 20min 以后，每 10min 采集一个水样，每个样品水量 2000mL，取样后的水样静置 15min 以上，去除沉淀的粗砂颗粒并送检以检测样品水质情况，用于模型水质参数的率定与验证。

6.3　模 型 构 建

将收集的遥感图、地形图、用地类型分类图和管网等基本资料导入 ArcGIS 中进行数据预处理，研究区域包含 29 个雨水检查井、29 条雨水管道和 1 个出水口，根据遥感图与土地利用类型分类情况划分子汇水区，划分结果如图 6-4 所示，划分得到 25 个子汇水区，研究区域整体地势西北高、东南低，排水管网内的水流依靠重力自流到东南方向的出水口。

根据所收集得到的基础资料设置子汇水区和排水管网特征值。例如，汇水区面积、特征宽度、坡度、不透水率，排水管网长度、管径、底高程等，其中特征宽度通常难以确定，需根据子汇水区的面积间接求得，SWMM 模型操作手册①建议采用汇水区面积除以汇水区流长得到特征宽度，但是大部分情况下划分的汇水区为不规则形状，流长不易

① Rossman L A. 2015. Storm water management model user's manual. version 5.1. National Risk Management Research Laboratory, Office of Research and Development, US Environmental Protection Agency Cincinnati.

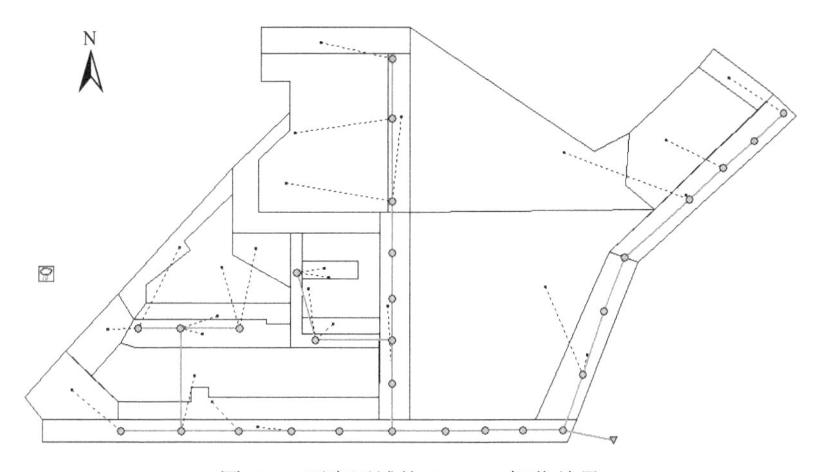

图6-4　研究区域的SWMM概化结果

确定，因此本章采用面积开方的方法估算汇水区特征宽度（李春林等，2013；周毅等，2014），即把汇水区近似为矩形，对汇水区面积进行开平方后乘以一个漫流宽度系数从而求得特征宽度，其中漫流宽度系数取值范围为0.2～5。将处理好的基础资料数据导入SWMM中，构建研究区域的城市雨洪模型。

SWMM中包括水文水力模块和水质模块（王蓉等，2015），水文水力模块需要率定的参数主要有5个，包括N-Perv（透水区曼宁系数）、N-Imperv（不透水区曼宁系数）、Dstore-Perv（透水区洼蓄水深度）、Dstore-Imperv（不透水区洼蓄水深度）和PctZero（不透水区无洼蓄面积率）。子汇水区中下渗模式选用Horton下渗模型，其中有4个下渗参数需要率定，包括MaxRate（最大下渗率）、MinRate（最小下渗率）、Decay Constant（渗透衰减系数）和DryTime（前期干旱天数）。计算地表汇流演算方法采用动力波法进行汇流演算，需要设置的模型参数为Roughness（管道曼宁系数）。

SWMM中水质模拟模块包括污染物积累和冲刷两部分参数，模型通过污染物的累积与冲刷过程模拟子汇水区污染产生与排放（吴海春等，2018；马萌华等，2017）。本章研究中污染物积累过程模拟选用饱和函数，模型参数包括Max buildup（最大累积量）和Rate constant（半饱和累积时间）；污染物冲刷过程模拟选用指数函数，模型参数包括Coefficient（冲刷系数）和Exponent（冲刷指数）。根据模型原理，污染物累积过程与时间有关，前期干旱天数影响污染物模拟结果，因此日期参数Antecedent Dry Days（前期干旱天数）也是水质模拟研究的主要参数。本章选择TSS为污染物代表，分别构建屋顶、道路、绿地和停车场四种土地利用类型的SWMM，确定污染物积累和冲刷参数。

6.4　模型率定与验证

6.4.1　模型参数验证指标

根据实测数据率定模型参数，对于模型中的水文水力模块参数率定过程，相关文献（常晓栋等，2018）推荐使用纳什效率系数、总径流量平衡误差系数和峰值流量相对误差系数作为目标函数指标，以反映模拟结果与研究区域水文水力变化过程规律的关系。纳什效率系数 E_{NS}、总径流量平衡误差系数 E_{QW} 和峰值流量相对误差 E_{PR} 计算公式如下：

$$E_{NS}=1-\frac{\sum_{t=1}^{N}(q_{t,obs}-q_{t,sim})^2}{\sum_{t=1}^{N}(q_{t,obs}-\overline{q}_{obs})^2} \tag{6-7}$$

$$E_{QW}=\frac{\sum_{t=1}^{N}(q_{t,obs}-q_{t,sim})}{\sum_{t=1}^{N}q_{t,obs}} \tag{6-8}$$

$$E_{PR}=\frac{\left|q_{p,obs}-q_{p,sim}\right|}{q_{p,obs}}\times 100\% \tag{6-9}$$

式中，$q_{t,obs}$、$q_{t,sim}$ 分别为 t 时刻的实测流量和模拟流量，m³/s；$\overline{q}_{obs}$ 为平均实测流量，m³/s；$q_{p,obs}$、$q_{p,sim}$ 分别为实测峰值流量和模拟峰值流量，m³/s；N 为实测流量数量，个。

由于污染物模拟过程的不确定性较强，因此水质参数率定与验证过程以纳什效率系数和相关系数检验污染物过程的拟合度，纳什效率系数计算公式同式（6-7），其中将流量改为污染物浓度，相关系数 R 的表达式为

$$R=\frac{\sum(\rho_0-\overline{\rho}_0)(\rho_c-\overline{\rho}_c)}{\sqrt{\sum(\rho_0-\overline{\rho}_0)^2(\rho_c-\overline{\rho}_c)^2}} \tag{6-10}$$

式中，ρ_0、ρ_c 分别为采样样本检测的污染物质量浓度和模型模拟的污染物质量浓度，mg/L；$\overline{\rho}_0$、$\overline{\rho}_c$ 分别为采样样本检测的污染物质量浓度平均值和模型模拟的污染物质量浓度平均值，mg/L。

6.4.2 水文水力参数率定与验证

根据 SWMM 模型用户手册与邻近地区相关研究成果确定参数范围（蔡庆拟等，2017；黄国如等，2018），制定初始模拟时模型的参数，然后选取 20180414、20180527、20180703 和 20180723 共 4 场次降雨进行模型水文水力参数率定，模拟结果见图 6-5，从图 6-5 中可以看出，经过参数调整后率定期模拟的径流过程与实测的径流过程较为吻合，且纳什效率系数在 0.7 以上，然后利用 5～8 月的 10 场次实测降雨过程对模型进行验证，其检验结果误差如表 6-1 所示，由此得到的水文水力参数如表 6-2 所示。从表 6-1 中可以看出率定期和验证期模拟值与实测值之间的纳什效率系数在 0.634～0.968，总径流量平衡误差绝对值均小于 0.30，峰值流量相对误差均小于 20%，说明所构建的 SWMM 模拟精度较高，在广州市天河智慧城径流模拟中具有较好的适用性。

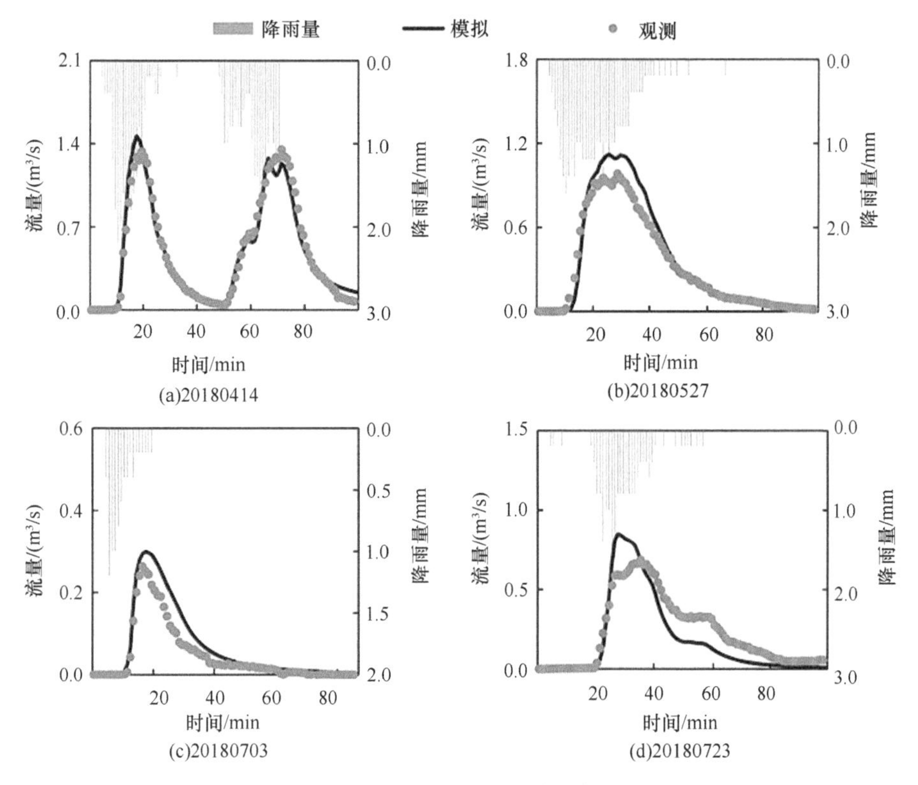

图 6-5　率定期实测与模拟结果

表 6-1　水文水力参数率定与验证结果

类别	降雨场次	E_{NS}	E_{QW}	E_{PR}/%
率定期	20180414	0.904	0.02	8.24
	20180527	0.968	0.12	13.88
	20180703	0.856	0.12	6.51
	20180723	0.723	–0.27	19.55
验证期	20180507	0.905	0.07	11.92
	20180530	0.930	–0.05	9.27
	20180622	0.872	–0.10	10.06
	20180623	0.766	–0.14	6.88
	20180625	0.795	–0.12	3.45
	20180707	0.795	0.27	13.65
	20180713	0.785	0.07	3.73
	20180724	0.876	0.20	12.06
	20180828	0.825	–0.28	5.07
	20180831	0.634	–0.29	0.62

表 6-2　模型水文水力参数取值

参数	参数描述	文献推荐范围	本书取值
N-Imperv	不渗透面积地表漫流的曼宁系数	0.011～0.024	0.013
N-Perv	渗透面积地表漫流的曼宁系数	0.05～0.8	0.6
Dstore-Imperv	不渗透面积的洼地蓄水/mm	1.27～2.54	2.1
Dstore-Perv	渗透面积的洼地蓄水/mm	2.54～7.62	6.51
PctZero	没有洼地蓄水的不渗透面积比例/%	0～100	30%
MaxRate	Horton 曲线的最大下渗速率/（mm/h）	25.4～127	115.51
MinRate	Horton 曲线的最小下渗速率/（mm/h）	0.5～10	1.725
Decay Constant	Horton 曲线的衰减速率常数/（1/h）	2～7	6.1
DryTime	完全饱和土壤到干燥需要的时间/d	5～15	10
Roughness	管道曼宁系数	0.011～0.020	0.015

6.4.3　水质参数率定与验证

以 TSS 污染物指标作为主要污染物研究对象，采样的降雨场次分别为 20180507、20180703 和 20180723，采样的下垫面分别为屋顶、道路、绿地和停车场，利用 20180723 场次降雨率定模型参数，采用其余两场降雨验证模型，采样检测结果与模拟结果对比如表 6-3 所示，得到的水质参数如表 6-4 所示。从表 6-3 可以看出，模拟与实测数据之间的纳什效率系数与相关系数均大于 0.5，说明所构建的 SWMM 拟合精度较高，在广州市天河智慧城水质模拟中具有较好的适用性。

表 6-3　水质参数率定与验证结果

类别	降雨场次	下垫面	E_{NS}	R
率定期	20180723	屋顶	0.608	0.877
		道路	0.536	0.590
		绿地	0.801	0.975
		停车场	0.544	0.821
验证期	20180507	屋顶	0.641	0.604
		道路	0.553	0.782
		绿地	0.545	0.893
		停车场	0.626	0.805
	20180703	屋顶	0.566	0.920
		道路	0.551	0.978
		绿地	0.545	0.531
		停车场	0.517	0.544

表 6-4　模型水质参数取值

土地类型	参数	参数描述	本书取值	土地类型	参数	参数描述	本书取值
屋顶	Max Buildup	最大累积量/（kg/hm^2）	150	屋顶	Coefficient	冲刷系数	0.006
	Power/Sat. Constant	半饱和累积时间/d	3		Exponent	冲刷指数	1.2
道路	Max Buildup	最大累积量/（kg/hm^2）	200	道路	Coefficient	冲刷系数	0.003
	Power/Sat. Constant	半饱和累积时间/d	1		Exponent	冲刷指数	1.3
绿地	Max Buildup	最大累积量/（kg/hm^2）	200	绿地	Coefficient	冲刷系数	0.007
	Power/Sat. Constant	半饱和累积时间/d	4		Exponent	冲刷指数	1.35
停车场	Max Buildup	最大累积量/（kg/hm^2）	150	停车场	Coefficient	冲刷系数	0.005
	Power/Sat. Constant	半饱和累积时间/d	2		Exponent	冲刷指数	1.25
时间参数	Antecedent Dry Days	前期干旱天数/d	10	时间参数			

6.5　参数敏感性分析

6.5.1　分 析 方 法

参数敏感性分析是指将模型中待考察的参数进行适当的比例变化然后进行模拟计算，观察其变化对模拟结果变化的影响情况，并量化参数对模型结果的重要性程度，在参数识别与选取中发挥重要作用，有助于提高估算参数的准确性（吴亚男等，2015）。Morris 筛选法具有易于理解、实现简单和操作性强的优点，因此目前被广泛应用。Morris 筛选法属于单变量扰动方法，即选取模型参数中某一变量 x_i，其余参数值固定不变。在所选参数阈值范围内随机改变 x_i，运行模型得到模拟结果，用变化率 e_i 判断参数变化对输出值的影响程度，计算公式如下：

$$e_i=(y_i-y)/\Delta_i \tag{6-11}$$

式中，y_i 为参数变化后的输出值；y 为参数变化前的输出值；Δ_i 为第 i 个参数的变幅量。

修正的 Morris 筛选法将单一变量以固定步长百分率变化，运行模型得到不同扰动下的结果，然后计算摩尔斯系数并取平均值，求得敏感性判别因子 S，计算公式如下：

$$S=\sum_{i=0}^{n-1}\frac{(Y_{i+1}-Y_i)/Y_0}{(P_{i+1}-P_i)/100}/n \tag{6-12}$$

式中，S 为敏感性判别因子；n 为模型运行次数；Y_i 和 Y_{i+1} 分别为模型第 i 次和第 $i+1$ 次运行输出结果；Y_0 为参数调整后计算结果初始值；P_i 和 P_{i+1} 分别为第 i 次和第 $i+1$ 次模型运算参数值相对于校准后初始参数值的变化百分率。

根据相关研究（李丹等，2011），依据参数的 S 值将参数的敏感性划分为以下 4 个等级标准：当 $|S|\geqslant 1$ 时，该参数为高敏感参数；$0.2\leqslant|S|<1$ 时，该参数为敏感参数；$0.05\leqslant|S|<0.2$ 时，该参数为中等敏感参数；$0\leqslant|S|<0.05$，该参数为不敏感参数。

6.5.2 分 析 结 果

以率定得到的水文水力参数作为初始值，根据 Morris 方法（高颖会等，2016）使逐个参数分别取 10%、20%、30%、–10%、–20%和–30%变幅进行扰动，并根据模拟结果计算敏感性因子，模拟得到的水文水力参数对总径流量和峰值流量的敏感性结果如表 6-5 所示。

表 6-5　水文水力参数敏感性分析结果

参数	总径流量敏感因子	总径流量敏感性	峰值流量敏感因子	峰值流量敏感性
N-Imperv	–0.01	不敏感	–0.06	中等敏感
N-Perv	–0.05	中等敏感	0.00	不敏感
Dstore-Imperv	–0.04	不敏感	–0.01	不敏感
Dstore-Perv	–0.08	中等敏感	–0.01	不敏感
PctZero	0.02	不敏感	0.01	不敏感
MaxRate	–0.21	敏感	–0.03	不敏感
MinRate	–0.01	不敏感	0.00	不敏感
Decay Constant	0.18	中等敏感	0.02	不敏感
DryTime	0.00	不敏感	0.00	不敏感
Roughness	–0.01	不敏感	–0.04	不敏感

从表 6-5 可以看出，水文水力模块参数中，MaxRate 参数对总径流量最为敏感，且 MaxRate 越大流量越小；N-Imperv 参数对峰值流量最为敏感，且 N-Imperv 峰值越大，流量越小。下渗模式中的参数对总径流量模拟结果的敏感性比曼宁系数与洼地蓄水参数大，而下渗模式中的参数对峰值流量的敏感性比曼宁系数与洼地蓄水参数小。由水文过程可知，下渗量越大，径流越小，下渗参数对径流量影响最大；曼宁系数影响着汇流速率，曼宁系数越小，汇流越快，径流峰值越大。因此，在调整模型参数时，可优先考虑调整下渗参数，使模拟的径流总量相近，再调整曼宁系数与洼地蓄水参数，使径流峰值与实测数据吻合。敏感因子为负表示该参数大，总径流量或峰值流量小，10 个水文水力参数中，有 7 个参数呈现出参数越大总径流量越小的关系，有 5 个参数呈现出参数峰值越大，流量越小的关系。下渗参数中 DryTime 参数对总径流量与峰值流量的影响均为不敏感，说明 SWMM 中干旱天数对径流模拟结果造成的影响不大，侧面说明了在 SWMM 中，土壤在降雨前的初始含水量在降雨结束后将很快被蒸发或下渗消耗，对径流下渗模拟过程的影响不大。

同理，以率定得到的水质参数作为初始值，根据 Morris 方法使逐个参数分别取 10%、20%、30%、–10%、–20%和–30%变幅进行扰动，然后基于 SWMM 模拟结果得到水质参数对污染负荷和污染物浓度峰值的敏感性结果如表 6-6 所示。

表 6-6　水质参数敏感性分析结果

土地类型	参数	污染负荷敏感度	污染负荷敏感性	浓度峰值敏感度	浓度峰值敏感性
屋顶	Max Buildup	1.000	高敏感	1.500	高敏感
	Rate Constant	–0.232	敏感	–0.356	敏感
	Coefficient	0.696	敏感	0.968	敏感
	Exponent	1.406	高敏感	6.738	高敏感
	Antecedent Dry Days	0.479	敏感	0.394	敏感
道路	Max Buildup	0.993	敏感	1.500	高敏感
	Rate Constant	–0.182	中等敏感	–0.138	中等敏感
	Coefficient	0.713	敏感	0.970	敏感
	Exponent	1.756	高敏感	8.965	高敏感
	Antecedent Dry Days	0.191	中等敏感	0.161	中等敏感
绿地	Max Buildup	1.000	高敏感	1.480	高敏感
	Rate Constant	–0.574	敏感	–0.444	敏感
	Coefficient	0.550	敏感	0.871	敏感
	Exponent	1.340	高敏感	4.980	高敏感
	Antecedent Dry Days	0.702	敏感	0.569	敏感
停车场	Max Buildup	1.000	高敏感	1.500	高敏感
	Rate Constant	–0.459	敏感	–0.102	中等敏感
	Coefficient	0.180	中等敏感	0.523	敏感
	Exponent	0.931	敏感	3.170	高敏感
	Antecedent Dry Days	0.348	敏感	0.289	敏感

从表 6-6 可以看出，水质参数对水质模拟结果较为敏感，且不同下垫面的累积与冲刷参数对模拟结果的影响均相似，其中累积部分的 Max Buildup 参数对污染负荷与浓度峰值均呈现出高敏感性；冲刷部分的 Exponent 参数除了停车场以外，其他对污染负荷与浓度峰值均呈现出高敏感性，且 Exponent 参数对水质模拟结果的敏感性最大。由于模型模拟冲刷模式为指数函数，因此冲刷指数的变化对结果影响更大。Rate Constant 参数均呈现出参数越大，负荷与浓度峰值越小的关系，Antecedent Dry Days 参数对模拟结果的影响在中等敏感及以上，Antecedent Dry Days 越大，污染物负荷与浓度峰值越大。

6.6　小　　结

本章主要介绍了广州市天河智慧城的基础资料情况，在深入了解 SWMM 的运行原理基础上，构建了研究区域的城市雨洪模型，为其降雨径流过程的模拟分析提供了科学的技术手段，研究取得的主要成果如下。

（1）在研究区域开展降雨径流水量水质同步监测，将所得数据应用于 SWMM 的模型参数率定和验证，所构建的 SWMM 模拟精度较高，该模型在天河智慧城具有较好的适用性，并为探讨该区域的径流效应奠定了坚实的基础。

（2）进一步对模型进行敏感性分析，表明水文水力参数中 MaxRate 对总径流量敏感性最高，Decay Constant 次之，N-Imperv 对峰值流量敏感性最高，Roughness 次之；水文水力参数中下渗模式参数对总径流量敏感性更高，透水区参数比不透水区参数对总径流量敏感性更高，不透水区曼宁系数与管道曼宁系数对峰值流量敏感性更高。

（3）水质参数对水质模拟结果较为敏感，不同下垫面的累积与冲刷参数对模拟结果的影响均相似，水质参数中 Exponent 对污染负荷与浓度峰值的敏感性均最高，Max Buildup 次之。前期干旱天数在 SWMM 的水文与水质模拟中均有考虑，但其对水量模拟结果影响不大，在水质模拟中属于敏感参数。

第 7 章　基于解析概率模型的 LID 径流控制效应

7.1　降雨特征概率分析

降雨特征概率分析的基础是研究区域降雨特征的频率分布统计数据，通过对研究区域雨量站的降雨记录进行统计分析，可以得到局部降雨特征的频率分布模型。作为统计分析的第一步，需要把连续的降雨数据划分为相互独立的单次降雨事件，需要使用降雨事件的最小时间间隔作为划分依据，两场降雨事件之间的时间间隔即为前一场降雨结束到下一场降雨开始之间的干旱时间，把前一场降雨结束到下一场降雨结束之间的干旱时间与降雨时间的总和定义为一个降雨周期。不同的最小降雨时间间隔划分的降雨场次不同，一般选取 6～12h 的最小时间间隔较为适合（Zhang and Guo，2015），本章根据统计结果对比，选取 12h 为降雨事件的最小时间间隔。

选取广州市天河区五山雨量站的 1980～2012 年的小时降雨数据进行分析统计，其中场次雨量小于 2mm 的降雨将忽略不计，由此将 33 年的连续降雨资料划分出共 2150 场次降雨，再分别统计雨量、降雨历时长短与降雨事件间隔时长作为描述降雨特征的指标。统计方法如下，根据确定的场次降雨资料，分别统计不同场次雨量大小、不同场次降雨历时与不同降雨事件间隔时长所出现的频数，除以降雨总场数得出其频率，根据相关文献推荐（Zhang and Guo，2013a，2013b，2013c）与其频率特征选用指数函数作为拟合函数，对其雨量、降雨历时与降雨事件间隔的发生频率进行拟合，拟合公式如下所示：

$$f(v)=\zeta \mathrm{e}^{-\zeta v}, \quad v \geqslant 0 \tag{7-1}$$

$$f(t)=\lambda \mathrm{e}^{-\lambda t}, \quad t \geqslant 0 \tag{7-2}$$

$$f(b)=\psi \mathrm{e}^{-\psi b}, \quad b \geqslant 0 \tag{7-3}$$

式中，v 为场次雨量的样本值，mm；ζ 为雨量特征分布参数，1/mm；t 为场次降雨历时样本值，h；λ 为降雨历时特征分布参数，1/h；b 为降雨时间间隔的样本值，h；ψ 为降雨间隔分布参数，1/h。上述指数概率方程可用于定量评估场次降雨的特征情况，并假设雨量、降雨历时与降雨时间间隔为相互独立的随机变量，且其概率分布服从对应的概率密度函数。

使用指数函数对各降雨特征概率分布进行趋势曲线拟合，得到相应雨量、降雨历时和降雨时间间隔的概率密度曲线，以判定系数 R^2 作为趋势线拟合程度指标，其计算公式如下：

$$R^2 = \frac{\text{SSR}}{\text{SST}} = \frac{\sum(\hat{y} - \overline{y})^2}{\sum(y_i - \overline{y})^2} \tag{7-4}$$

式中，SSR 为拟合值 $\hat{y}$ 与观测数据均值 $\overline{y}$ 之差的平方和；SST 为观测值 y_i 与观测数据均值 $\overline{y}$ 之差的平方和。R^2 越趋近于 1，说明指数函数方程曲线拟合情况越好，参数及判定系数 R^2 计算结果如表 7-1 所示，趋势线拟合情况如图 7-1 所示，其中曲线拟合的 R^2 均在 0.90 以上，拟合效果良好，说明指数函数适用于描述研究区域的降雨特征概率分布。

表 7-1　降雨特征概率分布参数拟合结果

类型	分布参数	取值	R^2
雨量	ζ	0.0718	0.93
降雨历时	λ	0.1063	0.90
降雨时间间隔	ψ	0.0192	0.90

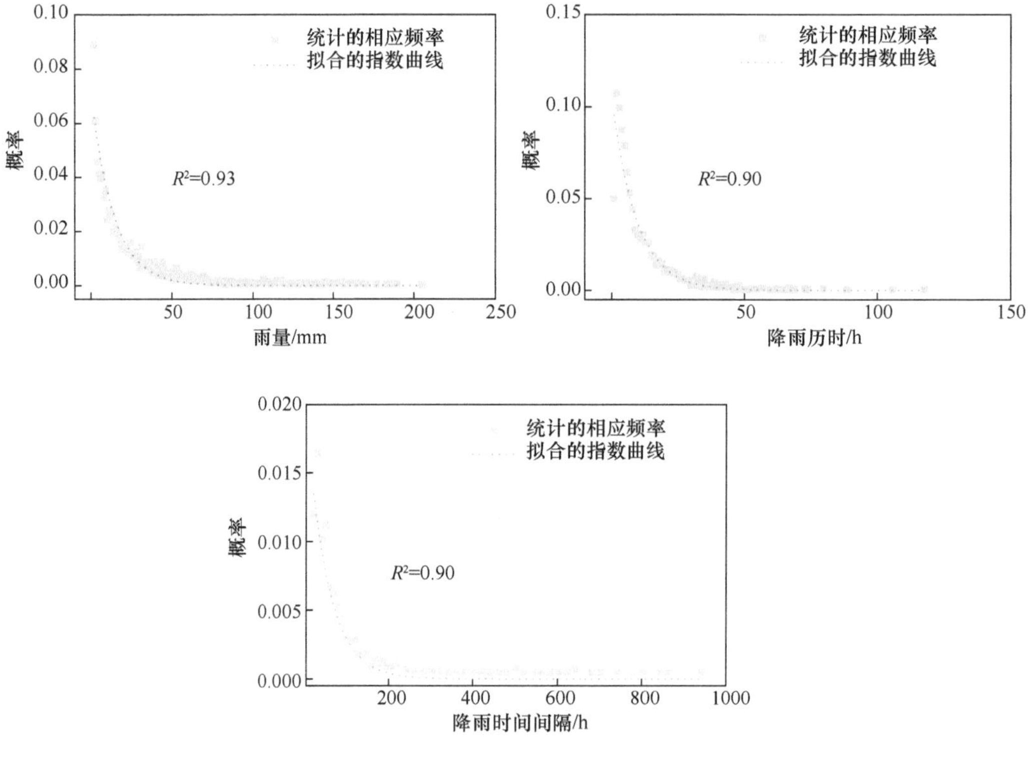

图 7-1　降雨特征概率分布曲线拟合

7.2　基于解析概率方程的 LID 水文效应

7.2.1　绿色屋顶的解析概率方程

根据《指南》中介绍的绿色屋顶结构示意图，绿色屋顶可以概化为由植被、土壤基质和排水层组成，其水文过程由降雨、截流、出流和蒸发组成，如图 7-2 所示，降雨过程中，若忽略蒸发的影响，根据水量平衡可知出流量等于降雨减去截流量。

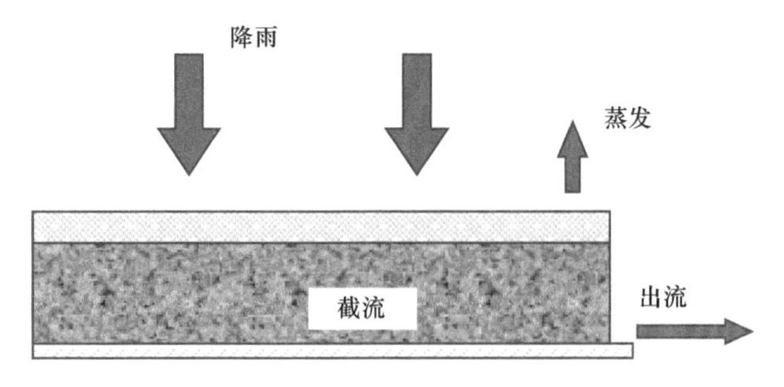

图 7-2　绿色屋顶水文过程示意图

绿色屋顶在雨水管理效果上的作用主要体现在三个方面：①削减径流总量；②延缓产流时间；③以相对缓慢的过程释放生长基质中暂时截留的雨水，从而达到径流分配效果。本节的主要目的是建立一个基于物理解析概率模型来定量评估绿色屋顶系统的径流削减性能，分析绿色屋顶系统的内部结构与内部的水文水力过程，基于研究区域的降雨特征概率模型，使用数学表达式描述绿色屋顶系统雨水管理性能。

绿色屋顶的解析概率模型主要考虑的随机变量为降雨事件周期开始的前期干旱时间与雨量的大小，由于绿色屋顶上植物生长基质层较薄，且底层不透水，不考虑下渗机制，因此降雨历时大小对绿色屋顶上的降雨产流影响不大，可以忽略不计，因此结合式（7-1）与式（7-3）推导绿色屋顶产流与降雨特征的关系。

在降雨事件周期中，绿色屋顶产生的径流量与两个因素有关，即雨量和降雨开始前绿色屋顶系统中土壤的截流能力（Zhang and Guo，2013b）。绿色屋顶系统的截流能力 R_g 表示如下：

$$R_g = S_l + S_c + (\theta_f - \theta_i)h \tag{7-5}$$

式中，S_l 为植被与洼地截留的雨水总量，mm；S_c 为存储层的蓄水能力，mm，一般情况下绿色屋顶不设存储层时，令 $S_c = 0$；θ_f 为生长介质的田间持水量或产水能力，无量纲，土壤含水率小于该水平时，土壤层不会产生竖向排水；θ_i 为降雨开始时生长介质的初始含水率，无量纲；h 为生长介质的厚度，mm。

从式（7-5）可知，绿色屋顶的截流能力与生长介质的初始含水量有关，其含水量随着降雨与干旱时间的变化而变化，因此需要界定绿色屋顶中生长介质含水量的变化范围。为保证绿色屋顶中的植物能够正常生长，其生长介质的含水率应当保持在植物萎蔫点之上，即假设萎蔫点的含水率为最小含水率，生长介质萎蔫点的含水率定义为 θ_w，则绿色屋顶系统在场次降雨中最大的截流能力 $R_{g\max}$ 可表示为

$$R_{g\max} = S_l + (\theta_f - \theta_w)h \tag{7-6}$$

降雨事件中生长介质的初始含水量取决于干旱期的蒸发速率与干旱期开始时绿色屋顶系统中可蒸发的水量，把可蒸发水量定义为 W_i（mm），可蒸发水量的最大值为 $W_i = R_{g\max}$，最小值为 $W_i = 0$，其具体取值与上一次雨量大小和当前降雨前的蒸发速率有关。

将绿色屋顶系统的平均蒸发速率定义为 E_a（mm/h），那么生长介质的初始含水率（θ_i）可以用下式表示：

$$\theta_{\mathrm{i}}=\begin{cases}\dfrac{W_{\mathrm{i}}-E_{\mathrm{a}}b}{h}+\theta_{\mathrm{w}}, & b\leqslant\dfrac{W_{\mathrm{i}}}{E_{\mathrm{a}}}\\ \theta_{\mathrm{w}}, & b>\dfrac{W_{\mathrm{i}}}{E_{\mathrm{a}}}\end{cases}\tag{7-7}$$

式（7-7）中假设了如果干旱期时间 b 足够长，则可蒸发的水分 W_{i} 能够完全蒸散发。介质中水分完全蒸散发的时间与介质的深浅度有关。将式（7-7）代入式（7-5）中，可得绿色屋顶系统在降雨开始前的储水能力表达式如下：

$$R_{\mathrm{g}}=\begin{cases}R_{\mathrm{g\,max}}+E_{\mathrm{a}}b-W_{\mathrm{i}}, & b\leqslant\dfrac{W_{\mathrm{i}}}{E_{\mathrm{a}}}\\ R_{\mathrm{g\,max}}, & b>\dfrac{W_{\mathrm{i}}}{E_{\mathrm{a}}}\end{cases}\tag{7-8}$$

那么，根据水量平衡求取场次降雨中绿色屋顶产生的径流出流量 v_{rg}（mm），表达式如下式所示：

$$v_{\mathrm{rg}}=\begin{cases}0, & \left[v\leqslant R_{\mathrm{g\,max}}\ \text{and}\ b>\dfrac{W_{\mathrm{i}}}{E_{\mathrm{a}}}\right]\text{or}\left[v\leqslant R_{\mathrm{g\,max}}-W_{\mathrm{i}}+E_{\mathrm{a}}b\ \text{and}\ b\leqslant\dfrac{W_{\mathrm{i}}}{E_{\mathrm{a}}}\right]\\ v+W_{\mathrm{i}}-R-bE_{\mathrm{a}}, & \left[v>R_{\mathrm{g\,max}}-W_{\mathrm{i}}+bE_{\mathrm{a}}\ \text{and}\ b\leqslant\dfrac{W_{\mathrm{i}}}{E_{\mathrm{a}}}\right]\\ v-R_{\mathrm{g\,max}}, & \left[v>R_{\mathrm{g\,max}}\ \text{and}\ b>\dfrac{W_{\mathrm{i}}}{E_{\mathrm{a}}}\right]\end{cases}\tag{7-9}$$

式（7-9）中假设了生长介质的渗透能力总是大于降雨强度，这是因为绿色屋顶常用的生长介质为非黏性聚合物，一般具有很强的渗透性。

场次降雨中绿色屋顶系统产生的径流概率密度函数可以通过绿色屋顶径流（v_{rg}）的累积分布函数求得。已知场次雨量 v（式 7-1）和降雨间隔 b（式 7-3）的概率密度函数，由概率分布理论可以推导绿色屋顶径流（v_{rg}）的累积分布函数。根据式（7-9），绿色屋顶不产生径流的概率如下：

$$\begin{aligned}P_{v_{\mathrm{rg}}}(0)&=\mathrm{Prob.}\left(v\leqslant R_{\mathrm{g\,max}}\ \text{and}\ b>\frac{W_{\mathrm{i}}}{E_{\mathrm{a}}}\right)+\mathrm{Prob.}\left(v\leqslant R_{\mathrm{g\,max}}-W_{\mathrm{i}}+E_{\mathrm{a}}b\ \text{and}\ b\leqslant\frac{W_{\mathrm{i}}}{E_{\mathrm{a}}}\right)\\&=\int_{W_{\mathrm{i}}/E_{\mathrm{a}}}^{\infty}\int_{0}^{R_{\mathrm{g\,max}}}\zeta\mathrm{e}^{-\zeta v}\psi\mathrm{e}^{-\psi b}\mathrm{d}v\mathrm{d}b+\int_{0}^{W_{\mathrm{i}}/E_{\mathrm{a}}}\int_{0}^{R_{\mathrm{g\,max}}-W_{\mathrm{i}}+bE_{\mathrm{a}}}\zeta\mathrm{e}^{-\zeta v}\psi\mathrm{e}^{-\psi b}\mathrm{d}v\mathrm{d}b\\&=1-\frac{\mathrm{e}^{-\zeta R_{\mathrm{g\,max}}}}{\psi+\zeta E_{\mathrm{a}}}\left(\psi\mathrm{e}^{\zeta W_{\mathrm{i}}}+\zeta E_{\mathrm{a}}\mathrm{e}^{-\frac{\psi W_{\mathrm{i}}}{E_{\mathrm{a}}}}\right)\end{aligned}\tag{7-10}$$

则 v_{rg} 的累积分布函数计算如下：

$$\begin{aligned}F(v_{\mathrm{rg}}>0)=\mathrm{Prob.}&\left(R_{\mathrm{g\,max}}-W_{\mathrm{i}}+bE_{\mathrm{a}}<v\leqslant R_{\mathrm{g\,max}}-W_{\mathrm{i}}+bE_{\mathrm{a}}+v_{\mathrm{rg}}\ \text{and}\ b\leqslant\frac{W_{\mathrm{i}}}{E_{\mathrm{a}}}\right)\\&+\mathrm{Prob.}\left(R_{\mathrm{g\,max}}<v\leqslant R_{\mathrm{g\,max}}+v_{\mathrm{rg}}\ \text{and}\ b>\frac{W_{\mathrm{i}}}{E_{\mathrm{a}}}\right)+P_{v_{\mathrm{rg}}}(0)\end{aligned}$$

$$
\begin{aligned}
&= \int_0^{W_i/E_a} \int_{R_{g\max}-W_i+bE_a}^{R_{g\max}-W_i+bE_a+v_{rg}} \zeta e^{-\zeta v} \psi e^{-\psi b} \mathrm{d}v\mathrm{d}b + \int_{W_i/E_a}^{\infty} \int_{R_{g\max}}^{R_{g\max}+v_{rg}} \zeta e^{-\zeta v} \psi e^{-\psi b} \mathrm{d}v\mathrm{d}b + P_{v_{rg}}(0) \\
&= 1 - \frac{e^{-\zeta(v_{rg}+R_{g\max})}}{\psi+\zeta E_a}\left(\psi e^{\zeta W_i} + \zeta E_a e^{-\frac{\psi W_i}{E_a}}\right)
\end{aligned}
\tag{7-11}
$$

对 v_{rg} 的累积分布函数求导数，可得 v_{rg} 的概率密度函数：

$$
f(v_{rg}) = \frac{\mathrm{d}}{\mathrm{d}v_{rg}}[F(v_{rg}>0)] = \frac{\zeta e^{-\zeta(v_{rg}+R_{g\max})}}{\psi+\zeta E_a}\left(\psi e^{\zeta W_i} + \zeta E_a e^{-\frac{\psi W_i}{E_a}}\right) \tag{7-12}
$$

那么绿色屋顶在一场降雨中所产生的径流量的期望值 $E(v_{rg})$ 可表示为

$$
E(v_{rg}) = 0P_{v_{rg}}(0) + \int_{v_{rg}=0}^{\infty} v_{rg}\cdot f(v_{rg})\mathrm{d}v_{rg} = \frac{e^{-\zeta R_{g\max}}}{\zeta(\psi+\zeta E_a)}\left(\psi e^{\zeta W_i} + \zeta E_a e^{-\frac{\psi W_i}{E_a}}\right) \tag{7-13}
$$

根据常规屋顶相关的设计和施工标准规范，常规屋顶将降雨转化为径流的转化率均较高，为了便于计算，采用径流系数法描述一般降雨情况下屋顶的产流情况，并假设屋顶的径流系数为 ϕ。使用上述方法，可以求得传统屋顶在一场降雨中所产生径流（v_r）的期望值 $E(v_r)$ 为

$$
\begin{cases}
v_r = \phi v, \quad (v>0) \\
F(v_r>0) = \int_0^{\frac{v_r}{\phi}} \zeta e^{-\zeta v}\mathrm{d}v = 1 - e^{-\frac{\zeta}{\phi}v_r} \\
f(v_r>0) = \frac{\mathrm{d}}{\mathrm{d}v_r}[F(v_r>0)] = \frac{\zeta}{\phi}e^{-\frac{\zeta}{\phi}v_r} \\
E(v_r) = \int_{v_r=0}^{\infty} v_r \cdot \frac{\zeta}{\phi}e^{-\frac{\zeta}{\phi}v_r}\mathrm{d}v_r = \frac{\phi}{\zeta}
\end{cases}
\tag{7-14}
$$

联合式（7-13）和式（7-14）可知，相等面积的绿色屋顶与传统屋顶相比，绿色屋顶的径流削减量 $E(v_{rc})$ 可表示为

$$
E(v_{rc}) = E(v_r) - E(v_{rg}) \tag{7-15}
$$

则绿色屋顶的径流削减率 C_r 可由下式计算：

$$
C_r = \frac{E(v_r)-E(v_{rg})}{E(v_r)} = 1 - \frac{e^{-\zeta R_{g\max}}}{\phi(\psi+\zeta E_a)}\left(\psi e^{\zeta W_i} + \zeta E_a e^{-\frac{\psi W_i}{E_a}}\right) \tag{7-16}
$$

式（7-16）中未知的量为 W_i，即降雨前绿色屋顶中可蒸发的含水量，W_i 的大小随干旱天数的不同而不同，因此在计算时，令 $W_i = W_{i\max} = R_{g\max}$，求得绿色屋顶径流削减率的最保守估计值 $R_{g\min}$；令 $W_i = W_{i\min} = 0$ 时，求得绿色屋顶径流削减率的最大值 $C_{g\max}$。为估算绿色屋顶对径流削减效果，取其削减率最大值与最小值的平均值 $C_{g\,ave}$，作为绿色屋顶长期径流平均削减率，如下式所示：

$$
C_{g\,ave} = \frac{C_{g\max} + C_{g\min}}{2} \tag{7-17}
$$

利用式（7-15）～式（7-17）可以分析绿色屋顶在场次降雨中的平均流量与长期的平均径流削减量和径流削减率。

7.2.2　透水铺装的解析概率方程

根据《指南》中介绍的透水铺装结构示意图，透水铺装可以概化为由透水表面层、透水基层和排水管道组成，其底部为土基，具有下渗功能。透水铺装的水文过程由降雨、截流、下渗、出流与蒸发组成，其中出流量包括表面出流和排水管出流，如图 7-3 所示。

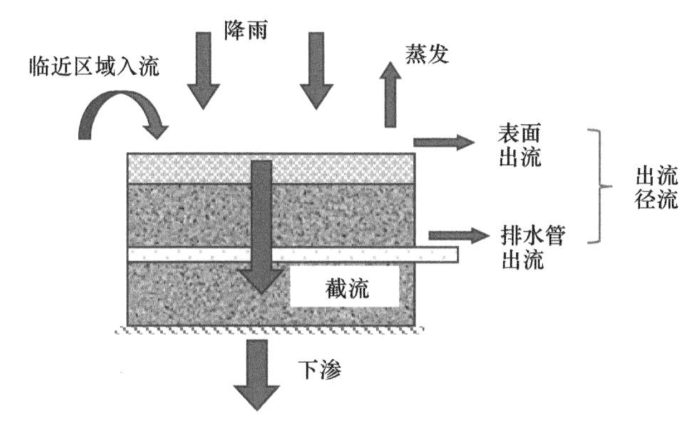

图 7-3　透水铺装水文过程示意图

透水铺装的雨水截留量取决于场降雨中的入流量、下渗量以及透水铺装系统中的蓄水空间，在降雨过程中，蒸发量相对于下渗量小，所以蒸发量忽略不计，蒸散发作用主要在干旱期间考虑，因此降雨过程中透水铺装的水量平衡方程为

$$v_{\mathrm{rp}} = v_{\mathrm{ip}} - F_{\mathrm{p}} - R_{\mathrm{p}} \tag{7-18}$$

式中，v_{rp} 为透水铺装系统在场次降雨中的出流径流，mm；v_{ip} 为场次降雨中的入流径流，mm；F_{p} 为场次降雨中下渗到底层土壤的径流量，mm；R_{p} 为场次降雨开始前透水铺装系统中的蓄水能力，mm。对于没有排水层的透水铺装，v_{rp} 表示地表漫流的径流量，对于包含排水层的透水铺装，v_{rp} 表示表面溢流和排水出流的总流量。

透水铺装的入流径流包括两部分：一部分为直接进入透水铺装的降雨径流量；另一部分为相邻不透水区域的产流汇入量。当雨水落到不透水区域时，小部分雨水可被其不透水区域的洼地截留，只有当雨量大于洼地最大蓄水量时，产生的径流才流向透水铺装，因此相邻不透水区域的产流量（v_{r}）可表示为

$$v_{\mathrm{r}} = \begin{cases} 0, & v \leqslant S_{\mathrm{di}} \\ v - S_{\mathrm{di}}, & v > S_{\mathrm{di}} \end{cases} \tag{7-19}$$

式中，v_{r} 为相邻不透水区域产生的径流量，mm；v 为雨量，mm；S_{di} 为不透水区域的洼地截留量，mm。

假设邻近不透水区域面积与透水铺装面积的比值为 r，则得到进入透水铺装的总入流量为

$$v_{ip} = v + rv_r = \begin{cases} v, & v \leqslant S_{di} \\ (r+1)v - rS_{di}, & v > S_{di} \end{cases} \tag{7-20}$$

式中，v_{ip}即透水铺装总入流量，mm。对于不接受相邻不透水区产流的透水铺装的情况，上式可简化为 $v_{ip} = v$，即入流量只考虑透水铺装内的雨量。

联合概率式（7-1）和式（7-20），透水铺装的入流量的期望值$E(v_{ip})$可由下式计算：

$$E(v_{ip}) = \int_0^{S_{di}} v\zeta e^{-\zeta v} dv + \int_{S_{di}}^{\infty} \left[(r+1)v - rS_{di}\right]\zeta e^{-\zeta v} dv = \frac{1 + re^{-\zeta S_{di}}}{\zeta} \tag{7-21}$$

在透水铺装中，若没有设置排水暗管，其径流截水能力由路面洼地蓄水、透水铺砖孔隙和透水铺装下层填料孔隙等决定，其最大截水能力可由下式计算得到：

$$R_{p\max} = S_d + n_p h_p + n_s h_s \tag{7-22}$$

式中，$R_{p\max}$为透水铺装最大截水能力，mm；S_d为透水铺装上的路面洼地蓄水量，mm；n_p和n_s分别为透水砖与填料的孔隙率；h_p与h_s分别为透水铺砖和填料的高度，mm。

一般情况下，在设有排水暗管的透水铺装中，填料的渗透性较强，且暗管排水能力较强，因此认为排水暗管以上的填料空间不储蓄水量，则其最大截水能力为

$$R_{p\max} = S_d + n_s h_d \tag{7-23}$$

式中，h_d为排水暗管下方的填料深度，mm；本节主要研究设有排水暗管的透水铺装。

在降雨结束后的干旱期间，透水铺装截留的水量通过蒸散发和下渗消耗，假设下渗过程中，只考虑垂直下渗量，下渗速率为常量 K（mm/h）。假设在降雨结束后，透水铺装的截水空间达到饱和，该假设对透水铺装中的截留水量有所高估，但对结果影响较小，因此透水铺装完全排空恢复截水能力的时间由下式计算：

$$t_d = \frac{R_{p\max}}{E_a + K} \tag{7-24}$$

式中，t_d为排空所需时间，h；E_a为平均蒸发速率，mm/h；K为下渗速率，mm/h。

根据t_d与 b 的关系，可计算出透水铺装的截水能力（R_p），公式如下：

$$R_p = \begin{cases} (E_a + K)b, & b \leqslant t_d \\ R_{p\max}, & b > t_d \end{cases} \tag{7-25}$$

根据降雨历时和平均下渗速率，可计算出降雨过程中下渗到土壤的水量（F_p）为

$$F_p = Kt \tag{7-26}$$

在降雨周期内，透水铺装的产流情况受干旱期时长、恢复最大截水能力所需时间、平均下渗速率和入流速率等因素影响。透水铺装在以下三种情况时不产流：入流量小于洼地蓄水量时不产流；一般情况下邻近不透水区不产流时，透水铺装也不产流；当入流量大于洼地蓄水，但小于透水铺装截流能力和下渗能力时不产流。当入流量大于透水铺装截流能力和下渗能力时开始产流，而透水铺装中的初始含水量影响着产流量大小，因此干旱期不同，透水铺装产流情况亦不同。

联合式（7-20）和式（7-23）～式（7-26），可得透水铺装产流量（v_{rp}）和雨量的关系为

$$
v_{\mathrm{rp}}=\begin{cases}0, & (v\leqslant S_{\mathrm{di}})\ \text{or}\ \left[b\leqslant t_{\mathrm{d}}\ \text{and}\ S_{\mathrm{di}}<v\leqslant\dfrac{rS_{\mathrm{di}}+(E_{\mathrm{a}}+K)b+Kt}{r+1}\right]\ \text{or} \\ & \left(b>t_{\mathrm{d}}\ \text{and}\ S_{\mathrm{di}}<v\leqslant\dfrac{rS_{\mathrm{di}}+R_{\mathrm{p\,max}}+Kt}{r+1}\right) \\ (r+1)v-rS_{\mathrm{di}}-(E_{\mathrm{a}}+K)b-Kt, & b\leqslant t_{\mathrm{d}}\ \text{and}\ v>\dfrac{rS_{\mathrm{di}}+(E_{\mathrm{a}}+K)b+Kt}{r+1} \\ (r+1)v-rS_{\mathrm{di}}-R_{\mathrm{p\,max}}-Kt, & b>t_{\mathrm{d}}\ \text{and}\ v>\dfrac{rS_{\mathrm{di}}+R_{\mathrm{p\,max}}+Kt}{r+1}\end{cases} \tag{7-27}
$$

联合式（7-1）～式（7-3）和式（7-27），根据概率分布理论求解透水铺装出流量的概率函数，计算方法如下：

$$
\begin{aligned}
&P(V_{\mathrm{rb}}=0)\\
&=\int_0^\infty\int_0^\infty\int_0^{S_{\mathrm{di}}}\zeta\mathrm{e}^{-\zeta v}\psi\mathrm{e}^{-\psi b}\lambda\mathrm{e}^{-\lambda t}\mathrm{d}v\mathrm{d}b\mathrm{d}t\\
&+\int_0^\infty\int_0^{t_{\mathrm{d}}}\int_0^{\frac{rS_{\mathrm{di}}+(E_{\mathrm{a}}+K)b+Kt}{r+1}}\zeta\mathrm{e}^{-\zeta v}\psi\mathrm{e}^{-\psi b}\lambda\mathrm{e}^{-\lambda t}\mathrm{d}v\mathrm{d}b\mathrm{d}t\\
&+\int_0^\infty\int_{t_{\mathrm{d}}}^\infty\int_0^{\frac{rS_{\mathrm{di}}+R_{\mathrm{b\,max}}+Kt}{r+1}}\zeta\mathrm{e}^{-\zeta v}\psi\mathrm{e}^{-\psi b}\lambda\mathrm{e}^{-\lambda t}\mathrm{d}v\mathrm{d}b\mathrm{d}t
\end{aligned} \tag{7-28}
$$

$$
\begin{aligned}
&P(0<V_{\mathrm{rb}}<v_{\mathrm{rb}})\\
&=\int_0^\infty\int_0^{t_{\mathrm{d}}}\int_{\frac{rS_{\mathrm{di}}+(E_{\mathrm{a}}+K)b+Kt}{r+1}}^{\frac{rS_{\mathrm{di}}+(E_{\mathrm{a}}+K)b+Kt+v_{\mathrm{rb}}}{r+1}}\zeta\mathrm{e}^{-\zeta v}\psi\mathrm{e}^{-\psi b}\lambda\mathrm{e}^{-\lambda t}\mathrm{d}v\mathrm{d}b\mathrm{d}t\\
&+\int_0^\infty\int_{t_{\mathrm{d}}}^\infty\int_{\frac{rS_{\mathrm{di}}+R_{\mathrm{b\,max}}+Kt}{r+1}}^{\frac{rS_{\mathrm{di}}+R_{\mathrm{b\,max}}+Kt+v_{\mathrm{rb}}}{r+1}}\zeta\mathrm{e}^{-\zeta v}\psi\mathrm{e}^{-\psi b}\lambda\mathrm{e}^{-\lambda t}\mathrm{d}v\mathrm{d}b\mathrm{d}t
\end{aligned} \tag{7-29}
$$

最终求得关于 v_{rp} 的概率密度方程为

$$
f(v_{\mathrm{rp}})=\frac{\zeta\mathrm{e}^{-\frac{\zeta v_{\mathrm{rp}}}{r+1}}}{r+1}C_1C_2[C_3+(1-C_3)C_4] \tag{7-30}
$$

其中，

$$
C_1=\mathrm{e}^{-\frac{\zeta S_{\mathrm{di}}}{r+1}} \tag{7-31}
$$

$$
C_2=\frac{\lambda(r+1)}{\lambda(r+1)+\zeta K} \tag{7-32}
$$

$$
C_3=\mathrm{e}^{-\frac{[\psi(r+1)+\zeta(E_{\mathrm{a}}+K)]R_{\mathrm{c\,max}}}{(r+1)(E_{\mathrm{a}}+K)}} \tag{7-33}
$$

$$
C_4=\frac{\psi(r+1)}{\psi(r+1)+\zeta(E_{\mathrm{a}}+K)} \tag{7-34}
$$

在场次降雨中透水铺装产流量的期望值[$E(v_{\mathrm{rp}})$]为

$$
E(v_{\mathrm{rp}})=\int_0^\infty v_{\mathrm{rp}}f(v_{\mathrm{rp}})\mathrm{d}v_{\mathrm{rp}}=\frac{r+1}{\zeta}C_1C_2[C_3+(1-C_3)C_4] \tag{7-35}
$$

透水铺装径流削减量[$E(v_{cp})$]计算公式为

$$E(v_{cp}) = E(v_{ip}) - E(v_{rp}) \tag{7-36}$$

根据给定的入流量[式（7-21）]和出流量[式（7-35）]计算透水铺装在长期降雨中的平均径流削减率（C_p）为

$$C_p = \frac{E(v_{ip}) - E(v_{rp})}{E(v_{ip})} = 1 - \frac{(r+1)C_1C_2[C_3 + (1-C_3)C_4]}{1 + re^{-\zeta S_{di}}} \tag{7-37}$$

利用式（7-35）～式（7-37）可以分析透水铺装在场次降雨中的平均产流量、长期的平均径流削减量和径流削减率。

7.2.3　生物滞留池的解析概率方程

根据《指南》中介绍的简易型生物滞留池结构示意图，生物滞留池可以概化为由植被覆盖层和原土组成，其表面一般设有 200～300mm 的超高用于蓄水。生物滞留池的水文过程由降雨、截流、下渗、溢流出流和蒸发组成，如图 7-4 所示。

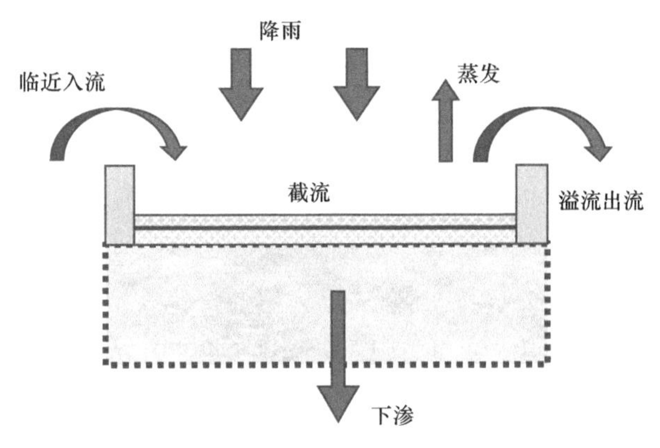

图 7-4　生物滞留池水文过程示意图

生物滞留池的雨水截留量大小同样取决于场次降雨中的入流量、下渗量及生物滞留池系统中的蓄水空间，在降雨过程中，降雨历时相对较短，蒸发量相对于下渗量而言较小，因此蒸发量可忽略不计（Zhang and Guo，2013c），则水量平衡方程表示为

$$v_{rb} = v_{ib} - F_b - R_b \tag{7-38}$$

式中，v_{rb} 为生物滞留池系统在场次降雨中的出流径流深，mm；v_{ib} 为场次降雨中的入流径流深，mm；F_b 为场次降雨中下渗到底层土壤的径流量，mm；R_b 为场次降雨开始前生物滞留池系统中的蓄水能力，mm；对于没有排水层的生物滞留池，v_{rb} 表示地表漫流的径流量，对于包含排水层的生物滞留池，v_{rb} 表示表面溢流和排水出流的总径流量。

生物滞留池的入流径流包括两部分：一部分为直接落入生物滞留池的径流量，另一部分为相邻不透水区域的产流汇入量。由相关规范规定可知，生物滞留池与汇水面积之比一般在 5%～10%，汇水面积相对较大且汇流流量较多，而不透水区的洼地蓄水量较少，一般在 1～3mm 范围内，因此降雨落至不透水区域时，为简化运算，选择忽略不透水区的洼地截留雨量，即令 $S_{di}=0$，假设降雨在不透水面积上雨水全部转化为径流，并汇入生物滞留池，该假设高估了生物滞留池的入流量，由此计算的生物滞留池削减率是偏保险的值，符合工程设计原则，因此认为该假设合理。设相邻不透水区域面积与生物滞留池面积的比值为 r，得到进入生物滞留池的总入流量为

$$v_{ib} = (r+1)v \tag{7-39}$$

式中，v_{ib} 为生物滞留池总入流量，单位为 mm。对于不接受相邻不透水区产流的生物滞留池的情况，上式可简化为 $v_{ib} = v$。

联合式（7-38）和式（7-39），生物滞留池总入流量的期望值 $E(v_{ib})$ 可由下式计算：

$$E(v_{ib}) = \int_0^{\infty}(r+1)v\zeta e^{-\zeta v}dv = \frac{1+r}{\zeta} \tag{7-40}$$

根据生物滞留池设计标准，设施内设置有溢流设施。溢流的堤护高度根据植物耐性和土壤渗透能力来确定，一般高度为 200～300mm，降雨时径流在生物滞留池内滞留储蓄，假设蓄水高度为堤护高度，且植被洼地蓄水能力为堤护蓄水的一部分。部分生物滞留池设置有蓄水层，蓄水能力与调料孔隙率有关，因此生物滞留池的蓄水能力（$R_{b\max}$）为

$$R_{b\max} = S_{db} + n_s h_d \tag{7-41}$$

式中，S_{db} 为堤护滞水高度，mm；n_s 为填料孔隙率；h_d 为滞水层高度，mm，若没有设置蓄水层，则 $h_d = 0$。

在降雨结束后的干旱期间，生物滞留池系统中截留的水量通过蒸散发和下渗消耗，假设下渗过程中，只考虑垂直下渗量，且下渗速率为常量 K。同样假设在降雨结束后，生物滞留池的截水空间达到饱和，则完全排空恢复截水能力的时间由下式计算：

$$t_d = \frac{R_{b\max}}{E_a + K} \tag{7-42}$$

式中，t_d 为排空所需时间，h；E_a 为平均蒸发速率，mm/h；K 为平均下渗速率，mm/h。

根据 t_d 与 b 的关系，计算生物滞留池的截水能力（R_b）为

$$R_b = \begin{cases} (E_a + K)b, & b \leqslant t_d \\ R_{b\max}, & b > t_d \end{cases} \tag{7-43}$$

根据降雨历时和平均下渗速率，计算降雨过程中生物滞留池下渗到土壤的径流水量（F_b）为

$$F_b = Kt \tag{7-44}$$

默认当邻近不透水区不产流时，生物滞留池也不产流。同理，联合式（7-38）和式（7-41）～式（7-44）可得生物滞留池产流量（v_{rb}）与雨量（v）的关系为

$$v_{rb} = \begin{cases} 0, & b \leqslant t_d \text{ and } v \leqslant \dfrac{(E_a+K)b+Kt}{r+1} \text{ or } \left(b > t_d \text{ and } v \leqslant \dfrac{R_{b\max}+Kt}{r+1}\right) \\ (r+1)v-(E_a+K)b-Kt, & b \leqslant t_d \text{ and } v > \dfrac{(E_a+K)b+Kt}{r+1} \\ (r+1)v-R_{b\max}-Kt, & b > t_d \text{ and } v > \dfrac{R_{b\max}+Kt}{r+1} \end{cases} \tag{7-45}$$

式（7-45）表明生物滞留池出流流量与降雨特征的关系，根据概率分布理论可以求解生物滞留池出流量的概率函数（Zhang and Guo，2013b）。首先计算不出流情况的概率为

$$
\begin{aligned}
&P(V_{\mathrm{rb}}=0) \\
&=\int_0^{\infty}\int_0^{t_{\mathrm{d}}}\int_0^{\frac{(E_{\mathrm{a}}+K)b+Kt}{r+1}} \zeta \mathrm{e}^{-\zeta v}\psi \mathrm{e}^{-\psi b}\lambda \mathrm{e}^{-\lambda t}\mathrm{d}v\mathrm{d}b\mathrm{d}t \\
&\quad+\int_0^{\infty}\int_{t_{\mathrm{d}}}^{\infty}\int_0^{\frac{R_{\mathrm{b\,max}}+Kt}{r+1}} \zeta \mathrm{e}^{-\zeta v}\psi \mathrm{e}^{-\psi b}\lambda \mathrm{e}^{-\lambda t}\mathrm{d}v\mathrm{d}b\mathrm{d}t \\
&=1-C_2[C_3+(1-C_3)C_4]
\end{aligned}
\tag{7-46}
$$

同理，其中，

$$
C_2=\frac{\lambda(r+1)}{\lambda(r+1)+\zeta K} \tag{7-47}
$$

$$
C_3=\mathrm{e}^{-\frac{[\psi(r+1)+\zeta(E_{\mathrm{a}}+K)]R_{\mathrm{b\,max}}}{(r+1)(E_{\mathrm{a}}+K)}} \tag{7-48}
$$

$$
C_4=\frac{\psi(r+1)}{\psi(r+1)+\zeta(E_{\mathrm{a}}+K)} \tag{7-49}
$$

生物滞留池发生溢流时，溢流的概率为

$$
\begin{aligned}
&P(0<V_{\mathrm{rb}}<v_{\mathrm{rb}}) \\
&=\int_0^{\infty}\int_0^{t_{\mathrm{d}}}\int_{\frac{(E_{\mathrm{a}}+K)b+Kt}{r+1}}^{\frac{(E_{\mathrm{a}}+K)b+Kt+v_{\mathrm{rb}}}{r+1}} \zeta \mathrm{e}^{-\zeta v}\psi \mathrm{e}^{-\psi b}\lambda \mathrm{e}^{-\lambda t}\mathrm{d}v\mathrm{d}b\mathrm{d}t \\
&\quad+\int_0^{\infty}\int_{t_{\mathrm{d}}}^{\infty}\int_{\frac{R_{\mathrm{b\,max}}+Kt}{r+1}}^{\frac{R_{\mathrm{b\,max}}+Kt+v_{\mathrm{rb}}}{r+1}} \zeta \mathrm{e}^{-\zeta v}\psi \mathrm{e}^{-\psi b}\lambda \mathrm{e}^{-\lambda t}\mathrm{d}v\mathrm{d}b\mathrm{d}t \\
&=C_2\left(1-\mathrm{e}^{-\frac{\zeta v_{\mathrm{rb}}}{r+1}}\right)[C_3+(1-C_3)C_4]
\end{aligned}
\tag{7-50}
$$

联合式（7-46）和式（7-50）求得生物滞留池出流流量的累计分布函数为

$$
F(v_{\mathrm{rb}})=P(V_{\mathrm{rb}}=0)+P(0<V_{\mathrm{rb}}<v_{\mathrm{rb}})=1-\mathrm{e}^{-\frac{\zeta v_{\mathrm{rb}}}{r+1}}C_2[C_3+(1-C_3)C_4] \tag{7-51}
$$

根据概率分布理论，对式（7-51）求一阶导数，得到关于 v_{rb} 的概率密度函数为

$$
f(v_{\mathrm{rb}})=\frac{\zeta}{r+1}\mathrm{e}^{-\frac{\zeta v_{\mathrm{rb}}}{r+1}}C_2[C_3+(1-C_3)C_4] \tag{7-52}
$$

得到场次降雨中生物滞留池产流量的期望值[$E(v_{\mathrm{rb}})$]为

$$
E(v_{\mathrm{rb}})=\int_0^{\infty}v_{\mathrm{rb}}f(v_{\mathrm{rb}})\mathrm{d}v_{\mathrm{rb}}=\frac{r+1}{\zeta}C_2[C_3+(1-C_3)C_4] \tag{7-53}
$$

计算得到生物滞留池径流削减量[$E(v_{\mathrm{cb}})$]为

$$
E(v_{\mathrm{cb}})=E(v_{\mathrm{ib}})-E(v_{\mathrm{rb}}) \tag{7-54}
$$

根据给定的入流量[式（7-40）]和出流量[式（7-53）]计算生物滞留池在长期降雨中的平均径流削减率（C_{b}）为

$$
C_{\mathrm{b}}=\frac{E(v_{\mathrm{ib}})-E(v_{\mathrm{rb}})}{E(v_{\mathrm{ib}})}=1-C_2[C_3+(1-C_3)C_4] \tag{7-55}
$$

利用式（7-53）～式（7-55）可以分析生物滞留池在场次降雨中的平均产流量、长期的平均径流削减量和径流削减率。

7.3 解析概率模型的评估验证

在构建上述解析概率模型时存在一定的假设和概化，为了验证其合理性和可靠性，本节以广州市天河智慧城为例，根据中国气象数据网（http://data.cma.cn）记录的数据确定平均蒸发速率，基于1980～2012年共33年的降雨数据，利用解析概率模型计算不同LID措施在场次降雨过程中的平均径流削减效果，然后使用同样的降雨作为输入条件，基于SWMM模拟计算33年连续降雨下LID措施对径流的削减效果，将两者所得结果进行对比分析，由此评估解析概率模型的合理性。

7.3.1 绿色屋顶解析概率模型评估

对绿色屋顶解析概率模型做了如下假设，绿色屋顶中土壤层含水率达到产水能力后开始排水，即绿色屋顶的最大截流能力为土壤层生长介质的田间持水量。一般情况下，绿色屋顶的土壤含水率不低于植物萎蔫点含水率，降雨过程中，默认了土壤层生长介质的渗透能力总大于降雨强度。

为了验证上述假设的合理性，在所构建的SWMM中增加一个5000m^{2}的绿色屋顶，汇水区参数等采用第6章中天河智慧城的水文水力参数，利用SWMM模拟计算33年连续降雨条件下绿色屋顶的径流削减效果；同时运用解析概率模型进行计算，其中模型的LID措施参数参考了Mai等（2019）的实验数据和相关文献，参数取值如表7-2和表7-3所示。

表7-2　SWMM中绿色屋顶的参数取值

表面层	植被蓄水深度/mm	植被覆盖率	曼宁系数	表面坡度/%	—	—	—
	2	0.2	0.15	0.3	—	—	—
土壤层	厚度/mm	孔隙率	产水能力	萎蔫点	水力传导度/（mm/h）	水力传导坡度	水吸力/mm
	50～150	0.173	0.166	0.05	5	10	30
排水垫层	厚度/mm	孔隙率	曼宁系数	—	—	—	—
	30	0.43	0.3	—	—	—	—

表7-3　解析概率模型中绿色屋顶的参数取值

参数	参数含义	取值
ϕ	径流系数	0.95
E_a/（mm/h）	蒸发速率	0.14
S_l/mm	植被与洼地截留的雨水总量	2
h/mm	土壤层生长介质厚度	50～150
θ_f	产水能力	0.166
θ_w	萎蔫点	0.05

以模型模拟结果中的径流削减率作为对比指标，SWMM 模拟绿色屋顶径流削减率（C_{rSWMM}）计算如下：

$$C_{\mathrm{rSWMM}}=\frac{\phi V_{\mathrm{rain}}-V_{\mathrm{runoff}}}{\phi V_{\mathrm{rain}}} \tag{7-56}$$

式中，ϕ 为径流系数；V_{rain} 为总雨量，mm；V_{runoff} 为绿色屋顶总径流量，mm。

以绿色屋顶的土壤层生长介质厚度作为变量，模拟不同情况下 SWMM 和解析概率模型的绿色屋顶径流削减率，以标准误差 σ 表示两者之间的误差，计算如式（7-57）所示，模拟结果如图 7-5 所示。

$$\sigma=\sqrt{\frac{\sum\Delta^2}{n}} \tag{7-57}$$

式中，Δ 为 SWMM 和解析概率模型模拟值之差；n 为模拟值个数。

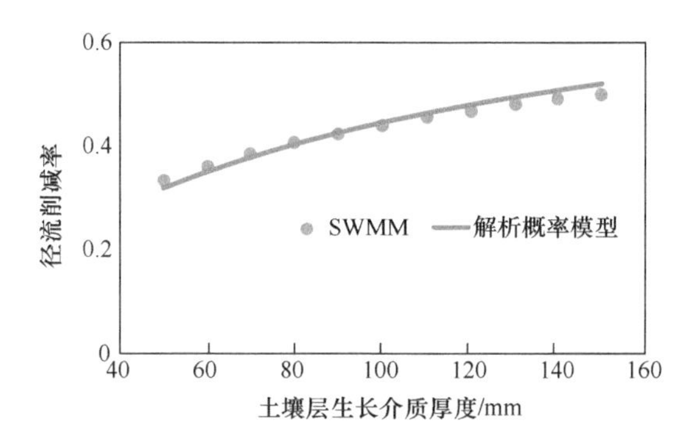

图 7-5　不同土壤层生长介质厚度的绿色屋顶径流削减率模拟结果对比

由图 7-5 可知两者模拟的结果相似，径流削减率均随着土壤层生长介质厚度增大而增大，且两者模拟结果的标准误差小于 3%，即解析概率模型的计算效果与 SWMM 的模拟效果只有微小差异，能较好地模拟绿色屋顶径流削减情况。

7.3.2　透水铺装解析概率模型评估

对透水铺装解析概率模型做了如下假设，透水铺装的路面层和填料的下渗速率总是大于入流速率，因此透水铺装在蓄水空间蓄满后才产流；透水铺装系统截留的水量下渗到原土时的速率与原土相同，即不考虑透水铺装填料的渗透能力对水流下渗速率的影响，同时忽略降雨初期较大的下渗速率，降雨过程中使用恒定的下渗速率参数；在干旱期假设蒸发速率是恒定均匀的，而在降雨期间由于降雨历时较短而忽略蒸散发的影响；在场次降雨结束时，即干旱期开始时默认透水铺装系统中蓄水空间为蓄满状态。

为了验证上述假设的合理性，在所构建的 SWMM 中增加一个 1000 m^2 的透水铺装，同时设置邻近入流的不透水区域面积为 1500 m^2，利用 SWMM 模拟计算 33 年连续降雨条件下透水铺装的径流削减效果，同时运用解析概率模型计算透水铺装径流削减效果，其中模型参数取值如表 7-4 和表 7-5 所示。

表 7-4　解析概率模型中透水铺装的参数取值

参数	参数含义	取值
E_a/（mm/h）	蒸发速率	0.14
K/（mm/h）	下渗速率	1.73
S_d/mm	表面蓄水深度	1
n_s	蓄水层孔隙率	0.42
h_d/mm	排水管偏移高度	0～400
r	邻近不透水区域面积比	1.5
S_{di}/mm	邻近区域洼地蓄水	2

表 7-5　SWMM 中透水铺装的参数取值

表面层	表面蓄水深度/mm	空间植被覆盖率	曼宁系数	表面坡度/%	—
	1	0	0.013	0.30	—
路面层	厚度/mm	孔隙率	不透水率	渗透率/（mm/h）	堵塞因子
	60	0.25	0	116	0
蓄水层	厚度/mm	孔隙率	下渗速率/（mm/h）	堵塞因子	—
	450	0.75	1.73	0	—
排水层	出流系数	出流指数	排水管偏移高度/mm	—	—
	1	0.50	0～400	—	—

在 SWMM 模拟结果中，透水铺装的径流削减率（C_{pSWMM}）的计算公式为

$$C_{pSWMM} = \frac{V_{in} - V_{runoff} - V_{drain}}{V_{in}} \tag{7-58}$$

式中：V_{in} 为流入透水铺装的入流总量，mm；V_{runoff} 为透水铺装地表出流的总径流，mm；V_{drain} 为透水铺装排水层的排水总量，mm。

以透水铺装中排水管偏移高度为变量，模拟不同情况下 SWMM 与解析概率模型的透水铺装径流削减率，模拟结果如图 7-6 所示。从图 7-6 中可以看出解析概率模型和 SWMM 模拟的透水铺装径流削减率相似，两者模拟结果的标准误差小于 5%，随着排水管偏移高度的增加，径流削减率增大，但增大速率逐渐减小，径流削减率越大，排水管偏移高度的提高对结果影响越小。在排水管偏移高度大于 200mm 后，径流削减率几乎不随高度的增加而增加，说明透水铺装蓄水能力存在一定限度，这个限值可以在未来研究中进一步探索。

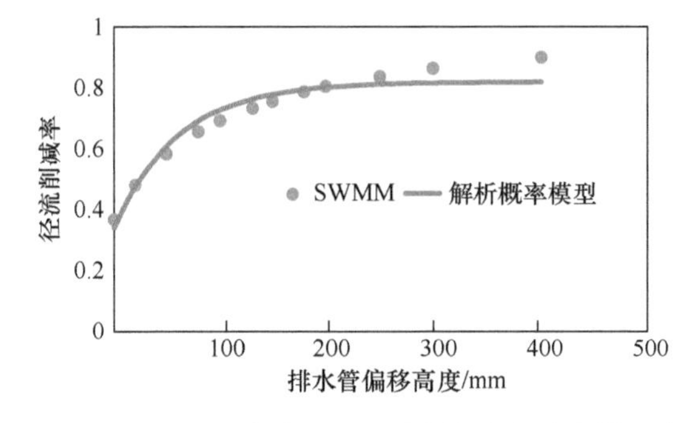

图 7-6　不同排水管偏移高度的透水铺装径流削减率模拟结果对比

7.3.3　生物滞留池解析概率模型评估

对生物滞留池的解析概率模型做了如下假设，根据生物滞留池设计标准，其表面植物以下填料覆盖层为 100～200mm，与原土相比厚度不大，因此忽略填料渗透性对下渗速率的影响，采用恒定的下渗速率参数进行分析；在场次降雨结束时，即干旱期开始时默认生物滞留池系统中蓄水空间为蓄满状态。

为了验证上述假设的合理性，在所构建的 SWMM 中增加一个 100m^2 的生物滞留池，同时设置邻近入流的不透水区域面积为 1000 m^2，即生物滞留池与邻近入流的不透水区域面积比值为 1∶10。利用 SWMM 模拟计算 33 年连续降雨条件下，生物滞留池的径流削减效果，模型参数取值如表 7-6 所示。同时运用解析概率模型计算生物滞留池的径流削减效果，其模型参数取值如表 7-7 所示。

表 7-6　SWMM 中生物滞留池的参数取值

表面层	护堤蓄水高度/mm	空间植被覆盖率	曼宁系数	表面坡度/%	—	—	—
	50～300	0.20	0.11	1	—	—	—
土壤层	厚度/mm	孔隙率	土壤持水率	萎蔫点	水力传导度/（mm/h）	水力传导坡度	水吸力/mm
	100	0.45	0.16	0.05	3	10	30

表 7-7　解析概率模型中生物滞留池的参数取值

参数	参数含义	取值
E_a/（mm/h）	蒸发速率	0.14
K/（mm/h）	下渗速率	3
S_{db}/mm	护堤蓄水高度	50～300
r	邻近不透水区域面积比	10

在 SWMM 模拟结果中，透水铺装的径流削减率（C_{bSWMM}）的计算公式为

$$C_{bSWMM} = \frac{V_{in} - V_{runoff}}{V_{in}} \tag{7-59}$$

式中，V_{in} 为流入生物滞留池的入流总量，mm；V_{runoff} 为生物滞留池地表出流的总径流，mm。

改变生物滞留池的堤护蓄水高度参数，模拟不同情况下 SWMM 和解析概率模型的生物滞留池的径流削减率，结果如图 7-7 所示。结果表明解析概率模型模拟结果与 SWMM 相似，两者结果的标准误差约为 3%，随着堤护蓄水高度的增加，生物滞留池的径流削减率也随之提高，且径流削减率提高渐趋缓慢，与透水铺装情况类似，说明生物滞留池的蓄水空间同样有限，同时邻近区域入流较大也是造成径流削减率增大缓慢的因素，这部分内容可在后续研究中深入探讨。

上述分析结果表明，绿色屋顶、透水铺装和生物滞留池的解析概率模型计算结果与 SWMM 模拟结果均较为接近，该解析概率模型的计算结果精度达到实际应用中的要求，可用于规划建设过程中估算这些 LID 措施的径流削减效果。如果对这些 LID 措施进行

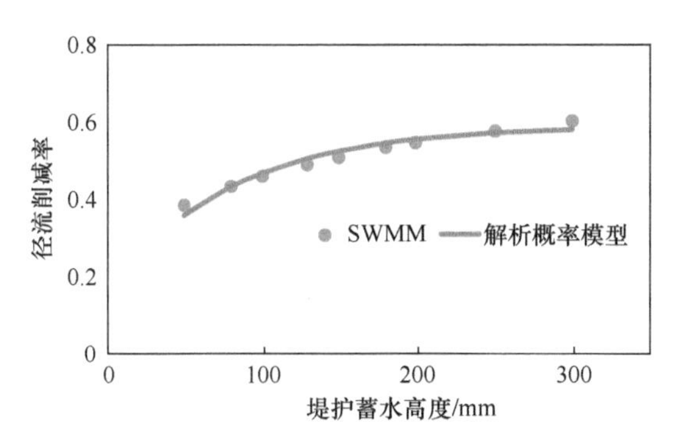

图 7-7　不同堤护蓄水高度的生物滞留池径流削减率模拟结果对比

长期的实验室试验或实地观测并收集数据，则根据观测数据对解析概率模型做进一步验证可进一步说明模型的合理性。

7.4　基于解析概率模型的 LID 效益优化评估

成本效益是推广建设 LID 措施过程中广受关注的重点问题之一，对生命周期成本效益的分析有利于工程中的成本控制，并能反映 LID 措施的使用效益，能为工程规划建设提供重要参考。在上文选择土壤层生长介质厚度为 50mm 的绿色屋顶、排水管偏移高度为 100mm 的透水铺装和护堤蓄水高度为 200mm 的生物滞留池作为研究对象，分析评价不同 LID 措施的生命周期成本效益。

7.4.1　LID 生命周期成本分析

生命周期成本分析是指综合考虑项目或某些产品在建设及使用的生命周期内所产生的有关成本与效益，并对两者进行量化评估与分析。对 LID 措施进行生命周期成本效益评价有利于实现海绵城市建设更好的规划布局，能够更全面地分析建设 LID 措施的经济效益，为项目工程提供更完善和更经济的方案。

根据 LID 措施的生命周期中的三个阶段，其生命周期成本可分为初始建设成本、运营维护成本和使用结束时 LID 措施的残值等，其中生命周期成本分解如图 7-8 所示。

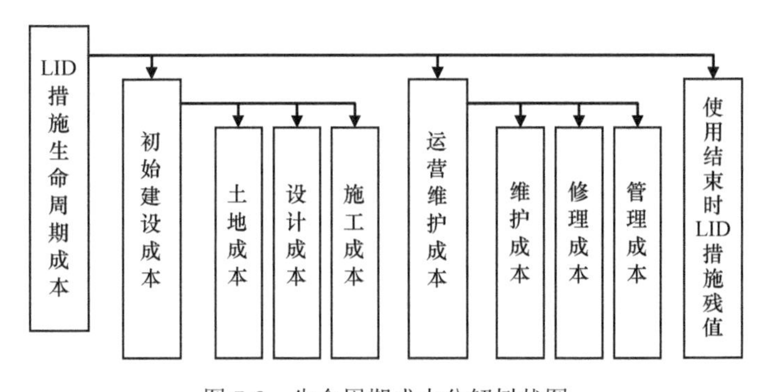

图 7-8　生命周期成本分解树状图

通过把各种成本折算成现值然后求和，可以得到 LID 措施生命周期成本，按照初始建设成本（initial construction costs）、运营维护成本（operations and maintenance costs）和使用结束时 LID 措施的残值计算 LID 措施生命周期成本现值，公式如下：

$$\mathrm{LCC} = \mathrm{IC} + \sum_{y=0}^{n} f_y \cdot \mathrm{OMC} - f_n \cdot \mathrm{SV} \tag{7-60}$$

$$f_y = \frac{1}{(1+k)^y} \tag{7-61}$$

式中，LCC 为 LID 措施的生命周期成本现值，元；IC 为 LID 措施的初始建设成本，元；OMC 为每年的 LID 措施运营维护成本，元；SV 为 LID 措施在使用年限结束时的残值（salvage value），元；f_y 为把第 y 年的资金折算为现值的折算系数；f_n 为第 n 年的资金折算为现值的折算系数；n 为 LID 措施的设计使用寿命，年，本文按 LID 措施的设计使用寿命为 20 年算；k 为折现率，按 5%计算。

根据《指南》及相关参考文献（Mei et al.，2018；住房和城乡建设部，2015），结合广州市物价水平，确定不同 LID 措施的成本大小，其中土地成本在本书中不考虑，因为土地成本远比 LID 措施成本高得多，为了突出 LID 措施单元本身的建设成本，本章分析中仅考虑 LID 措施单元本身的成本大小。另外，运营维护成本按每年投入计算，并为方便计算，假设每年的投入成本是相等的。在实际建设过程中，考虑不同的设计要求，LID 措施结构有不同的设计标准，本书针对 LID 措施的蓄水能力考虑 LID 措施设置蓄水层和不设置蓄水层两种情况，各 LID 措施不同设计标准的单位面积成本价值如表 7-8 所示。

表 7-8　不同 LID 措施的成本值　（单位：元/m^2）

LID 类型	初始建设成本	每年运营维护成本	残值	生命周期成本
GR	428	43	100	926
GRst	507	50	100	1092
PP	634	6	5	707
PPst	721	7	5	806
BC	708	34	40	1117
BCst	816	39	40	1287

注：GR、PP、BC 分别表示不设置蓄水层的绿色屋顶、透水铺装、生物滞留池；GRst、PPst、BCst 分别表示设置蓄水层的绿色屋顶、透水铺装、生物滞留池。

7.4.2　NAGA-Ⅱ优化算法

非支配排序遗传算法Ⅱ（the non-dominated sorted genetic algorithm-Ⅱ，NSGA-Ⅱ），NSGA-Ⅱ是对传统遗传算法进行了改进的多目标优化进化算法，多目标优化通常包含目标函数和若干个约束条件，其形式可以描述为

$$\mathrm{Min}\ Y = \left\{ y_1 = f_1(x), y_2 = f_2(x), \cdots, y_j = f_j(x) \right\} \tag{7-62}$$

$$g_{jj}(x) \leqslant 0 \quad jj = 1,2,\cdots,m \tag{7-63}$$

$$F^* = \left\{(f_1, f_2, \cdots, f_j) \middle| f_n = f_n(x); n = 1,2,\cdots, j; x \in \Omega\right\} \tag{7-64}$$

式中，x 为决策变量；$f_j(x)$为目标函数；Y 为包括 j 个目标函数的目标空间；$g_{jj}(x)$为约束条件；F^* 为优化问题的可行解集。

在可行解集 F^* 中存在多个解，利用 NSGA-Ⅱ进行快速非支配排序并从中选出使各个目标取得最优的解集，称为 Pareto（帕雷托）最优解。根据支配关系，当且仅当 $\forall i \in \{1,2,\cdots,M\}, f_i(a) < f_i(b)$ 且 $\exists j \in \{1,2,\cdots,M\}, f_j(a) < f_j(b)$，则称 a 支配 b，记作 $a \prec b$。对于给定的决策变量，即 $\exists x \in \Omega$，如果不存在 $x' \in \Omega$ 使得 $f_i(x') < f_i(x)$，即不存在 $x' \prec x$，则称 x 为非支配解或 Min Y 的非支配解或 Pareto 最优解。

NSGA-Ⅱ迭代过程中，使用精英策略对种群中的个体进行筛选并保留优良个体到子代，如图 7-9 所示。父代种群 P_t 通过二进制交叉算子变异生成子代 Q_t，把父代种群和子代种群合并进行非支配排序，根据排序顺序选出优良的前 F_i 个体进入下一代种群。

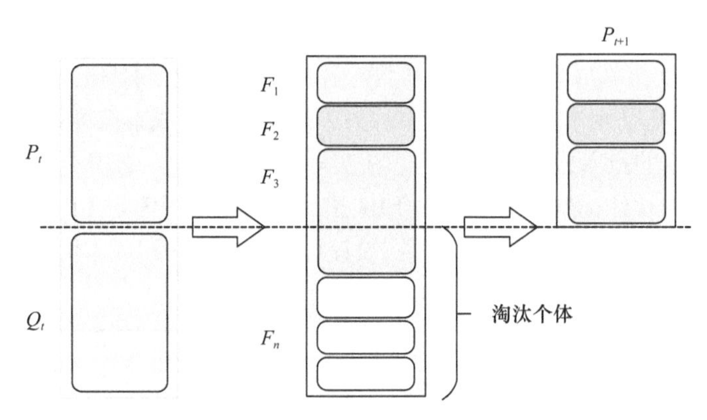

图 7-9　NSGA-Ⅱ精英策略示意图

应用 NSGA-Ⅱ中对种群进行非支配排序，要求将种群中每个解都与其他解进行一一比较，从而得出各个解支配的个体数量和被支配的个体数量，由此可得出某个解是否被其他的解支配。在算法运算过程中，若 Pareto 最优解能够快速收敛，则使所有 Pareto 最优解组成 Pareto 前沿，最优解在 Pareto 前沿分布越均匀越好，因此应用 NSGA-Ⅱ对个体的拥挤距离进行比较，通过拥挤度引导个体均匀分布在 Pareto 前沿上，个体间的拥挤距离越小，表示这些个体分布越密集。

在使用 NSGA-Ⅱ算法进行多目标优化计算时，需要设定种群的个体数量（N）和最大进化代数（Gen），具体算法流程如图 7-10 所示。主要分为以下步骤：第一步，初始化种群 P_t，随机生成个体数量为 N 的种群；第二步，对种群 P_t 进行非支配排序、计算拥挤度距离，根据精英策略选出优良个体直接进入子代，并对原种群 P_t 进行交叉变异，产生子代种群 Q_t，然后将其和 P_t 合并；第三步，对合并的种群进行非支配排序和拥挤度计算，根据锦标赛选择机制择优筛选出新的个体组成 P_{t+1}；第四步，若进化代数没有达到最大值，则重复第二步和第三步，直到进化代数达到最大值后输出 P_{t+1} 种群中的非支配个体。

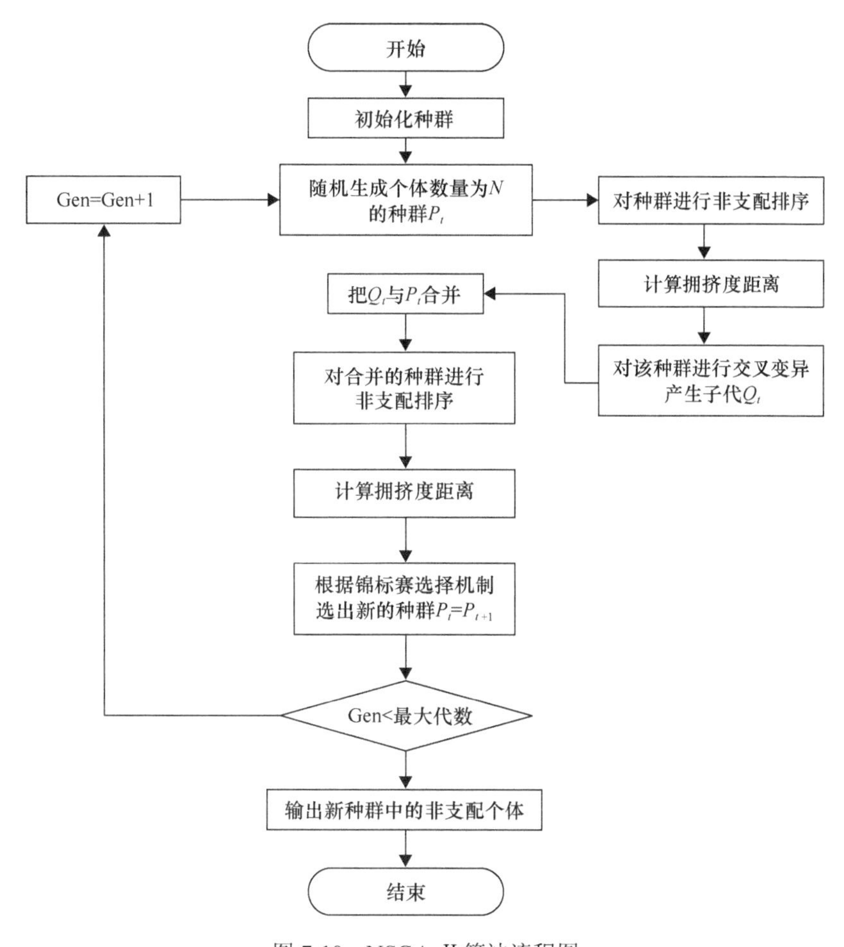

图 7-10　NSGA-Ⅱ算法流程图

7.4.3　LID 措施效益优化评估

选择生长介质厚度为 50mm 的绿色屋顶，排水管偏移高度为 100mm 的透水铺装和护堤蓄水高度为 200mm 的生物滞留池作为研究对象，其中假设设置有蓄水层的绿色屋顶、透水铺装和生物滞留池的蓄水厚度分别为 10mm、50mm 和 120mm，比较 LID 措施在设置蓄水层和不设置蓄水层的情况下对径流的削减效果，根据上文的解析概率模型和成本分析计算可得单位面积的各类 LID 措施的径流削减率、径流削减量和成本分析结果（图 7-11）。从图 7-11 中可以看出，对于同一种类的 LID 措施，设置蓄水层的措施比不设置蓄水层的措施具有更高的径流削减率和更大的径流削减量，但其相应的成本也更高。综合分析不同的 LID 措施发现，设有蓄水层的透水铺装的径流削减率最大，而且相对于绿色屋顶和生物滞留池，透水铺装的成本较低，因此透水铺装具有较好的成本效益。另外，设置蓄水层的生物滞留池的径流削减率并不是最高，且其成本最大，但径流削减量远大于其他 LID 措施，生物滞留池能够接纳较大范围的其他区域径流，具有较好的滞蓄雨水径流效果。

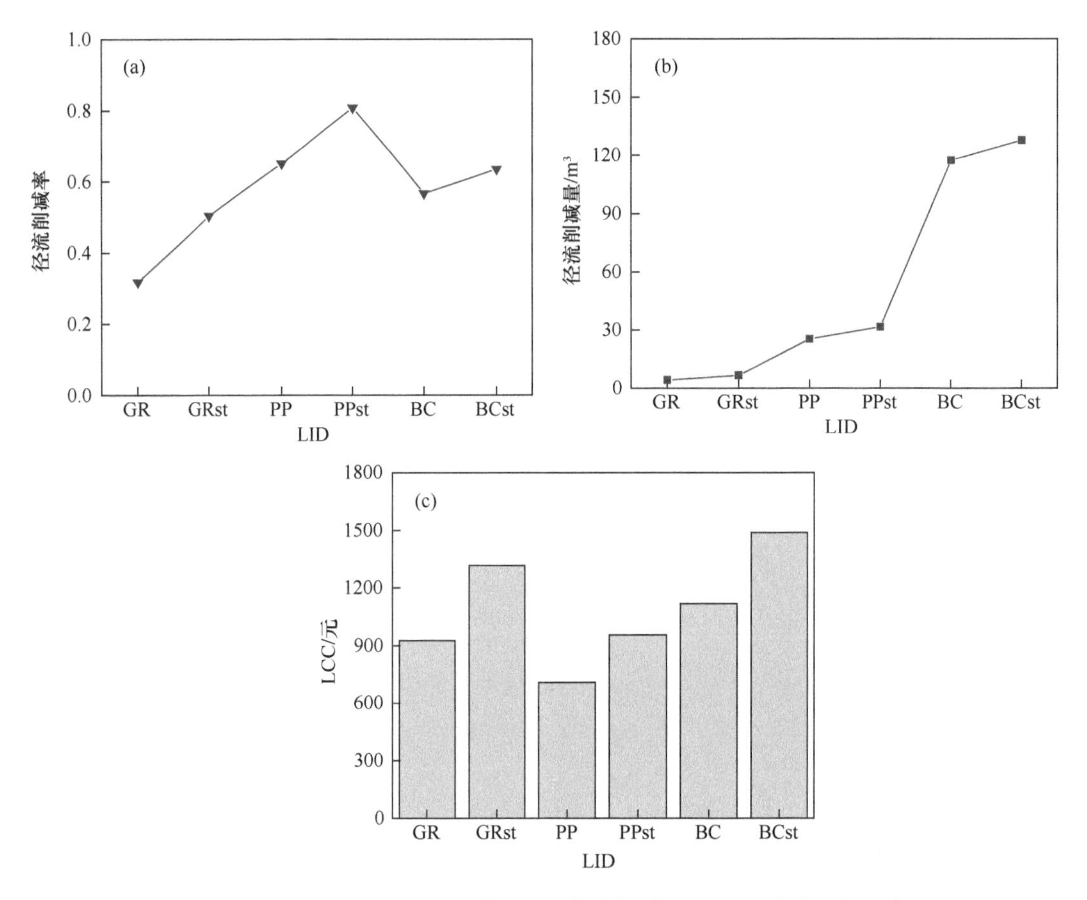

图 7-11　单位面积 LID 的径流削减率（a）、径流削减量（b）和生命周期成本（c）

值得注意的是，在 LID 措施的实际应用中，往往需要考虑土地成本的影响，由此造成不同的 LID 措施的成本效益不同。在本节中，绿色屋顶的生命周期成本比透水铺装高，而径流削减率和径流削减量均相对较低（图 7-11），因此其成本效益比较低，但在高度城镇化区域中，房屋和道路等较为密集，适用于其他 LID 措施的空间不多，而绿色屋顶将是理想的 LID 措施，而且在考虑土地成本的情况下，土地成本通常远大于建设成本，而绿色屋顶不占用城市用地，其 LCC 措施会比透水铺装和生物滞留池低，这种情况下绿色屋顶具有较好的成本效益。这意味着 LID 措施的成本效益随着实施环境的不同而不同，决策者在具体实施时需综合考虑城市区域的具体情况。

本节选择广州市天河智慧城汇水区作为研究对象，经过现场考察和调研，在研究区域中选出可以设置 LID 措施的地块。其中适合改造为绿色屋顶的面积为 2.51 hm^2，适合建造透水铺装的用地面积为 2.97 hm^2，适合建造生物滞留池的用地面积为 0.21 hm^2。

选用以解析概率模型计算的 LID 措施的径流削减量和 LID 措施的生命周期成本作为优化的目标函数，利用 NSGA-Ⅱ对不同规模的 LID 措施组合方案进行成本效益优化，NSGA-Ⅱ算法初始化中设置群众个体数量为 1200，遗传代数为 1200，优化结果如图 7-12 所示。从图 7-12 中可以看出，设置蓄水层和不设置蓄水层这两种情况有着相似的成本效益结果。随着生命周期成本投入的加大，LID 措施的径流削减量也随之增大，生命周期成本效益曲线由不同坡度的三条线组成，坡度越缓表示成本生命周期的增加快于径流削减效果的增大。在投资成本较少时，生物滞留池的建设对径流削减量贡献最大；随着建设成本增加，透水铺装建设变得越来越重要，因为透水铺装有较大的建设面积，且成本较小，体现出较好的成本效益；绿色屋顶的径流削减能力较弱，因此在投资充足的时候才会考虑。

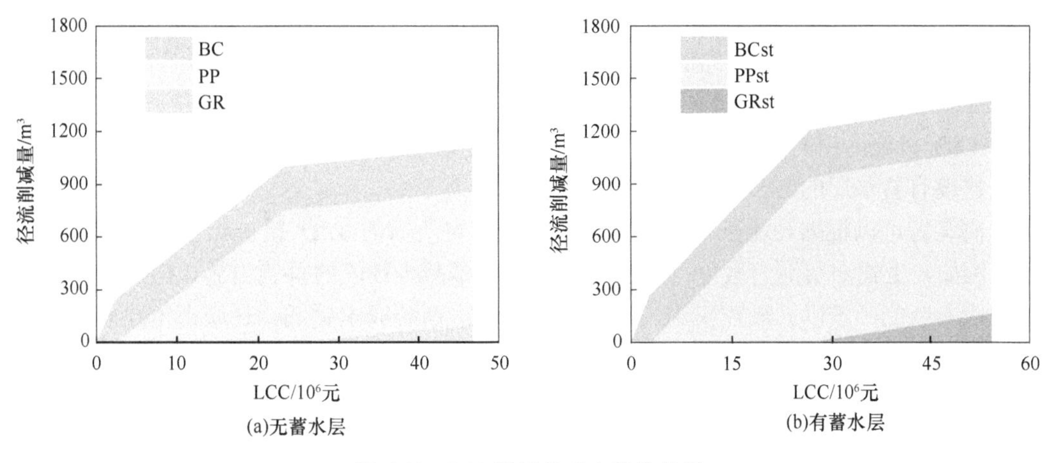

图 7-12　LID 措施的成本优化结果

有蓄水层和无蓄水层的 LID 措施成本效益曲线，即其 Pareto 前沿曲线如图 7-13 所示，曲线上的每个点代表一个最优解，即 Pareto 最优解。从图 7-13 中可以看出，有蓄水层的 LID 措施的径流削减效果较好，在成本较低时，有无蓄水层的 LID 措施径流削减能力差异不大，随着成本的增加，有蓄水层的 LID 措施径流削减效益明显优于无蓄水层的 LID 措施。为了描述不同方案情景下的差异，在图中选择了三个不同的 LID 措施规模方案作对比，结果如表 7-9 所示。

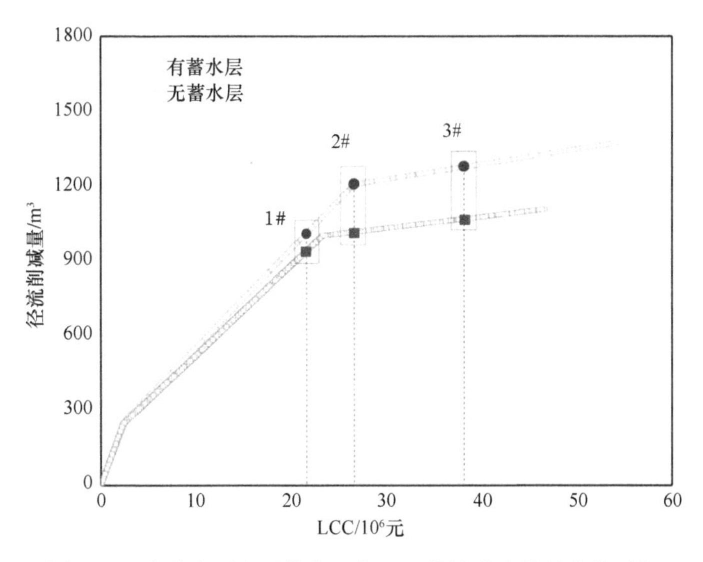

图 7-13　有蓄水层和无蓄水层的 LID 措施成本效益曲线对比

表 7-9　不同方案中的 LID 措施规模大小　（单位：hm^2）

方案	GR	PP	BC	GRst	PPst	BCst
1#	0	2.68	0.21	0	2.34	0.21
2#	0.26	2.97	0.21	0	2.92	0.21
3#	1.46	2.97	0.21	1.09	2.97	0.21

由表 7-9 可知，对于相同的成本，无蓄水层的 LID 措施必须建设更大的规模才能达到有蓄水层 LID 措施的径流削减能力；同理，在同样的径流削减效果情况下，设有蓄水层的 LID 措施占用的土地面积更少，因此，当建设 LID 措施的土地有限时，最好的选择是建设有蓄水层的 LID 措施。

决策者可以根据径流削减的目标和预算来确定所需的 LID 措施组合方案和规模大小。例如，生物滞留池有较好的径流滞蓄能力，是减少径流的首选设施，但由于建设法规和成本限制，难以大规模实施。相比之下，透水铺装成本更低，且城市道路较多，因此透水铺装适用范围较广，在海绵城市建设和雨水管理中比较适合选用。另外，绿色屋顶的成本较高而效益较低，但是绿色屋顶的建设不需要占用城市用地，在城镇化程度高和房屋密集的地方建设绿色屋顶是很好的选择。

7.5　小　　结

本章为 LID 措施的成本效益优化提供了一个综合评价框架，该评价框架为评价 LID 措施的水文效应和建设方案提供了一种简便的方法。根据历史降雨资料和 LID 措施设计参数可以较为方便地估计 LID 措施的径流削减效益，并能对 LID 措施的建设方案提供优化，成本效益分析结果将有利于决策者制定 LID 措施策略，主要结论如下。

（1）采用指数函数拟合广州市降雨特征频率取得了良好的结果，说明可以采用指数型概率密度函数描述广州市降雨特征，并为解析概率模型奠定基础。

（2）使用解析概率模型求解 LID 措施的入流和出流关系并计算径流削减率，其计算的径流削减结果和 SWMM 的模拟结果较为吻合。对比采用 SWMM 进行模拟，使用解析概率模型能够避免复杂的建模过程和下垫面地形处理过程，后者更有效地提高 LID 措施建设成本效益估算效率。

（3）基于 LID 措施的成本效益，采用 NSGA-Ⅱ优化算法对 LID 措施的建设规模进行优化，就 LID 各措施的单位面积径流削减量而言，生物滞留池的削减能力最强，透水铺装次之，但在实际应用中，生物滞留池受限于建设规模，在研究区域中能发挥的削减效果一般，而由于透水铺装可以大面积建设，因此能够提供较好的径流削减效果，因此透水铺装和生物滞留池相比，前者具有较好的成本效益。

（4）讨论了设置蓄水层对 LID 措施成本效益的影响，有蓄水层的 LID 措施径流削减效益更大，但成本也更高，且无蓄水层的 LID 措施需要更大的规模才能达到有蓄水层 LID 措施的径流削减能力，因此需根据实际情况的不同而选择不同的 LID 措施的建设策略。

此外，解析概率模型能够应用在更多种类的 LID 措施中，而且可以对模型中的参数进行进一步敏感性分析。解析概率模型中，以均质土壤概化了 LID 措施的土壤分层结构，以截流空间、土壤含水量和土壤下渗能力表示 LID 措施的滞水能力，在日后的研究中可进一步细化不同土壤的滞水能力，以更加准确地计算 LID 措施的滞水能力。

第 8 章 城市区域径流污染特征及 LID 措施控制效果

8.1 径流样品采集及水质检测

8.1.1 径流采样方法

在本书第 6 章中，在特定的下垫面采集雨水样品用于模型参数的率定与验证，为了深入研究区域径流污染物浓度变化规律，在研究区域中选取了更多种类下垫面作为径流样品采集的对象，其中下垫面类型包括屋顶、绿色屋顶、道路、绿地和停车场（广场）5 种（图 8-1），其中绿色屋顶的径流采集为后续 LID 措施的研究奠定基础，其余 4 种下垫面类型基本涵盖了研究区域内的所有用地类型。降雨时，分别在各下垫面单元的排水出口处采集径流样品，具体采样方法见第 6 章，水质检测项目包括 6 项，分别为 TSS、BOD_5、COD、NH_3-N、TN 和 TP。具体的水质检测指标、水样检测方法以及检出限如表 8-1 所示。

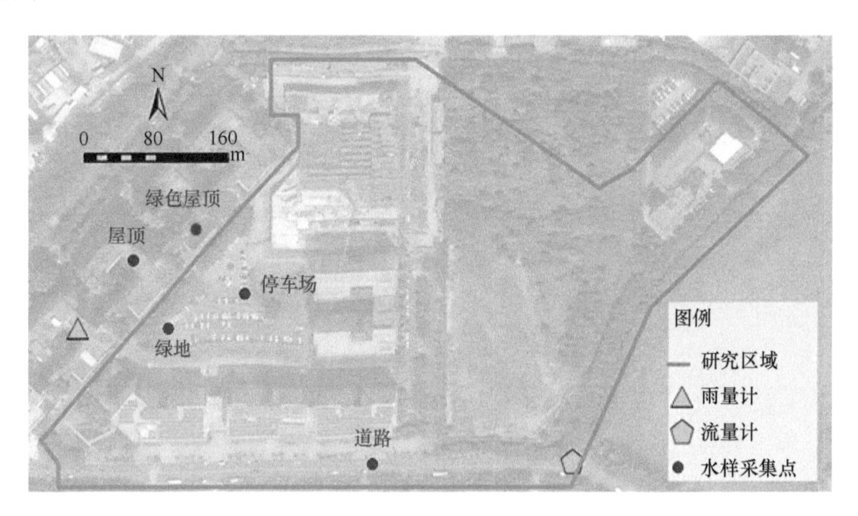

图 8-1 水样采集点分布图

表 8-1 样品水质指标检测方法汇总表

检测项目	检测方法	使用仪器	方法检出限
TSS	《水质 悬浮物的测定 重量法》（GB/T 11901—1989）	万分之一电子天平 BSA224S	4 mg/L
COD	《水质 高锰酸盐指数的测定》（GB/T 11892—1989）	滴定管	0.5 mg/L

续表

检测项目	检测方法	使用仪器	方法检出限
BOD_5	《水质 五日生化需氧量（BOD_5）的测定 稀释与接种法》（HJ 505—2009）	生化培养箱 LRH-250A	0.5 mg/L
TP	《水质 总磷的测定 钼酸铵分光光度法》（GB/T 11893—1989）	紫外可见分光光度计 UV-1800	0.01 mg/L
TN	《水质 总氮的测定 碱性过硫酸钾消解紫外分光光度法》（HJ 636—2012）	紫外可见分光光度计 UV-1800	0.05 mg/L
NH_3-N	《水质 氨氮的测定 纳氏试剂分光光度法》（HJ 535—2009）	紫外可见分光光度计 UV-1800	0.025 mg/L

8.1.2　降雨特征与污染物指标

2018 年成功采集了 3 场降雨径流样品，3 场降雨分别标记为降雨 i 、降雨 ii 和降雨 iii，采集样品个数总共 84 个，对场次降雨特征进行统计并按照中国气象局颁布的降水强度等级划分标准对降雨等级进行划分，结果如表 8-2 所示，样品送检后根据水质指标数据统计其数据特征，其中变异系数 C_v 的计算公式如下：

$$C_v = \frac{\sigma}{\bar{x}} = \frac{\sqrt{\sum (x-\bar{x})^2 / N}}{\bar{x}} \tag{8-1}$$

式中，σ 为样本数据标准差；$\bar{x}$ 为样本数据均值；x 为样本数据值；N 为样本数量。统计数据特征值汇总如表 8-3 所示。

表 8-2　采样期间的降雨特征

降雨场次	降雨历时/min	雨量/mm	平均降雨强度/（mm/min）	最大降雨强度/（mm/min）	前期干旱天数/d	样品数量/个	降雨强度划分
i	93	73.6	0.79	2.2	3	32	暴雨
ii	25	7.6	0.30	1.2	8	26	中雨
iii	42	20	0.37	1.8	10	26	大雨

表 8-3　所采水样的水质指标数据特征值汇总　（单位：mg/L）

水质指标	TSS	COD	BOD_5	TP	TN	NH_3-N
最大值	421.00	61.60	42.60	2.51	4.40	2.97
最小值	4.00	1.40	1.10	0.01	0.31	0.09
中值	35.00	9.55	7.85	0.09	0.91	0.47
$\bar{x}$	53.57	10.98	8.68	0.10	1.33	0.83
C_v	1.19	0.82	0.76	0.75	0.72	0.90

如表 8-3 中所示，各类污染物指标的变异系数均较大，说明不同下垫面的径流过程中污染物浓度变化较大，不确定性较强，为了表征污染物浓度在场次降雨中的特征，统计场次降雨中污染物浓度的平均值，即场次平均浓度（event mean concentration，EMC），将其作为在单场次降雨中地表径流污染物在整个径流过程中的浓度，相对于场次降雨中

径流瞬时浓度的不确定性，EMC 的变化响应较慢，且更容易监测，从而可以简化对场次降雨的径流污染负荷进行定量分析。EMC 计算公式如下：

$$\mathrm{EMC}=\frac{\int_0^T C(t)Q(t)\mathrm{d}t}{\int_0^T Q(t)\mathrm{d}t}\approx\frac{\sum\overline{C}(t_i)\overline{Q}(t_i)\Delta t}{\sum\overline{Q}(t_i)\Delta t} \tag{8-2}$$

式中，$C(t)$为污染物瞬时浓度，mg/L；$Q(t)$为径流瞬时流量，L/s；$\overline{C}(t_i)$为采样间隔时间Δt内的污染物平均浓度，mg/L；$\overline{Q}(t_i)$为采样间隔时间Δt内的平均流量，L/s。

在实际采样过程中，污染物瞬时浓度难以连续获得，因此采用一定时间内的污染物平均浓度进行概化，本章假设采集水样所监测的污染物浓度为采样间隔时间内的平均浓度。

在径流计算过程中，按照《室外排水设计标准》（GB 50014—2021）和《建筑给水排水设计标准》（GB 50015—2009）规定，在区域汇水面积不超过 2 km^2 时，可采用推理公式法计算径流量，公式如下：

$$\overline{Q}(\Delta t)=\overline{q}(\Delta t)\varphi A \tag{8-3}$$

式中，$\overline{q}(\Delta t)$为Δt时段内的平均雨量，L/（min·m^2）；A为下垫面区域汇水面积，m^2；φ为径流系数。根据以上两个公式，统计各下垫面径流污染物的 EMC 值，如表 8-4 所示，并把计算结果与《污水综合排放标准》（GB 8978—1996）（表 8-5）和《地表水环境质量标准》（GB 3838—2002）（表 8-6）的水质标准作对比。

表 8-4　各下垫面径流污染物的 EMC 值　（单位：mg/L）

降雨场次	类型	TSS	COD	BOD_5	TP	TN	NH_3-N
i	屋顶	12.31	2.33	1.65	0.01	0.60	0.32
ii		23.05	4.73	4.22	0.04	0.77	0.48
iii		63.75	13.98	9.49	0.03	2.02	1.53
i	绿色屋顶	26.74	8.15	6.82	0.13	0.66	0.37
ii		35.63	13.66	11.39	0.12	1.20	0.44
iii		67.75	30.58	23.33	0.20	2.53	1.84
i	道路	31.66	3.06	2.46	0.08	0.77	0.43
ii		31.79	7.11	6.17	0.04	1.07	0.55
iii		62.75	20.91	14.96	0.10	2.78	2.22
i	绿地	153.74	9.88	7.57	0.20	0.94	0.34
ii		24.63	6.85	5.92	0.03	0.80	0.43
iii		66.84	21.17	17.61	0.12	2.67	2.12
i	停车场	61.73	8.74	7.22	0.17	0.63	0.41
ii		11.47	3.43	3.17	0.06	0.72	0.21
iii		154.45	15.71	12.37	0.11	3.26	2.08

表 8-5　污染物最高允许排放浓度　（单位：mg/L）

污染物	适用范围	一级标准	二级标准
TSS	城镇二级污水处理厂	20	30
COD	城镇二级污水处理厂	60	120
BOD_5	城镇二级污水处理厂	20	30
磷酸盐（以 P 计）	一切排污单位	0.5	1
NH_3-N	城镇二级污水处理厂	15	25

表 8-6　地表水环境质量标准基本项目标准限值　（单位：mg/L）

水质项目	Ⅰ类	Ⅱ类	Ⅲ类	Ⅳ类	Ⅴ类
COD≤	15	15	20	30	40
BOD_5≤	3	3	4	6	10
TP≤	0.02	0.1	0.2	0.3	0.4
TN≤	0.2	0.5	1.0	1.5	2.0
NH_3-N≤	0.15	0.5	1.0	1.5	2.0

从表 8-4 和表 8-5 中可以看出，在不同场次降雨下，各下垫面产生的径流污染物中 TSS 的平均浓度最高，说明研究区域内 TSS 污染负荷最高；大部分情况下 TSS 的平均浓度都大于城镇二级污水处理厂污水排放的二级标准，而 COD、BOD_5、NH_3-N 和 TP 的平均浓度则在大部分情况下都达到了城镇二级污水处理厂污水排放的一级标准，由此可以认为 TSS 为研究区域内的主要污染物，为径流污染物削减的主要对象。

从表 8-4 和表 8-6 可以看出，第iii场降雨中下垫面的径流污染物浓度比其他场次降雨高，水质浓度也超过了Ⅴ类水标准，是径流污染最严重的一场降雨，结合这场降雨特征可以推测出，降雨前期干旱天数对径流污染影响较大，而降雨强度及雨量与径流污染情况没有必然联系。另外，综合分析各下垫面污染物平均浓度情况，屋顶的污染物平均浓度相对于其他下垫面普遍偏小，可能的原因为屋顶受到较少的人为活动因素的影响，主要污染物来源为大气尘埃沉淀，因此污染物浓度较低；而绿色屋顶上的径流污染物平均浓度比普通屋顶高，可能的原因是绿色屋顶上的植被施肥与土壤有机质在雨水冲刷下造成径流污染物浓度提高，因此绿色屋顶上的径流污染物平均浓度比普通屋顶高，这一结论与相关文献（印定坤等，2019）对绿色屋顶的人工模拟降雨实验的研究结论相符，这也从侧面说明了绿色屋顶对径流的主要影响在于对径流量的调控，在后续关于径流污染物削减的研究中不宜考虑绿色屋顶的作用。此外，各污染指标中，有 50%的样本显示 BOD_5 超出Ⅳ类水标准，55%的样本显示 TN 超出Ⅳ类水标准，即 BOD_5 和 TN 为主要超标污染物，因此，在径流污染物削减研究中要重点考虑这两种污染物。

同时，为研究同一种下垫面上不同降雨产生的径流污染变化情况，计算了不同场次降雨下污染物 EMC 值的变异系数，如表 8-7 所示。从表 8-7 中可以看出，各污染物的 EMC 值的变异系数绝大部分不超过 1，为中等变异程度，说明在同种下垫面的径流过程中，污染物变化程度相对不大，降雨对不同污染物的影响相似，说明降雨对污染物的冲刷规律类似，研究不同污染物时可选用同样的冲刷模型。

表 8-7　不同场次降雨下污染物 EMC 值的变异系数

类型	屋顶	绿色屋顶	道路	绿地	停车场
TSS	0.67	0.41	0.69	0.66	0.90
COD	0.69	0.45	0.57	0.49	0.54
BOD_5	0.70	0.64	0.59	0.50	0.55
TP	1.29	0.66	0.73	0.58	0.60
TN	0.47	0.81	0.44	0.58	0.65
NH_3-N	0.99	0.85	0.88	0.85	1.18

8.2　基于主成分分析法的污染物特征分析

8.2.1　主成分分析法

主成分分析法是由 Harold（1933）发展完善的无量纲、多变量数据分析方法，其基于线性回归方法对高维数据进行降维分析，把多个变量简化为较少的几个主成分，这些主成分相互独立并能够反映原变量中的大部分信息，通常主成分能表示为原始变量的线性组合。使用 PCA 可以从数据集中提取重要信息进行分析，通过只保留这些重要信息来对数据集进行压缩和降维，把复杂、多维的数据进行简化，可以理解为在代数基础上对原始数据向量的协方差矩阵进行变换，使其转变为对角矩阵；在几何坐标上，选定合适的正交向量，使数据尽可能多地落在正交坐标轴方向，从而实现高维变量向低维变量的转换，增强对数据分析的针对性，同时节省分析时间，其具体实现步骤如下。

（1）假设现有径流水质样本 n 个，每个样本有 p 个指标，则由此列出原始数据矩阵为

$$X=\begin{bmatrix} x_{11} & x_{12} & \cdots & x_{1p} \\ x_{21} & x_{22} & \cdots & x_{2p} \\ \vdots & \vdots & \ddots & \vdots \\ x_{n1} & x_{n2} & \cdots & x_{np} \end{bmatrix}=(X_1 \quad X_2 \quad \cdots \quad X_p)=(x_{ij})_{n\times p} \tag{8-4}$$

（2）对原始数据进行无量纲化处理，使用 Z-Score 标准化对数据进行预处理，得到数据的标准化矩阵 $Z=(z_{ij})_{n\times m}$，计算公式如下：

$$z_{ij}=\frac{x_{ij}-\overline{x}_j}{\sqrt{\mathrm{var}(x_j)}} \qquad i=1,2,\cdots,n;\ j=1,2,\cdots,p \tag{8-5}$$

式中，x_{ij} 为矩阵样本值；$\overline{x}_j$ 为第 j 个指标的平均值；$\sqrt{\mathrm{var}(x_j)}$ 为第 j 个指标的标准差。

然后对标准化矩阵进行 KMO（Kaiser-Meyer-Olkin）和 Bartlett 球状检验，检验数据集的相关性。一般情况下，KMO 值大于 0.6，原数据适合应用主成分分析法；Bartlett 球状检验值（sig 值）小于 0.001，说明数据中的变量存在一定的相关性，可以进行主成分分析。

（3）计算标准化后数据的相关性矩阵 $R=(r_{ij})_{p\times p}$，公式如下：

$$r_{ij}=\frac{1}{n-1}\sum_{k=1}^{n}\left(r_{kj}-\bar{r}_i\right)\left(r_{ik}-\bar{r}_j\right)\quad i,j=1,2,\cdots,p \tag{8-6}$$

（4）由相关性矩阵 R 的特征方程求解其 p 个特征值 $\lambda_1\geqslant\lambda_2\geqslant\cdots\geqslant\lambda_p$ 和特征向量 $\left(e_{i1},e_{i2},\cdots,e_{ip}\right)$ $\left(i,=1,2,\cdots,p\right)$，该特征向量矩阵在主成分分析中被称为成分系数矩阵，而矩阵 $(\sqrt{\lambda_i}e_{ij})_{p\times p}$ 被称为主成分荷载矩阵或成分矩阵，表示主成分和原变量之间的相关性程度。特征值和特征向量计算公式如下：

$$\left|R-\lambda I\right|=0 \tag{8-7}$$

$$\left(R-\lambda_j I\right)r=0\quad j=1,2,\cdots,p \tag{8-8}$$

式中，I 为单位向量；r 为齐次方程中的非零向量。

（5）根据特征值的方差贡献率确定主成分。特征值越大，说明该成分变异程度越大，即数据的方差越大，该方差在数据整体的方差中的占比称为方差贡献率，一般把最大方差贡献率所对应的成分定义为第一主成分 F_1，第二大的为第二主成分 F_2，由此类推。特征值越大，表明其包含的信息越多，一般选取大于 1 的特征值对应的主成分，而且对应主成分的方差累积贡献率需要大于 80%，得到的主成分 F_1，F_2，…，$F_m(m\leqslant p)$为原变量的线性组合，计算公式如下：

$$\begin{cases} F_1=e_{11}X_1+e_{12}X_2+\cdots+e_{1p}X_p \\ F_2=e_{21}X_1+e_{22}X_2+\cdots+e_{2p}X_p \\ \vdots \\ F_m=e_{m1}X_1+e_{m2}X_2+\cdots+e_{mp}X_p \end{cases}\quad (m\leqslant p) \tag{8-9}$$

而原数据和主成分之间的相互转换关系为

$$\begin{cases} X_1=a_{11}F_1+a_{12}F_2+\cdots+a_{1m}F_m \\ X_2=a_{21}F_1+a_{22}F_2+\cdots+a_{2m}F_m \\ \vdots \\ X_p=a_{p1}F_1+a_{p2}F_2+\cdots+a_{pm}F_m \end{cases}\quad (m\leqslant p) \tag{8-10}$$

式中，$a_{ij}=\sqrt{\lambda_i}e_{ij}$，$i,j=1,2,\cdots,p$。矩阵$(a_{ij})_{p\times m}$即主成分荷载矩阵。

（6）由主成分计算综合得分如下式：

$$F=\frac{\lambda_1}{\sum_{i=1}^{m}\lambda_i}F_1+\frac{\lambda_2}{\sum_{i=1}^{m}\lambda_i}F_2+\cdots+\frac{\lambda_m}{\sum_{i=1}^{m}\lambda_i}F_m \tag{8-11}$$

8.2.2　污染物相关性分析

使用采集样品的水质数据构建原始数据矩阵，3 场降雨共 84 个样品，污染物指标共 6 个，因此得出 84×6 的原始数据矩阵，借助 SPSS 软件对数据进行主成分分析，首先对原始数据矩阵进行标准化处理，得到数据标准化矩阵，对标准化矩阵进行 KMO 和 Bartlett 球状检验，结果显示 KMO 值为 0.714>0.6；Bartlett 球状检验值的 sig 值为<0.001，说明对原数据适合使用主成分分析方法进行分析。由标准化矩阵计算污染物的相关性矩阵如表 8-8 所示。

表 8-8　污染物指标的相关性矩阵

指标	TSS	COD	BOD_5	TP	TN	NH_3-N
TSS	1.000	0.488	0.500	0.424	0.324	0.282
COD	0.488	1.000	0.984	0.359	0.685	0.641
BOD_5	0.500	0.984	1.000	0.400	0.667	0.623
TP	0.424	0.359	0.400	1.000	0.214	0.208
TN	0.324	0.685	0.667	0.214	1.000	0.929
NH_3-N	0.282	0.641	0.623	0.208	0.929	1.000

由表 8-8 可以看出，COD 和 BOD_5 的相关系数达到 0.984，TN 和 NH_3-N 的相关系数达到 0.929，说明 COD 与 BOD_5、TN 与 NH_3-N 有显著的相关性。从污染物指标定义上来说，COD 是指利用化学氧化剂将一定量水质样本中的还原性物质氧化所需要的耗氧量，BOD_5 是指微生物在一定量的水质样本中使可降解的有机物进行生物化学反应所需要的耗氧量，两者都是衡量水质样本中的还原性物质反应的耗氧量的指标，两者相关性较强，且 BOD/COD 的比值较高，污水可生化性较强，说明研究区域内的径流中还原性污染物主要为有机物。TN 是指水质样本中各种形态的有机氮与无机氮的总和；NH_3-N 是指水质样本中以游离氨（NH_3）和铵根离子（NH_4^+）形式存在的氮，由此可见 TN 指标包含 NH_3-N，因此两者相关性较强。

由污染物指标的相关性矩阵计算特征值和方差贡献率，结果如表 8-9 所示。由表 8-9 中可以看出有两个特征值大于 1，且两个特征值的方差累积贡献率达到了 80.2%，即确定主成分个数为 2 个，以 PC1 和 PC2 分别表示第一主成分和第二主成分，两者相互独立，以两个主成分反映污染物指标的主要特征，并由此对研究区域水质进行分析。

表 8-9　特征值及贡献率解析表

成分	初始特征值			提取的特征值		
	特征值	方差贡献率/%	累积贡献率/%	特征值	方差贡献率/%	累积贡献率/%
1	3.70	61.68	61.68	3.70	61.68	61.68
2	1.11	18.52	80.20	1.11	18.52	80.20
3	0.59	9.83	90.04	—	—	—
4	0.51	8.57	98.61	—	—	—
5	0.07	1.14	99.75	—	—	—
6	0.01	0.25	100.00	—	—	—

由特征值和特征向量得到主成分荷载矩阵，如表 8-10 所示。主成分荷载矩阵显示 COD 和 BOD_5 与第一主成分有较强的相关性，结合前文的结论，可以把第一主成分命名为“有机污染物”，第二主成分为“无机污染物”。

表 8-10　主成分荷载矩阵

指标	PC1	PC2
TSS	0.60	0.54
COD	0.92	0.01
BOD_5	0.92	0.05
TP	0.48	0.68
TN	0.85	−0.41
NH_3-N	0.82	−0.44

根据主成分荷载矩阵绘制各样本的主成分荷载图（图 8-2），由荷载图可以看出，屋顶的污染物指标相对集中，说明屋顶的径流污染物浓度变异较少，降雨中的径流污染物排放较为稳定；绿色屋顶的污染物指标比屋顶发散，且分布趋势与第一主成分正相关，说明绿色屋顶的径流污染物中有机污染物比普通屋顶更多，符合前文的结论。道路、绿地和停车场上的污染物指标比较发散，即不确定性更强，可能受人为因素扰动影响，污染物累积，由此造成径流污染物排放不确定性较强。另外，荷载图显示出降雨 i 中的径流污染物指标主要与无机物（TP 和 TSS）相关，降雨iii的径流污染物指标主要与有机物相关，说明不同降雨对下垫面的冲刷过程中，不同的污染物累积的不确定性是造成径流污染不确定性的重要因素。

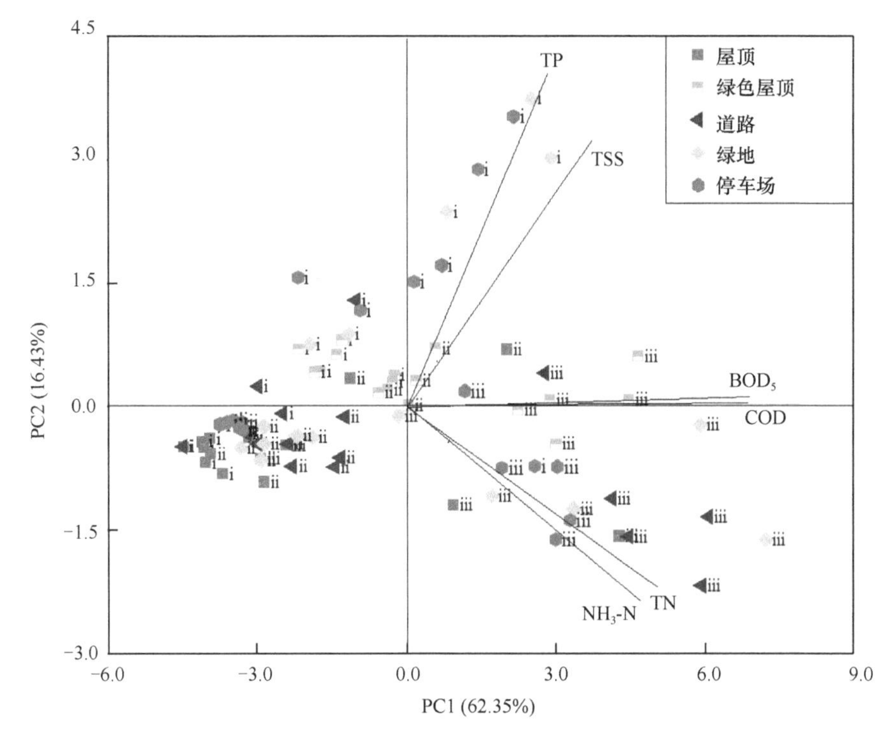

图 8-2　污染物指标成分荷载图

i 、ii 、iii分别表示降雨 i 、降雨 ii 、降雨iii

8.2.3 不同下垫面 EMC 的得分评价

为了比较不同场次降雨下的不同下垫面所产生的径流污染情况，对不同场次降雨下的不同下垫面的 EMC 值进行主成分分析，以 2018 年的 3 场降雨中不同下垫面的 EMC 值，即 15 个样本，每个样本 6 个指标，构建 15×6 的原始数据矩阵，并借助 SPSS 软件进行主成分分析。分析得到不同场次的污染物指标的 EMC 值，计算得到相关系数矩阵（表 8-11）、特征值及贡献率（表 8-12）和主成分荷载矩阵（表 8-13）。

表 8-11　EMC 值的相关性矩阵

指标	TSS	COD	BOD_5	TP	TN	NH_3-N
TSS	1.000	0.426	0.412	0.581	0.558	0.464
COD	0.426	1.000	0.994	0.555	0.830	0.835
BOD_5	0.412	0.994	1.000	0.575	0.814	0.813
TP	0.581	0.555	0.575	1.000	0.246	0.208
TN	0.558	0.830	0.814	0.246	1.000	0.977
NH_3-N	0.464	0.835	0.813	0.208	0.977	1.000

表 8-12　EMC 值的特征值及贡献率解析表

成分	初始特征值			提取的特征值		
	特征值	方差贡献率/%	累积贡献率/%	特征值	方差贡献率/%	累积贡献率/%
1	4.20	70.03	70.03	4.20	70.03	70.03
2	1.07	17.85	87.88	1.07	17.85	87.88
3	0.64	10.72	98.60	—	—	—
4	0.06	1.05	99.65	—	—	—
5	0.02	0.27	99.92	—	—	—
6	0.00	0.08	100.00	—	—	—

表 8-13　EMC 值主成分荷载矩阵

指标	F_1 荷载	F_2 荷载
TSS	0.644	0.487
COD	0.952	−0.074
BOD_5	0.944	−0.053
TP	0.580	0.761
TN	0.918	−0.313
NH_3-N	0.899	−0.386

由主成分荷载矩阵可得各主成分得分为

$$F_1 = 0.644\mathrm{TSS} + 0.952\mathrm{COD} + 0.944\mathrm{BOD_5} + 0.580\mathrm{TP} + 0.918\mathrm{TN} + 0.899\mathrm{NH_3\text{-}N} \quad (8\text{-}12)$$

$$F_2 = 0.487\mathrm{TSS} - 0.074\mathrm{COD} - 0.053\mathrm{BOD_5} + 0.761\mathrm{TP} - 0.313\mathrm{TN} - 0.386\mathrm{NH_3\text{-}N} \quad (8\text{-}13)$$

计算综合得分 F 为

$$F = \frac{\lambda_1}{\lambda_1 + \lambda_2} F_1 + \frac{\lambda_2}{\lambda_1 + \lambda_2} F_2 \quad (8\text{-}14)$$

计算得到的 EMC 综合得分如图 8-3 所示，EMC 综合得分越高，表示污染越严重。由图 8-3 可以看出，除了绿地以外，其他下垫面上的第iii场次降雨的 EMC 综合得分均最高，表示第iii场次降雨的径流污染程度最高，与前文结论相符。绿地的第 i 场次降雨的 EMC 综合得分最高，可能的原因是绿地上累积的污染物在降雨强度小的时候不易被冲刷，而第 i 场次降雨的强度最大，足以使绿地上的污染物被大量冲刷出来，由此造成污染物浓度的提高，换而言之，绿地对污染物的滞留和冲刷效果与其他下垫面不同，因此绿地上的径流污染情况与其他下垫面存在区别。

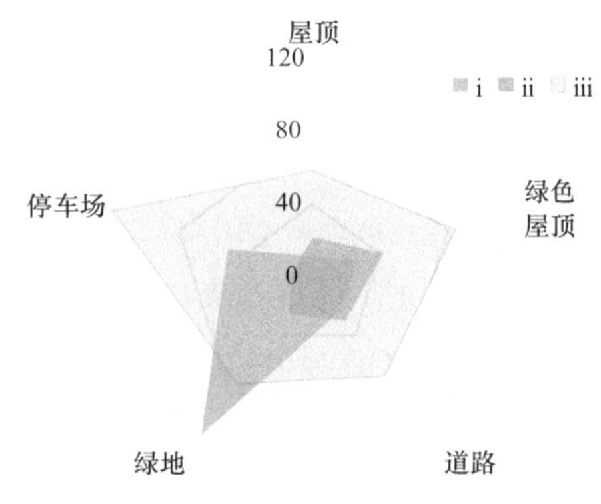

图 8-3　EMC 值综合得分图

i 、ii 、iii分别表示降雨 i 、降雨 ii 、降雨iii

8.3　降雨径流的初期冲刷效应

在暴雨形成径流的初期，污染物浓度大大高于径流后期，这一现象称为初期冲刷效应。然而这一定义仍广受争议，影响径流污染物浓度的因素众多，如下垫面情况、降雨强度和径流量大小等，不同下垫面上的污染物累积情况差异较大，不同的降雨强度对地表污染物的冲刷程度不同，而径流量大小影响着径流污染物的浓度（Zeng et al.，2019）。因此本节使用多种方法对研究区域的初期冲刷效应进行定性和定量分析，可为城市非点源污染控制提供科学依据。

8.3.1　初期冲刷效应定性分析

以累积污染物和径流过程的关系为基础，构建 M（V）曲线图是常用的初期冲刷效应无量纲累积分析方法（黄国如等，2018），其中以累积径流量和场次总径流量的比值为横坐标，以场次降雨径流过程中累积污染物负荷和场次总污染负荷的比值为纵坐标，绘制相关污染物的 M（V）曲线图，并以斜率为 1 的对角线作为场次降雨径流中的污染物为均匀排放的参考辅助线，当曲线在对角线上方时，即为上凸形状时则认为污染物输移过程中在径流初期累积排放较大，即存在初期冲刷效应；反之，当曲线在对角线下方时，认为污染物输移过程中不存在初期冲刷效应。

其纵坐标的计算方法如下：

$$M=\frac{M_t}{M_T}=\frac{\int_0^t Q(t)C(t)\mathrm{d}t}{\int_0^T Q(t)C(t)\mathrm{d}t}\approx\frac{\sum_{i=0}^{k}\overline{Q}(t_i)\overline{C}(t_i)\Delta t}{\sum_{i=0}^{N}\overline{Q}(t_i)\overline{C}(t_i)\Delta t} \tag{8-15}$$

横坐标计算如下：

$$V=\frac{V_t}{V_T}=\frac{\int_0^t Q(t)\,\mathrm{d}t}{\int_0^T Q(t)\,\mathrm{d}t}\approx\frac{\sum_{i=0}^{k}\overline{Q}(t_i)\Delta t}{\sum_{i=0}^{n}\overline{Q}(t_i)\Delta t} \tag{8-16}$$

式中，M 为累积污染物比率；M_t 为累积污染物负荷，mg；M_T 为污染物总负荷量，mg；V 为累积径流量比率；V_t 为累积径流量，L；V_T 为径流总量，L；k 为累积样本个数；n 为样本总个数；$C(t)$为污染物瞬时浓度，mg/L；$Q(t)$为径流瞬时流量，L/s；$\overline{C}(t_i)$ 为采样间隔时间 Δt 内的污染物平均浓度，mg/L；$\overline{Q}(t_i)$ 为采样间隔时间 Δt 内的平均流量，L/s。

根据前文的相关性结论，COD 与 BOD 显著相关，TN 与 NH_3-N 显著相关，因此以 TSS、COD、TP 和 TN 四种污染物指标为代表进行初期冲刷效应分析，选用 2018 年 3 场降雨的径流样品数据绘制各下垫面的 M（V）曲线图，如图 8-4 所示。

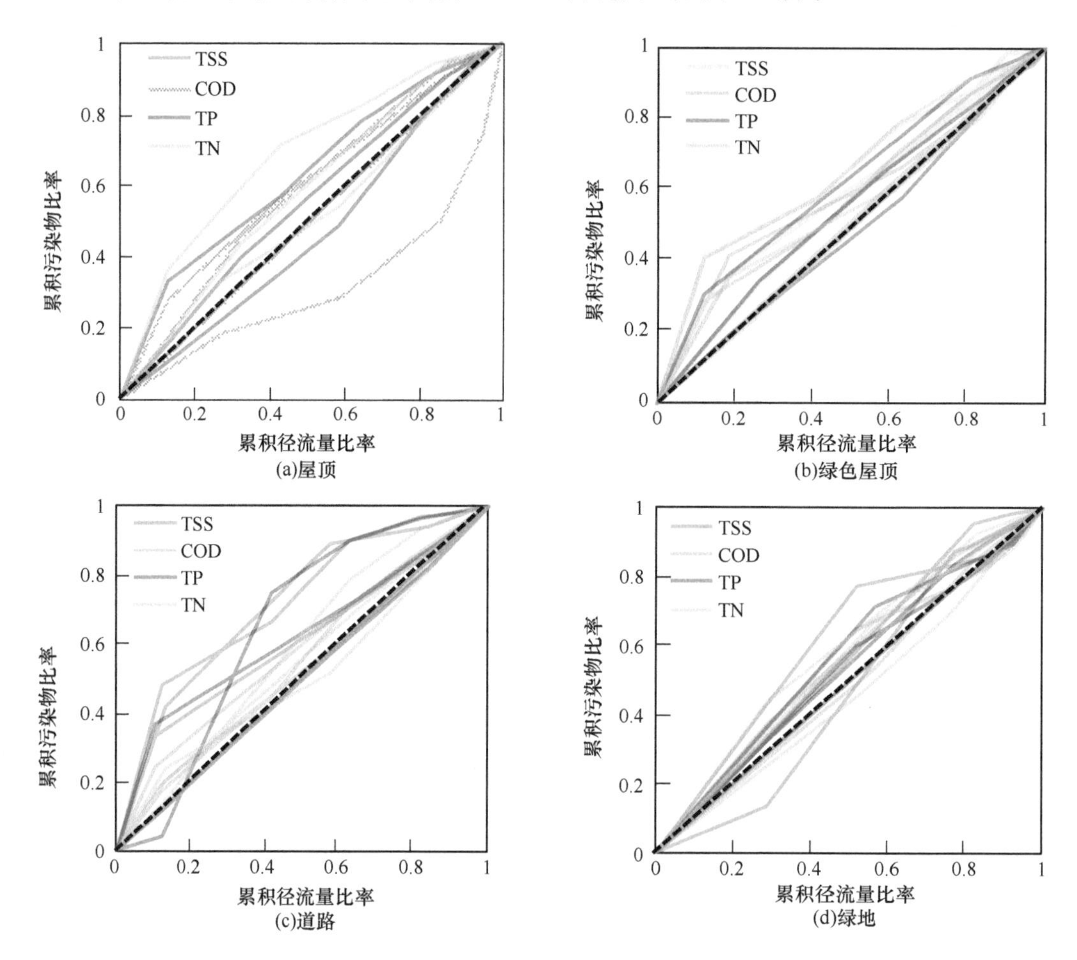

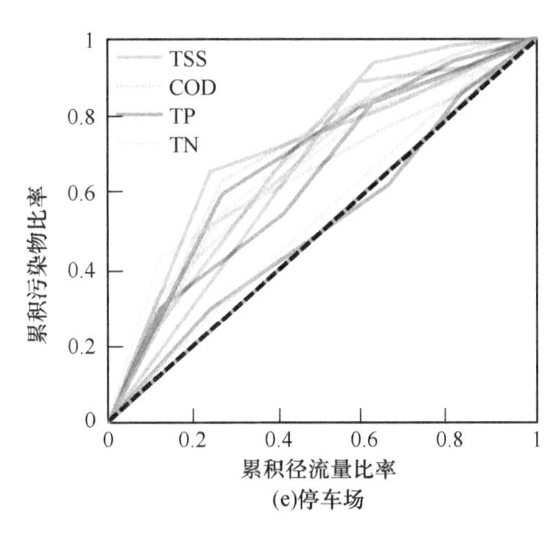

图 8-4　各下垫面上污染物的 M（V）曲线图

由图 8-4 可以直观地看出各下垫面上污染物的冲刷情况，其中屋顶上 TN 的 M（V）曲线上凸最为明显，说明屋顶上 TN 的初期冲刷效应最明显，其他污染物的初期冲刷效应不明显或者不发生初期冲刷效应；绿色屋顶上的四种污染物 M（V）曲线均较为靠近对角线，说明初期冲刷效应不明显；道路上的 TSS 的 M（V）曲线上凸最为明显，说明道路上 TSS 的初期冲刷效应最强烈；绿地上的四种污染物 M（V）曲线均较为靠近对角线，说明初期冲刷效应不明显；停车场上的四种污染物 M（V）曲线大部分上凸明显，说明停车场上的污染物均存在不同程度的初期冲刷效应。

由 M（V）曲线能直观地看出污染物初期冲刷效应的发生与否，而且根据曲线偏离对角线的距离可以判断初期冲刷强度，在数据样本数量较少的情况下，可以直接对比出不同污染物的初期冲刷强度大小，而在样本数量较多时，则需要对 M（V）曲线相对于对角线的偏离程度进行计算和对比，因此使用幂函数对 M（V）曲线进行拟合，使用初期冲刷系数（b）表示 M（V）曲线相对于对角线的偏离程度，即初期冲刷效应强度，因此累积污染物比率与累积径流量比率的幂函数关系如下式：

$$M = V^b \tag{8-17}$$

式中，b 为初期冲刷系数；M 和 V 的取值范围均为 0～1.0，当 $M = 0$ 时，$V = 0$；当 $M = 1.0$ 时，$V = 1.0$，确保拟合曲线符合 M（V）曲线特征。根据 M（V）曲线定义，对角线对应 $b = 1.0$ 的情况，当曲线在对角线上方时，$b < 1.0$，表示发生初期冲刷效应，且 β 越小表示初期冲刷效应越强；当曲线出现在对角线下方时，$b > 1.0$，表示没有发生初期冲刷效应。有文献（Hathaway et al.，2012）根据 b 值大小确定初期冲刷强度的等级，当 b 值在 0～0.5 时，表示强烈的初期冲刷效应；当 b 值在 0.5～1.0 时，表示较弱的初期冲刷效应。

对上文中各下垫面污染物的 M（V）曲线进行拟合，结果如表 8-14 所示，并按照初期冲刷系数等级划分对其进行对比，结果如图 8-5 所示。

表 8-14　各下垫面初期冲刷系数拟合情况

降雨	指标	屋顶		绿色屋顶		道路		绿地		停车场	
		b	R^2	b	R^2	b	R^2	b	R^2	b	R^2
i	TSS	0.845	0.966	0.492	0.971	0.365	0.962	0.496	0.982	0.474	0.915
	COD	0.630	0.997	0.689	0.987	0.845	0.995	0.779	0.882	0.469	0.975
	TP	0.567	0.991	0.583	0.994	0.605	0.844	0.858	0.953	0.559	0.971
	TN	0.445	0.991	0.484	0.976	0.738	0.972	1.260	0.984	0.439	0.986
ii	TSS	8.508	0.983	0.795	0.999	0.389	0.965	0.671	0.869	0.526	0.887
	COD	3.045	0.877	0.958	1.000	0.906	0.990	1.037	0.974	0.349	0.995
	TP	1.184	0.991	0.802	1.000	1.054	0.999	0.653	0.920	0.385	0.998
	TN	0.961	0.984	1.038	0.998	0.979	0.958	0.700	0.997	0.427	0.985
iii	TSS	0.852	0.987	0.623	0.986	0.551	0.974	1.027	0.989	0.327	0.952
	COD	0.650	0.989	0.631	0.936	0.671	0.994	0.729	0.992	0.514	0.963
	TP	0.784	0.997	1.073	0.997	0.502	0.965	0.824	0.998	0.928	0.988
	TN	0.697	0.988	0.761	0.951	0.805	0.999	0.620	0.998	0.859	0.994

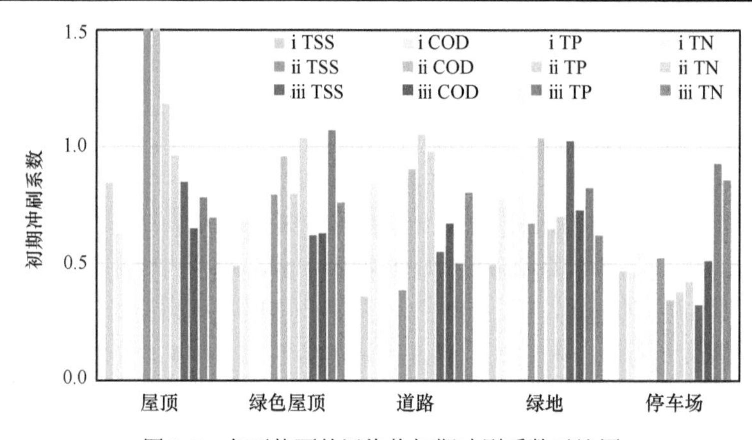

图 8-5　各下垫面的污染物初期冲刷系数对比图

表 8-14 中的 R^2 均大于 0.85，说明幂函数曲线的拟合效果良好，初期冲刷系数能够较好地反映初期冲刷效应强度，根据图 8-5 可以更加直观地对比各下垫面的污染物初期冲刷效应强度，按照初期冲刷系数的定义，其值越小，初期冲刷效应越强烈，因此，屋顶、绿色屋顶、道路、绿地和停车场上的初期冲刷效应强度大小排序分别为 TN>TP>COD>TSS；TSS>COD>TN>TP；TSS>TP>COD>TN；TSS>TP>COD>TN；TSS>COD>TN>TP。整体上看，道路和停车场比其他下垫面的初期冲刷效应强度更大，屋顶和绿地的初期冲刷效应强度较小。将不同污染物之间进行对比，发现除屋顶以外的其他下垫面上 TSS 的初期冲刷强度普遍偏大，说明降雨径流初期冲刷中的污染物主要为 TSS。

8.3.2　初期冲刷效应定量分析

能够直观地通过 M（V）曲线形状定性地分析初期冲刷效应的发生与否，而且能根据初期冲刷系数的大小进一步描述初期冲刷效应强度的大小，但 $M(V)$ 曲线和初期冲刷系数均根据整个径流过程体现污染物的变化情况所求取，对于冲刷发生在径流初期或者后期没有进行严格的分析，且根据曲线的拟合对径流污染过程进行描述容易产生误差，例如图 8-4（d）中存在 $M(V)$ 曲线先低于对角线后高于对角线的情况，因此为了严格表述初期冲刷效应发生在径流过程初期阶段，本节使用质量初期冲刷指数对初期冲刷效应进行定量化分析。

MFF 指数表示累积污染物比率和累积径流量比率的比值，使用 MFF_n 表示径流累积量为总径流量的 n%时，累积污染物比率和累积径流量比率的比值，计算方法如下：

$$\mathrm{MFF}_n=\frac{M}{V}=\frac{\int_0^{t_n}Q(t)C(t)\mathrm{d}t\Big/\int_0^{T}Q(t)C(t)\mathrm{d}t}{\int_0^{t_n}Q(t)\mathrm{d}t\Big/\int_0^{T}Q(t)\mathrm{d}t} \tag{8-18}$$

式中，n 为某一时刻径流累积量占场次降雨总径流量的百分比，取值范围为 0～100，文献（车伍等，2011）中一般取值为 10～40，即主要研究前 10%～40%的径流量所挟带的污染物比率。若 MFF_{30}=2.0，根据 MFF_n 指数的定义，即表示初期 30%的径流量冲刷的累积污染物负荷占总污染物负荷的 60%，由此既可以根据 MFF_n 指数判断是否发生初期冲刷，同时可以根据 MFF_n 指数判断初期冲刷强度的大小。当 MFF_n 指数值大于 1.0 时，即表示发生了初期冲刷效应，反之，认为没有发生初期冲刷效应，而且 MFF_n 指数值越大，表示初期冲刷效应强度越大。计算各下垫面污染物指标 TSS、COD、TP 和 TN 的 MFF_n 指数值，用以反映研究区域的初期冲刷综合情况，本节选用 MFF_{20} 和 MFF_{30} 作对比，结果如图 8-6 所示。

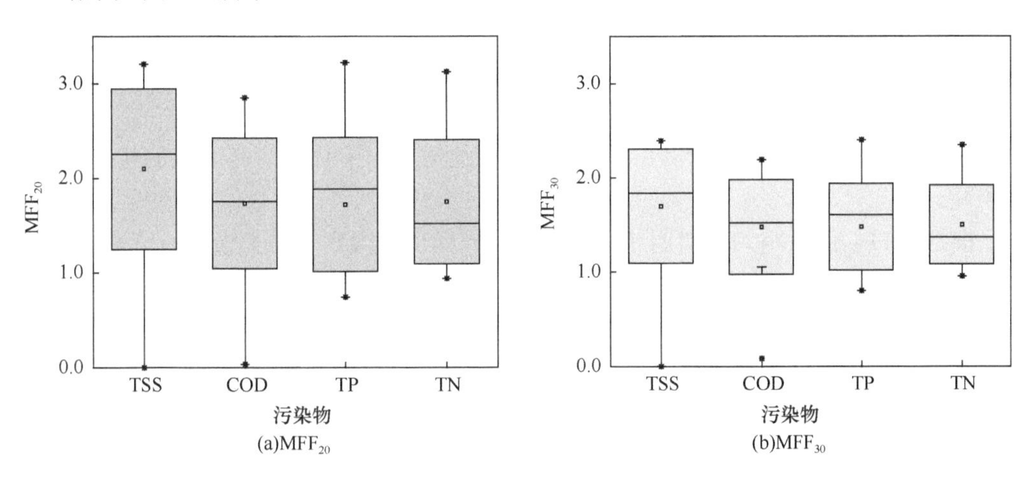

图 8-6　污染物 MFF_n 指数值对比图

由图 8-6 可以看出研究区域上污染物的 MFF_{20} 比 MFF_{30} 大，说明径流初期冲刷的污染物负荷较大，符合初期冲刷效应的规律，根据 MFF_n 指数的定义，前 20%的径流主要冲刷的累积污染物比率如下：TSS 为 28%～56%，COD 为 26%～46%，TP 为 22%～43%，TN 为 25%～49%。前 30%的径流主要冲刷的累积污染物比率如下：TSS 为 38%～65%，COD 为 32%～56%，TP 为 33%～53%，TN 为 36%～59%。为了更好地描述各种污染物的初期冲刷效应强度，统计区域整体上的 MFF_n 均值和不同下垫面的污染物 MFF_n，结果如表 8-15 和表 8-16 所示。

表 8-15　MFF_n 的平均值

项目	TSS	COD	TP	TN
MFF_{20}	2.10	1.73	1.72	1.75
对应的累积污染物比率/%	42	35	34	35
MFF_{30}	1.70	1.48	1.48	1.50
对应的累积污染物比率/%	51	44	44	45

表 8-16　不同下垫面的 MFF_n 对比

项目		TSS	COD	TP	TN
MFF_{20}	屋顶	1.28	1.20	1.39	1.71
	绿色屋顶	1.83	1.51	1.41	1.57
	道路	2.50	1.38	1.68	1.31
	绿地	1.63	1.31	1.44	1.37
	停车场	2.48	2.46	1.95	2.08
MFF_{30}	屋顶	1.20	1.06	1.26	1.48
	绿色屋顶	1.57	1.36	1.28	1.38
	道路	1.98	1.27	1.46	1.22
	绿地	1.43	1.22	1.31	1.25
	停车场	1.97	1.96	1.63	1.71

综合分析图 8-6、表 8-15 和表 8-16 可知，MFF_{20} 和 MFF_{30} 均显示研究区域的污染物初期冲刷强度排序为 TSS>TN>COD>TP；对比污染物的 MFF_{20} 和 MFF_{30}，发现 MFF_{20} 的变化幅度均比 MFF_{30} 大，说明初期 20%的径流中污染物负荷变异较大，不确定性比初期 30%的径流更大，因此 MFF_{30} 比 MFF_{20} 更加适合用于描述研究区域的初期冲刷效应情况。

根据 MFF_{30} 的大小判断初期冲刷效应强度同样可以得到与前文相似的结论，即屋顶上的 TN 初期冲刷效应强度最大，而除了屋顶以外的其他下垫面上的 TSS 的 MFF_{30} 值均最大，表示 TSS 的初期冲刷效应最强，径流初期冲刷的 TSS 的累积污染物负荷最大；TSS 的初期冲刷效应强度排序为道路>停车场>绿色屋顶>绿地>屋顶，COD 的冲刷强度排序为停车场>绿色屋顶>道路>绿地>屋顶，TP 的冲刷强度排序为停车场>道路>绿地>绿色屋顶>屋顶，TN 的冲刷强度排序为停车场>屋顶>绿色屋顶>绿地>道路。道路和停车场的污染物 MFF_{30} 普遍较大，比其他下垫面表现出更强的初期冲刷强度。

存在相似结论的同时，不同方法得到的结果仍然存在差异，如屋顶上 COD 的初期冲刷效应强度最小，道路上 TN 的初期冲刷效应强度最小，停车场上 TP 的初期冲刷效应强度最小等，即不同下垫面上的污染物初期冲刷效应强弱排序存在区别，且初期冲刷强度越小的污染物排序差异越大，说明初期冲刷效应强度小时污染物浓度细微的变化将对结果产生较大影响。通过综合比较不同初期冲刷效应的判别方法，本节认为使用 MFF_n 能够较为准确地量化初期冲刷效应，并可针对初期径流的不同阶段进行定量分析，对初期冲刷效应的定义和描述更加清晰，结合初期冲刷定性分析结果，对初期冲刷效应的综合分析更加充实与全面。

8.4　LID 措施对径流污染削减效果评估

运用本书第 6 章已构建的天河智慧城 SWMM，对降雨径流污染物浓度进行模拟，在 SWMM 汇水区中设置 LID 措施进行模拟，对比 LID 措施设置前后研究区域出口的径流水质变化，选用描述径流污染情况的不同指标进行评估，研究分析 LID 措施对径流水质的影响效果。

8.4.1　下垫面类型概化

上文所选择采样点的下垫面类型，如屋顶、道路、绿地和停车场（广场）基本涵盖了研究区域的土地类型，因此忽略所占比例极小的其他下垫面类型，把研究区域下垫面类型概化为 4 种，结果如图 8-7 所示。SWMM 采用本书第 6 章率定与验证得到的水文和水质参数，模型的子汇水区基本按照不同类型的下垫面划分，因此模型中每个子汇水区均代表一种土地类型，能够更好地研究不同下垫面上污染物的排放情况。

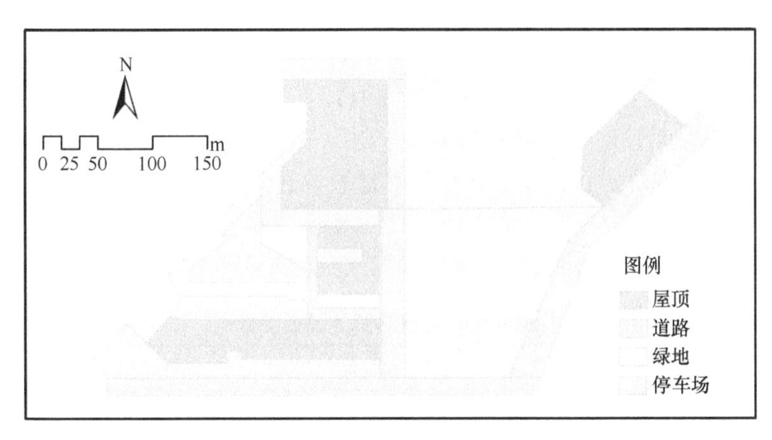

图 8-7　研究区域下垫面类型

8.4.2　设计暴雨过程

研究降雨径流中的污染物浓度情况需要场次降雨资料，由于实测降雨的不确定性较大，而设计暴雨公式能够推求多种重现期的暴雨情况，因此使用设计暴雨过程作为降雨数据输入。广州中心城区暴雨强度公式如式（8-19）所示，采用国际通用的芝加哥雨型对设计暴雨进行分配，设置降雨时长为 60min，时间精度为 1min；利用雨峰系数反映雨峰位置，根据文献推荐（Zhang et al.，2017），广州的设计雨峰出现时间一般在降雨总过程的前 35%～45%，因此本书雨峰系数取 0.4；选取重现期为 0.5 年、1 年和 2 年的设计暴雨过程作为模拟降雨输入数据，其设计暴雨过程线如图 8-8 所示。

$$q = \frac{3618.427(1 + 0.438 \lg P)}{(t + 11.259)^{0.750}} \tag{8-19}$$

式中，q 为设计暴雨强度，L/（s·hm^2）；P 为设计重现期，年；t 为降雨历时，min。

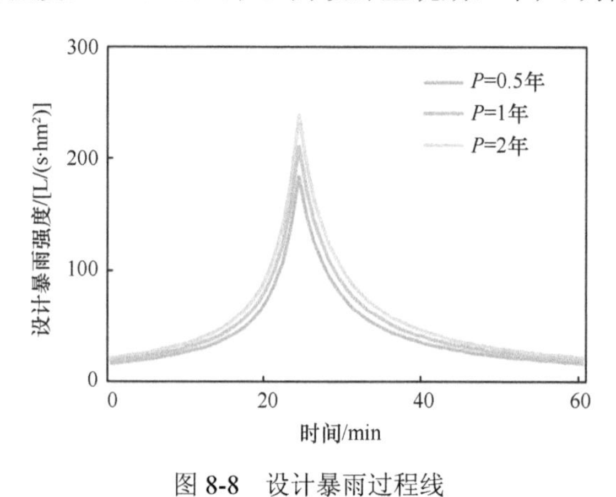

图 8-8　设计暴雨过程线

8.4.3　模型参数设置

为研究 LID 对径流水质的影响效果，选择在道路、绿地和停车场上设置 LID 措施，分别在绿地上设置生物滞留池，在道路和停车场上设置透水铺装。设置 LID 措施均不考虑设置排水层，参考相关文献（黄国如等，2017）可得在 SWMM 中设置 LID 措施的参数，如表 8-17 和表 8-18 所示，上文分析中指出，研究区域 TSS 为主要污染物，因此选择 TSS 作为主要研究对象，取本书第 6 章率定的参数作为模型设置参数。LID 改造方案为，在 10%的绿地面积上设置生物滞留池，对 85%的不透水停车场进行透水铺装改造，且对 50%的道路进行透水路面改造，对应的 LID 措施设计方案如图 8-9 所示。

表 8-17　生物滞留池设置参数

表面层	护堤蓄水高度/mm	空间植被覆盖率	曼宁系数	表面坡度/%	—	—	—
	200	0.2	0.11	1	—	—	—
土壤层	厚度/mm	孔隙率	土壤持水率	萎蔫点	水力传导度/（mm/h）	水力传导坡度	水吸力/mm
	100	0.45	0.16	0.05	3	10	30
蓄水层	厚度/mm	孔隙率	下渗率/（mm/h）	阻碍因子	—	—	—
	150	0.25	1.8	0	—	—	—

表 8-18　透水铺装设置参数

表面层	护堤蓄水高度/mm	空间植被覆盖率	曼宁系数	表面坡度/%	—	—	—
	1	0	0.013	0.3	—	—	—
路面层	厚度/mm	孔隙率	不透水率	渗透率/（mm/h）	堵塞因子	—	—
	60	0.25	0	116	0	—	—

续表

土壤层	厚度/mm	孔隙率	土壤持水率	萎蔫点	水力传导度/（mm/h）	水力传导坡度	水吸力/mm
	60	0.18	0.15	0.03	5	10	30
蓄水层	厚度/mm	孔隙率	下渗率/（mm/h）	阻碍因子	—	—	—
	450	0.75	1.73	0	—	—	—

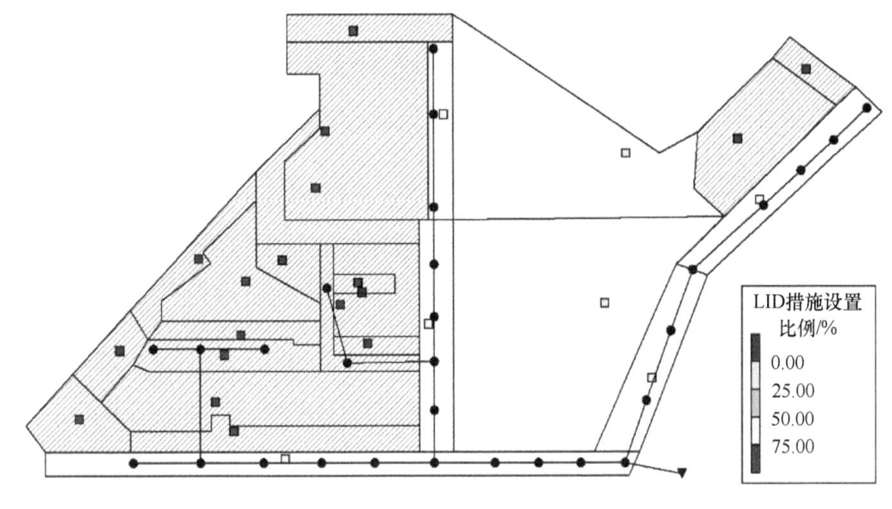

图 8-9　SWMM 中 LID 措施设计方案示意图

8.4.4　LID 措施对径流污染的削减效果

模型分别模拟了研究区域径流污染物情况，模拟情景为降雨重现期是 0.5 年、1 年和 2 年情况下设置 LID 措施前后的共 6 种情况，分别观察道路、绿地和停车场 3 种下垫面上径流污染情况的变化情况，同时结合研究区域整体污染情况进行分析，统计其 EMC 结果如表 8-19 所示。

表 8-19　不同下垫面和整体区域的 EMC 结果　（单位：mg/L）

项目		*P*=0.5 年	*P*=1 年	*P*=2 年
设置 LID 措施前	道路	133.71	167.75	167.19
	绿地	121.52	137.85	148.36
	停车场	110.07	108.18	105.96
	整体区域	115.01	128.88	128.77
设置 LID 措施后	道路	120.27	121.10	121.25
	绿地	118.49	133.37	142.40
	停车场	11.81	12.06	12.37
	整体区域	93.56	93.55	93.33

从表 8-19 中的结果可以看出，随着降雨重现期增大，污染物的 EMC 值或减小或增大，其主要原因与污染物累积量和冲刷效应强度有关，随着降雨重现期增大，径流量增大，冲刷强度增大，如果污染物累积量较小，则在径流增大时，浓度开始下降，如道路和停车场在降雨重现期为 2 年时，EMC 值开始下降；如果污染物累积量较大，则污染物浓度将持续增大，如绿地上的 EMC 情况。

在设置 LID 措施后，不同下垫面的 EMC 值均有所下降，其中停车场上的 EMC 值显著下降，说明透水铺装对改善停车场的径流水质有显著效果。同样设置透水铺装的道路和停车场上，停车场的污染物 EMC 削减比道路更显著，其中停车场改造比例为 85%，道路改造比例为 50%，说明 LID 措施的改造比例对径流水质的影响显著，LID 措施改造比例越大，越有利于径流污染物的削减。在整体区域上，设置 LID 措施后，在不同的重现期降雨情况下，EMC 的变化幅度变小，说明设置 LID 措施后径流污染物浓度的变化比较稳定，减小了污染物排放的不确定性。而污染负荷为 EMC 与径流量的乘积，在 EMC 变化幅度不大的情况下，降雨重现期越大，径流越大，污染负荷也越大，设置 LID 措施后，污染负荷随着重现期增大而增大的幅度减小，即 LID 措施有利于降低研究区域的污染负荷。

为了进一步分析 LID 措施对径流污染物浓度变化的影响，绘制不同累积径流量比率（n）条件下的 MFF_n 过程线做对比分析，见图 8-10，同时对不同下垫面的 MFF_{30} 值进行对比分析，结果见表 8-20。

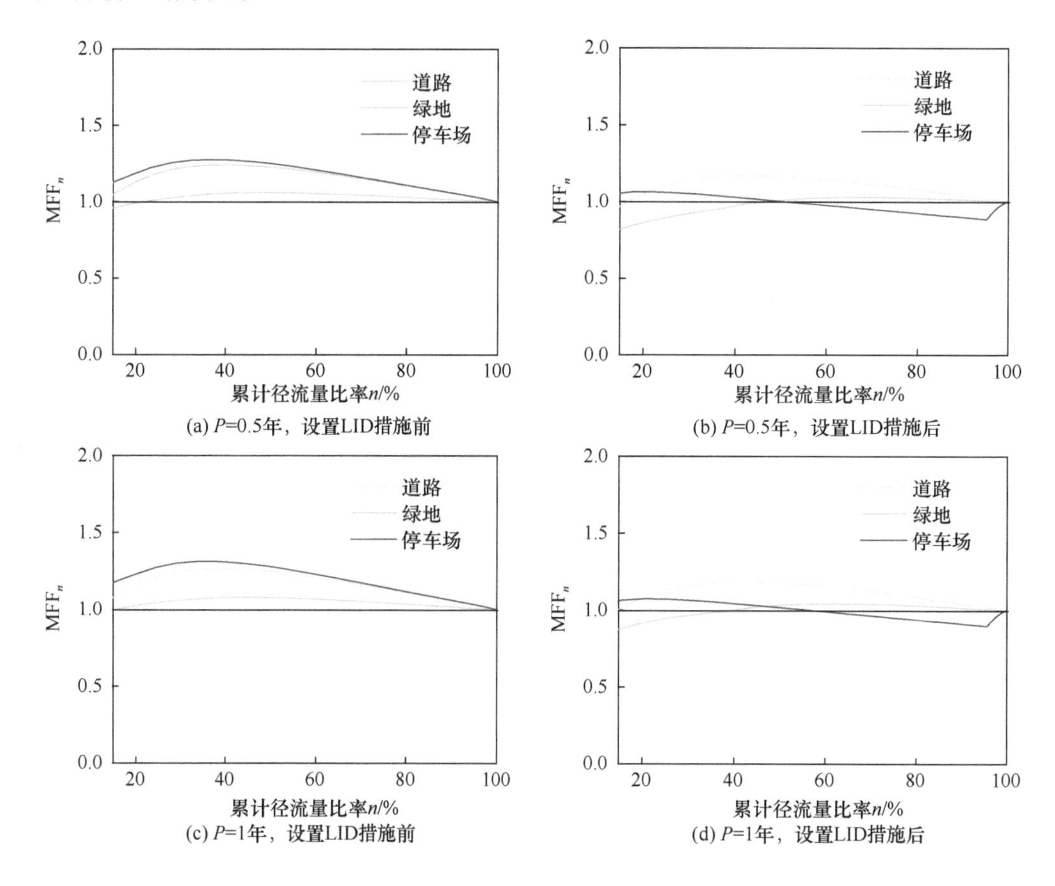

(a) P=0.5年，设置LID措施前　(b) P=0.5年，设置LID措施后

(c) P=1年，设置LID措施前　(d) P=1年，设置LID措施后

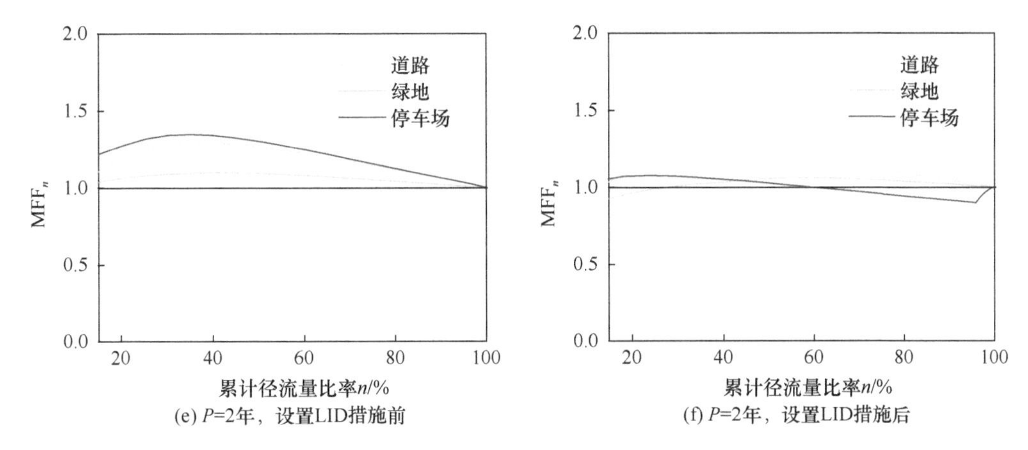

图 8-10　设置 LID 措施前后的 MFF_n 过程线对比

表 8-20　设置 LID 措施前后不同下垫面 MFF_{30} 对比

项目		*P*=0.5 年	*P*=1 年	*P*=2 年
设置 LID 措施前	道路	1.22	1.25	1.27
	绿地	1.02	1.06	1.09
	停车场	1.26	1.30	1.34
设置 LID 措施后	道路	1.14	1.15	1.18
	绿地	0.92	0.97	1.01
	停车场	1.05	1.06	1.07

从上述结果可以看出，随着降雨重现期增大，不同下垫面的初期冲刷效应强度均有增大；设置 LID 措施后的停车场和绿地上的 MFF_n 曲线都接近 1 的水平线，即设置 LID 措施后下垫面上冲刷出的径流污染物浓度变化不大，几乎不发生初期冲刷效应或者初期冲刷效应强度较弱。MFF_{30} 直观地显示了设置 LID 措施前初期冲刷强度排序为停车场>道路>绿地，而设置 LID 措施后初期冲刷强度排序为道路>停车场>绿地，说明 LID 措施有效地削减初期冲刷效应。综上所述，在下垫面上设置 LID 措施后，初期冲刷效应强度都有一定程度的减弱，其中停车场的初期冲刷效应强度削减最为明显，说明 LID 措施的设置比例同样影响初期冲刷效应，改造比例越大，越有利于削减初期冲刷效应强度。

8.4.5　LID 措施设置比例对污染物削减的影响

上述结果指出 LID 措施设置比例大小对径流污染物削减有不同的影响，因此选择停车场和绿地进行独立的 LID 措施规模大小优化设计，量化 LID 措施的不同规模对径流污染物的削减效果。选择研究区域内 0.38 hm^2 的停车场和 1.95 hm^2 的绿地作为研究对象，分别在停车场设置 10%～80%的不同比例的透水铺装措施，在绿地设置 1%～15%的不同比例的生物滞留池措施，使用降雨重现期为 2 年的设计降雨作为降雨输入数据，模拟在不同 LID 措施设置比例情况下径流污染物 TSS 的变化情况，采用径流污染物 TSS 的 EMC、总负荷和 MFF_{30} 作为评价指标，其结果如图 8-11 和图 8-12 所示。

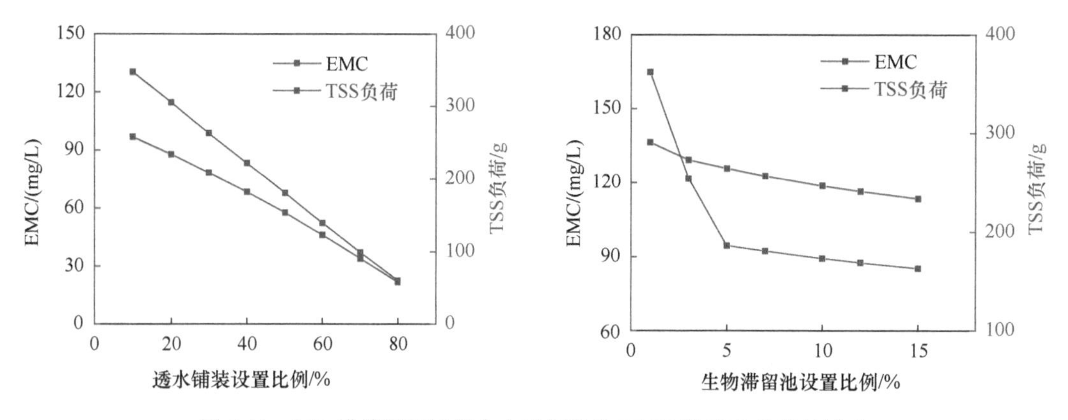

图 8-11　LID 措施设置比例大小对污染物 EMC 和 TSS 负荷的影响

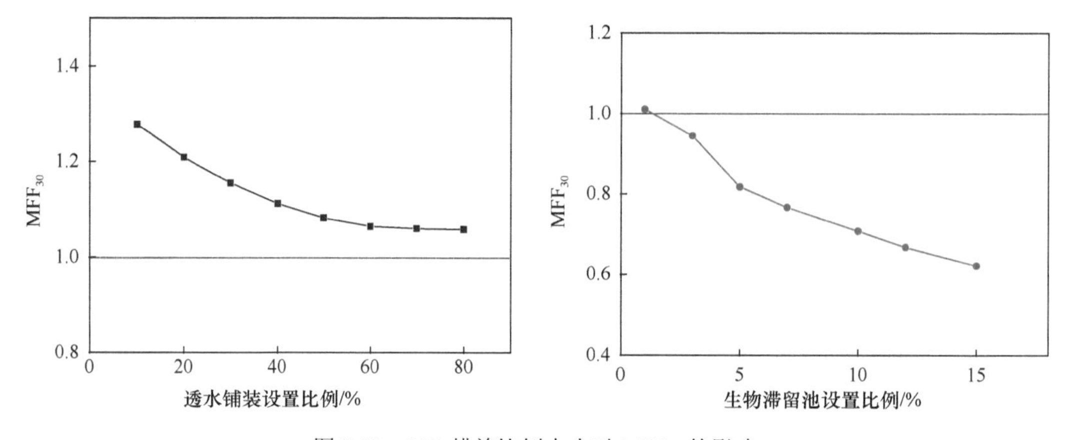

图 8-12　LID 措施比例大小对 MFF_{30} 的影响

由图 8-11 可知，透水铺装和生物滞留池的设置比例越大，越有利于降低径流污染物的 EMC 与负荷量。停车场中随着透水铺装设置比例增大，EMC 值和 TSS 负荷量都基本呈线性下降趋势；而绿地中随着生物滞留池的设置比例增大，EMC 值和 TSS 负荷量的削减能力增长也越来越慢，在设置比例小于 5%时，随着生物滞留池的设置比例增大，TSS 负荷明显下降，当设置比例大于 5%时，TSS 负荷下降不明显，说明在综合考虑生物滞留池的建设经济成本和污染负荷削减量条件下，生物滞留池的设置比例在 5% 左右为最佳情况。

由图 8-12 可知，透水铺装和生物滞留池的设置比例越大，下垫面的初期冲刷效应强度越弱。绿地本身初期冲刷效应不明显，设置生物滞留池后，几乎不会发生初期冲刷效应。停车场中随着透水铺装设置比例增大，MFF_{30} 逐渐减小且减小变缓慢，在透水铺装改造比例达到 60%以上时，MFF_{30} 几乎不随着设置比例的改变而改变，说明在综合考虑透水铺装的建设经济成本和污染物初期冲刷效应强度的条件下，透水铺装的设置比例在 60%左右为最佳方案；若主要考虑污染负荷量，透水铺装的设置比例越大，越能降低下垫面径流污染负荷量，因此在实际工程建设中，可以根据不同的污染物削减目标选择不同的 LID 措施建设标准。

8.5　小　　结

本章对天河智慧城研究区域内的降雨径流污染物浓度变化规律进行了相关性分析和初期冲刷效应分析，并基于 SWMM 的水质模拟功能探讨了 LID 措施对研究区域内径流水质的改善效果，得到的结论如下。

（1）利用主成分分析法对研究区域内的径流污染物相关性进行了分析，得知 COD 与 BOD_5 有显著的相关性，TN 与 NH_3-N 也有显著的相关性。污染物指标成分荷载图显示不同降雨过程对污染物的冲刷效果不同，且不确定性较大，其中屋顶的径流污染物浓度变异较少，道路、绿地和停车场上的污染物浓度变异较大。

（2）利用 M（V）曲线、初期冲刷系数和 MFF_n 指数对研究区域的径流初期冲刷效应进行定性和定量分析，结果表明研究区域内道路和停车场更容易发生初期冲刷效应，且强度相对更强；不同污染物的初期冲刷强度各异，其中 TSS 相对最强；MFF_n 指数中的 MFF_{30} 更适合作为主要指标来定量描述研究区域的初期冲刷效应。

（3）研究区域内 TSS 的 EMC 浓度最高，且相应的初期冲刷效应强度较强，因此选用 TSS 作为 SWMM 中模拟的污染物，模拟不同降雨重现期下，在研究区域内设置 LID 措施对径流水质产生的影响。结果表明，在设置 LID 措施后，不同下垫面的 EMC 值均有所下降，且 LID 措施的改造比例越大，水质改善效果越好，同时 LID 措施降低了径流中污染浓度变化的不确定性，且有利于降低研究区域的污染负荷。另外，设置 LID 措施后的下垫面上，初期冲刷强度均有一定程度的减弱，径流中污染物浓度的变化幅度减小，初期冲刷效应较弱，说明 LID 措施对初期雨水中的污染物有一定的截留能力。

（4）根据不同的 LID 措施设置比例模拟情况可知，在研究区域内，生物滞留池和透水铺装的设置比例分别约为 5%和 60%时，对径流水质改善有着良好效果且经济合理，模拟结果可为在实际 LID 措施建设过程中如何选择合理的经济效益方案提供科学的理论依据。

第 9 章　LID 措施空间布局多目标优化研究

9.1　多目标优化算法介绍

9.1.1　BPSO 算法

BPSO 算法是在智能优化算法——粒子群（particle swarm optimization，PSO）算法基础上改进而成的算法[①]，它解决了 PSO 算法在离散问题上的不适用性。此前，PSO 算法被广泛应用于解决各种连续性问题，如函数极值的计算，但在解决离散性问题上，仍表现出较大的缺陷，而 BPSO 算法在对 PSO 算法改进后，很好地解决了这个问题。如今，BPSO 算法被广泛应用到生物信息技术、系统工程等方面，为人类计算机技术的发展带来了巨大的推动作用。本节需要解决的 LID 措施布局优化问题正需要运用离散化的方法去分析，因此，BPSO 算法对本节具有较强的适用性。

1. PSO 算法

要了解 BPSO 算法的工作原理，首先要对 PSO 算法有一定的认识。PSO 算法是 BPSO 算法的基础，它是进化算法的一种。与模拟退火算法相似，它们都是从随机解出发，通过迭代寻找最优解，同时也通过适应度来评价解的优劣。PSO 算法相较于被广泛应用的遗传算法，其规则比遗传算法更为简单，且没有遗传算法的“交叉”“变异”等一系列复杂操作，而是通过追寻当前搜索得到的最优值来不断向全局最优解靠拢。

在 PSO 算法中，每一个优化对象的待定解都可以比作搜索空间的一只鸟，鸟的数量可以任意设定。在该搜索空间中，鸟的食物只被放置在其中一个地方，所有鸟都不知道食物具体的位置在哪里，但它们可以感知食物离自身的距离远近和其他鸟的空间位置，每一只鸟离食物的距离亦可被其他鸟知悉。凭借这些信息，进而判断下一步寻找方向。当其中一只鸟飞行到与食物的距离为零时，食物放置的位置便会被所有鸟知悉，寻找的过程结束。在上述例子中，每只鸟就是 PSO 算法中的粒子，所有粒子都有一个由需要被优化的函数所决定的适应值，同时，每个粒子还会有一个决定它们“飞行”的方向和距离，然后粒子们就追随当前的最优粒子在解空间中不断搜索。当然，粒子想真正寻找到它们的“食物”是很难的，在大部分情况下，粒子只能不断朝着最优解的方向靠

---

① Eberhart R, Kennedy J. 1995. “A new optimizer using particle swarm theory,” MHS'95. Proceedings of the Sixth International Symposium on Micro Machine and Human Science, 39-43.

近。粒子位置的更新方式如图 9-1 所示。

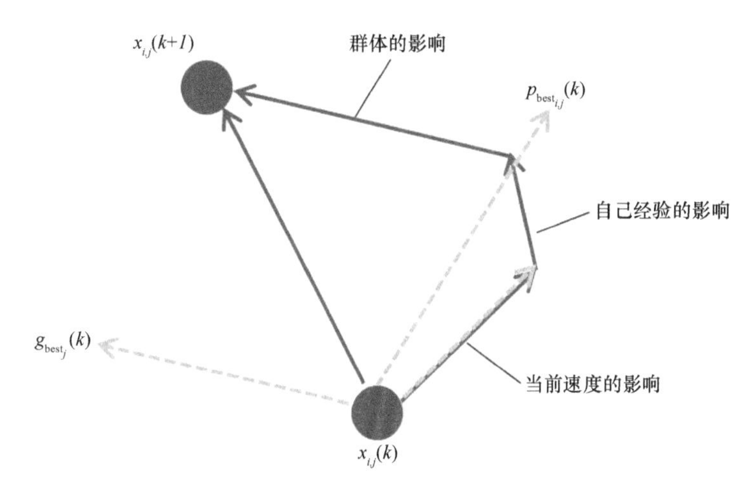

图 9-1　PSO 粒子位置更新方式

PSO 算法在计算开始时会将种群中的所有粒子随机初始化得出一组随机解，然后通过反复迭代进行寻优。在每一次迭代过程中，粒子通过追寻两个极值来更新自己的速度和位置：一是粒子自身所寻求到的最优解，这个解称为个体极值；二是整个种群目前所找到的最优解，这个极值也称为全局极值。有些情况下，也可以使粒子不追随全局极值而只追随局部极值，进而搜索出局部最优解。

2. PSO 算法原理

在一个具有 N 个维度的搜索空间中，由 K 个粒子组成一个搜索群落，每一个粒子均表示为一个 N 维行向量，其中，第 i 个粒子的位置表达如式（9-1）所示。

$$X_i=(x_{i1},x_{i2},\cdots,x_{iN}),\quad i=1,2,\cdots,K \tag{9-1}$$

每一个粒子在其迭代的过程中会不断更新自己的“飞行”速度，“飞行”速度即粒子位置变化的方向和趋势，同样是一个 N 维行向量，第 i 个粒子的速度表达如式（9-2）所示：

$$V_i=(v_{i1},v_{i2},\cdots,v_{iN}),\quad i=1,2,\cdots,K \tag{9-2}$$

由于粒子在每一次迭代过程中的速度更新具有一定的随机性，并非每一次位置更新都能使粒子朝着最优目标靠拢，因此每个粒子在搜索过程中都存在属于其自身的个体极值，即粒子目前所搜索到的最优位置，第 i 个粒子的个体极值表达如式（9-3）所示：

$$p_{\text{best}}=(p_{i1},p_{i2},\cdots,p_{iN}),\quad i=1,2,\cdots,K \tag{9-3}$$

对个体极值进行比较筛选，可以得到整个粒子群迄今搜索到的最优位置，称为全局极值，全局极值的表达如式（9-4）所示：

$$g_{\text{best}}=(p_{g1},p_{g2},\cdots,p_{gN}) \tag{9-4}$$

在每一次迭代过程中，个体极值与全局极值将会被更新一次，粒子根据这两个最优值，按照式（9-5）和式（9-6）更新自己的速度 v 与位置 x。

$$v_{id}^{m+1}=wv_{id}^{m}+c_1r_1(p_{id}^{m}-x_{id}^{m})+c_2r_2(g_{id}^{m}-x_{id}^{m}) \tag{9-5}$$

$$x_{id}^{m+1} = x_{id}^{m} + v_{id}^{m+1} \quad i = 1,2,\cdots,K \quad d = 1,2,\cdots,N \quad m = 1,2,\cdots \tag{9-6}$$

式中，m 是迭代次数；w 是惯性权重，介于 0～1；c_1 和 c_2 分别为自身学习因子和社会学习因子，也称加速常数；r_1 和 r_2 为介于 0～1 的均匀随机数。值得注意的是，式（9-5）等号右边由三部分构成：第一部分称为惯性部分，反映粒子有按照原本运动方向和速率运动的趋势；第二部分为自学习部分，反映粒子具有向自身最优位置靠拢的趋势；第三部分为社会学习部分，反映粒子具有向群体最佳位置靠拢的趋势。

3. BPSO 算法原理

BPSO 算法作为被改进的 PSO 算法，其核心思想与 PSO 算法并无太大差异。两者主要的不同之处在于，PSO 算法的粒子可以是由任意数值组成的行向量或列向量，而 BPSO 算法的粒子只能以二进制编码的形式构成；虽然 BPSO 算法的速度更新公式和 PSO 算法是一致的，但在 BPSO 算法中，速度 v 通过 Sigmoid 函数被映射为粒子中每个二进制位值取 1 的概率，映射函数如式（9-7）所示：

$$S(v_{id}) = \frac{1}{1+\exp(-v_{id})} \tag{9-7}$$

式中，$S(v_{id})$表示粒子中每一个二进制位值取 1 的概率，其值介于 0～1。

因此，BPSO 的位置更新公式相较于 PSO 有了新的表达方法，如式（9-8）所示。

$$x_{id} = \begin{cases} 1, \mathrm{rand}[0,1] \leqslant S(v_{id}) \\ 0, \mathrm{rand}[0,1] > S(v_{id}) \end{cases} \tag{9-8}$$

式中，rand[0，1]是在[0，1]区间内随机均匀生成的数字。

然而，一些学者（刘建华等，2011）发现了 BPSO 算法的缺陷，他们指出，BPSO 算法粒子在迭代过程中并没有收敛于全局最优粒子。因为按照式（9-7），当粒子收敛于全局最优时，其速度将变为零，而速度为零时，粒子的二进制位变概率将变成 0.5，此时粒子搜索的随机性变为最大，缺乏方向性，与收敛的前提矛盾。可见，BPSO 算法是缺乏局部搜索能力的随机算法。

为了让速度和位变的关系符合实际情况，学者对式（9-7）进行了改进。他们希望，当粒子已经收敛、飞行速度趋近于零时，速度的概率映射函数值也能趋近于零，即粒子位变概率趋近于零；反之，当粒子速度趋近于正无穷时，位变概率应趋近于 1；当粒子速度为正时，位变概率应只有朝 1 发生的趋势；当速度为负时，则位变概率应只有朝 0 发生的趋势。

根据上述设定，改进后的 Sigmoid 函数如式（9-9）所示：

$$S(v_{id}) = \begin{cases} 1 - \dfrac{2}{1+\exp(-v_{id})} & v_{id} \leqslant 0 \\ \dfrac{2}{1+\exp(-v_{id})} - 1 & v_{id} > 0 \end{cases} \tag{9-9}$$

改进后的粒子位置更新公式如式（9-10）和式（9-11）所示。

（1）当 $v_{id}<0$ 时：

$$x_{id}=\begin{cases}0,\mathrm{rand}[0,1]\leqslant S(v_{id})\\ x_{id},\mathrm{rand}[0,1]>S(v_{id})\end{cases}\tag{9-10}$$

（2）当 $v_{id}\geqslant 0$ 时：

$$x_{id}=\begin{cases}1,\mathrm{rand}[0,1]\leqslant S(v_{id})\\ x_{id},\mathrm{rand}[0,1]>S(v_{id})\end{cases}\tag{9-11}$$

9.1.2　NSGA-Ⅱ算法

带精英策略的非支配排序遗传算法Ⅱ是 Srinivas 和 Deb 于 21 世纪初在非支配排序遗传（NSGA）算法基础上的改进算法，至今依然是应用最多的多目标遗传算法之一。遗传算法是模拟自然界生物进化机制的一种优化算法，它遵循适者生存、优胜劣汰的自然法则，在迭代寻优过程中将有用的“基因”大概率保留，而无用的“基因”则将大概率被淘汰，与自然进化过程息息相关。与 BPSO 算法一样，它们都追求在所有可能的解决方案中尽可能找出最符合该问题所需要条件的解决方法，即寻求最优解集。

NSGA-Ⅱ算法与传统遗传算法的不同之处在于它引入了快速非支配排序的方法，设计了计算拥挤度和拥挤度比较排序算子，改善了传统遗传算法中需要人为指定共享参数的缺陷，并将快速排序后的结果作为同层非支配解集的胜出标准，使准 Pareto 解集域中的粒子能扩散到整个 Pareto 解集域并在空间上均匀分布，保持了种群的多样性；同时引入了精英策略，扩大了空间取样范围，防止最佳个体的遗漏，提高了优化结果的精度。可以说，NSGA-Ⅱ算法有效降低了传统遗传算法中非劣解排序设计的复杂性，同时具备算法运行速度快、收敛性好等优点，因此也成了评判其他多目标优化算法性能好坏的基准。

1. 遗传操作

自然界生物进化的核心在于生物遗传基因的重组和突变，遗传算法同样如此。与传统遗传算法一样，NSGA-Ⅱ算法的核心同样在于粒子的遗传操作。遗传操作包括以下三个基本遗传算子，分别是粒子之间的选择、交叉和变异。而遗传操作的效果往往和三个基本遗传算子所选取的交叉变异的概率、交叉变异的方法、种群群体的大小、粒子选择的方式密切相关。以下分别对选择、交叉、变异三个操作进行说明。

（1）选择。选择是从种群中挑选出良好的个体，淘汰劣质个体的操作。选择的目的是把种群中较为优良的个体保留下来，直接遗传到下一代或通过交叉配对产生新的个体不断地遗传下去。

（2）交叉。交叉操作是把两个父代个体的部分“基因”序列进行替换和重组，从而生成子代个体的更新方式，这种更新方式大大增强了遗传算法的全局搜索能力。在交叉算子中，父代的两个个体将根据交叉概率随机地交换某些“基因”，从而使不同的优良“基因”片段有更大的机会组合在一起。根据编码表示方法的不同，交叉算子在实值重组和二进制交叉中均分成了不同的类型，最常用的交叉算子为单点交叉，也是本书所采用的交叉方法。单点交叉的操作是，在两个个体中随机选择交叉的起始点，将起始点往前或往后的相同长度的结构进行互换，得到新的两个个体，交叉方式如图 9-2 所示。

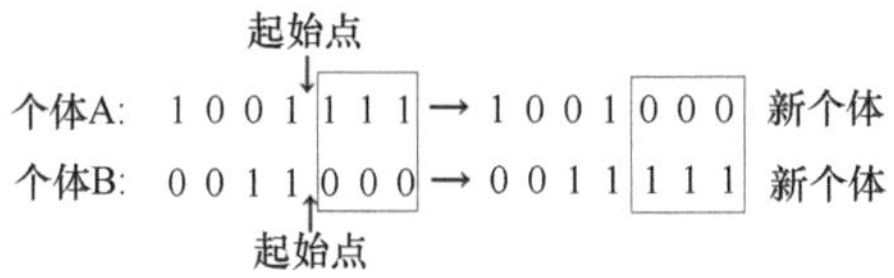

起始点

个体A: 1 0 0 1 | 1 1 1 | → 1 0 0 1 | 0 0 0 | 新个体

个体B: 0 0 1 1 | 0 0 0 | → 0 0 1 1 | 1 1 1 | 新个体

起始点

图 9-2 遗传算法单点交叉方式

（3）变异。变异操作是种群中个体的某些基因位上的基因值根据变异率做随机变动，变异操作使算法具有局部的随机搜索能力。当遗传算法通过交叉算子不断向最优解前沿靠拢时，利用变异算子可以加速算法的收敛。但变异发生的概率不应设置过大，否则会破坏本已接近最优解的基因块，使种群与最优解的距离重新拉大。二进制串中的基本变异操作如图 9-3 所示。

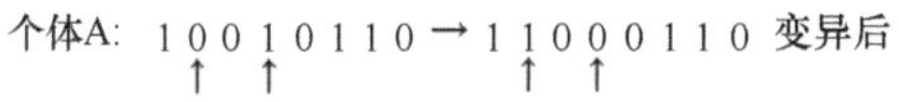

个体A: 1 0 0 1 0 1 1 0 → 1 1 0 0 0 1 1 0 变异后

图 9-3 遗传算法变异方式

2. NSGA-Ⅱ算法改进

相对于传统的遗传算法，NSGA-Ⅱ算法的改进之处体现在以下三个方面。

1）快速非支配排序算子的设计

多目标优化问题的设计关键在于求取 Pareto 最优解集。NSGA-Ⅱ算法中的快速非支配排序是根据个体的非劣解水平对种群分层，其作用是指引搜索向 Pareto 最优解集方向进行。它是一个循环的适应值分级过程：首先找出群体中非支配解集，记为第一非支配排序层 F_1，将其所有个体赋予非支配序值 iRank=1，iRank 是个体 i 的非支配排序值，赋予非支配序值后将所有 iRank=1 的个体从整个种群中除去；然后继续找出余下群体中非支配解集，记为第二非支配排序层 F_2，个体被赋予非支配序值 iRank=2；照此进行下去，直到整个种群被分层，同一分层内的个体具有相同的非支配序值 iRank。

2）个体拥挤距离算子设计

为了能够在具有相同 iRank 的个体内进行选择性排序，NSGA-Ⅱ提出了个体拥挤距离的概念。个体 i 的拥挤距离是目标空间上与 i 相邻的 2 个个体 i+1 和 i–1 之间的距离，其计算步骤如下。

（1）对同层的个体初始化距离，令 $L[i]_d = 0$，其中 $L[i]_d$ 表示任意个体 i 的拥挤距离。

（2）对同层的个体按第 m 个目标函数值升序排列，使得排序边缘上的个体具有选择优势。给定一个大数 M，令 $L[i]_d = L[\text{end}]_d = M$。

（3）对排序中间的个体求拥挤距离，拥挤距离的计算如式（9-12）所示：

$$L[i]_d = L[i]_d + \left(L[i+1]_m - L[i-1]_m\right) \Big/ \left(f_m^{\max} - f_m^{\min}\right) \tag{9-12}$$

式中，$L[i+1]_m$ 为第 i+1 个个体的第 m 目标函数值；$f_m^{\max}$ 和 $f_m^{\min}$ 分别为集合中第 m 目标函数值的最大值和最小值。

（4）对不同的目标函数，重复步骤（1）到步骤（4）的操作，得到个体 i 的拥挤距离 $L[i]_d$，通过优先选择拥挤距离较大的个体，可使计算结果在目标空间比较均匀地分布，以维持种群的多样性。

从两目标优化问题来看，拥挤度相当于该个体在目标空间所能生成的最大的矩形的边长之和，该矩形不能触碰目标空间其他点。拥挤度如图 9-4 所示。

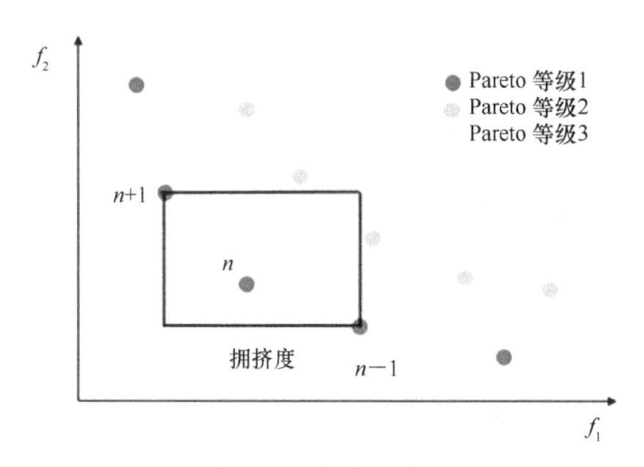

图 9-4　拥挤度示意图

3）精英策略选择算子

精英策略即保留父代中的优良个体直接进入子代，以防止获得的Pareto最优解丢失。精英策略选择算子按 3 个指标对由父代 C_i 和子代 D_i 合成的种群 R_i 进行优选，以组成新的父代种群 C_{i+1}。首先淘汰父代中方案校验标志为不可行的方案；其次将非支配序值 iRank 从低到高排序，将整层种群依次放入 C_{i+1}，直到放入某一层 F_j 时出现 C_{i+1} 大小超过种群规模限制 N 的情况；最后，依据 F_j 中的个体拥挤距离由大到小的顺序继续填充 C_{i+1}，直到种群数量达到 N 时终止。

NSGA-Ⅱ算法的实现过程如图 9-5 所示。

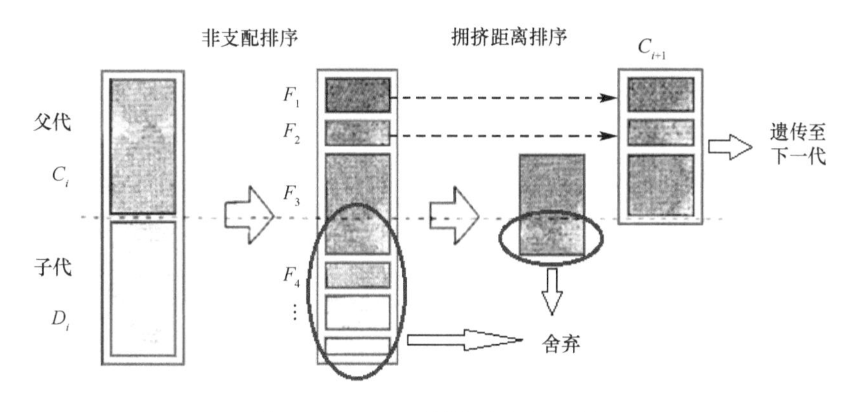

图 9-5　NSGA-Ⅱ算法的实现过程

9.2 LID 措施空间布局优化模型构建

9.2.1 目 标 函 数

为了实现对径流的削减和污染物的控制，并有效控制成本，本节确定了以下三种规划核心要素的目标函数。

1. 成本目标函数 f_c

成本目标函数采用终值的计算方法，以基准年建设成本加上每年运行管理成本折算到运行期结束时得到，如式（9-13）～式（9-15）所示。

$$f_c = C_s(1+i)^k + \sum_{n=1}^{k} C_m(1+i)^{k-n} \tag{9-13}$$

$$C_s = \sum_{j=1}^{r} B_j S_j \tag{9-14}$$

$$C_m = \sum_{j=1}^{r} P_j S_j \tag{9-15}$$

式中，r 为 LID 措施的种类个数，本研究取 r=4；k 为计算期，年，本节取 k=30；i 为年利率，%，本节取 i=4%；C_s 为 LID 措施的总建设成本，元；C_m 为 LID 措施一年的管理维护费用，元；B_j 为第 j 类 LID 措施的建设成本单价，元/m^2；P_j 为第 j 类 LID 措施的管理成本单价，元/m^2；S_j 为第 j 类 LID 措施的总面积，m^2；n 为年序数。

2. 径流目标函数 f_w

径流目标函数采用给定一场降雨过程中研究区域出水口的径流总量来表达，径流总量可通过 SWMM 运行后输出的报告文件获取，该目标函数表达如式（9-16）所示。

$$f_w = \sum_{a=1}^{b} V_a \tag{9-16}$$

式中，b 是研究区域出水口总数；a 是出水口序号；V_a 是第 a 个出水口的径流总量，m^3。

3. 水质目标函数 f_q

水质目标函数则采用降雨过程中研究区域出水口 TSS 的排放总量来表达，由于 TSS 在径流中的浓度与 COD、TN 和 TP 的浓度呈正相关关系（唐文锋等，2017），因此本节只采用 TSS 这一水质指标来反映径流的水质状况。TSS 总排放量也可通过调用 SWMM 的运行结果文件获取，该目标函数表达如式（9-17）所示：

$$f_q = \sum_{a=1}^{b} \mathrm{TSS}_k \tag{9-17}$$

式中，TSS_k 为第 k 个出水口的 TSS 总排放量，kg。

在工程中，上述三个目标函数均被希望能取得较小值，实际上，径流目标和水质目标呈正相关关系，而它们两个都与成本目标呈负相关关系，这意味着径流与水质目标要求越高，成本会大概率上升。为了降低算法的复杂程度，本节将呈正相关关系的径流水质目标进行归一化处理，并将其赋予 0.5 的权重系数，如式（9-18）所示。归一化处理后的径流与水质目标将合并为一个加权目标，加权目标值同样是越小越优，模型算法计算完成后将得出加权值–成本 Pareto 前沿。

$$f = \sum_{i=1}^{2} W_i \times (f_i / \max f_i) \tag{9-18}$$

式中，f 为归一化处理并加权后的目标值；f_i 是第 i 个目标值；$\max f_i$ 为第 i 个目标的最大值；W_i 为第 i 个目标的权重系数。

9.2.2　算法求解过程

1. 模型基本设定

为了使数学优化模型构建的过程更为合理与高效，本节对研究区域中的 LID 措施布设方案做出以下设定。

（1）一个子汇水区只设置一种类型的 LID 措施。在第 6 章中，研究区域现状 SWMM 的构建已经完成，且模型的每个子汇水区仅对应一种用地类型。因此在子汇水区设置 LID 措施的时候，只需在本节选定的四种 LID 类型中选出与汇水区所处用地类型相匹配的 LID 措施进行设置。

（2）LID 措施面积与所处子汇水区面积的比例固定。根据以往工程经验，本节将 LID 措施的面积均设置为所处子汇水区面积的 80%。

2. 改进 BPSO 算法求解

根据 1.中的设定，在 Matlab 平台中采用 BPSO 算法对研究区 LID 措施布局进行优化求解，算法求解的基本思路如下。

（1）修改现状 SWMM 输入文件（.inp），在工程允许设置 LID 措施的 N 个子汇水区中添加对应于子汇水区用地类型的 LID 措施。N 个子汇水区的 LID 措施布设方案可以用一组 N 维二进制编码的行向量表示，这一组行向量相当于 BPSO 算法中的一个粒子。本节共划分了 297 个子汇水区，其中有 161 个子汇水区可设置 LID 措施，故 N 为 161，粒子有 161 位数。当粒子中的某一位数为 1 时，表明启用或保留该子汇水区的 LID 措施；当该位数为 0 时，则表明不启用或删减该 LID 措施。因此，一个种群的粒子数量实际上对应着 LID 措施布设方案的数量。

（2）设定 BPSO 算法的各种参数。需要设定的参数有种群的粒子数量、迭代次数、惯性权重、自身学习因子和社会学习因子。同时，需初始化种群粒子的位置和速度，初始化的方式一般为随机生成。

（3）种群粒子初始化后，程序会根据每个粒子的二进制编码对模型输入文件的 LID 措施布设情况进行修改，调用成本函数计算成本，同时调用 SWMM 计算引擎运行更新后的模型输入文件，并从输出的报告文件（.rpt）中获取研究区域出水口的径流量、污染物排放量数据，合并为综合效益目标。随后，根据成本目标和综合效益目标筛选出该种群目前的全局最优解集，即非劣解集，得到全局最优位置，进入迭代过程。

（4）在迭代过程中，每个粒子将追随个体和全局极值不断更新自身的速度和位置，迭代结束时的非劣解集即为所求的加权值–成本 Pareto 前沿。

改进 BPSO 算法优化 LID 措施布局的运算流程如图 9-6 所示。

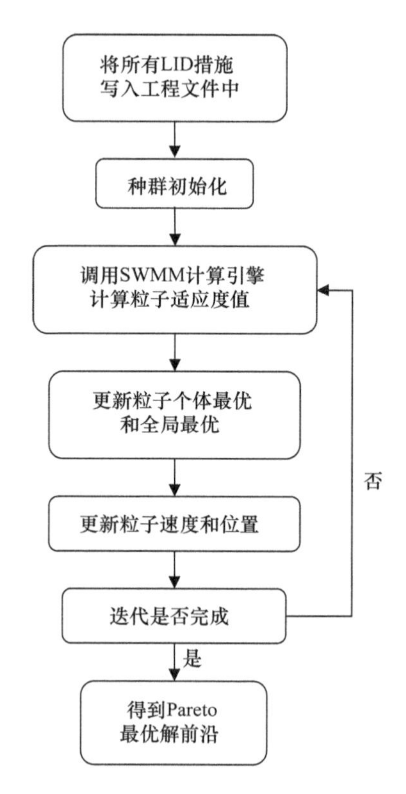

图 9-6　BPSO 算法对 LID 措施布局优化求解流程

3. NSGA-Ⅱ算法求解

根据 1.中的设定，同样地，在 Matlab 平台中采用 NSGA-Ⅱ算法对研究区 LID 措施布局进行优化求解，算法求解的基本思路如下。

（1）首先，随机产生规模为 N 的初始种群，调用 SWMM 计算引擎对种群中的每个个体目标值进行计算，将个体目标值进行非支配排序后，对种群个体进行遗传算法的选择、交叉、变异三个基本操作，从而得到第一代种群。

（2）从第二代开始，父代种群将会与选择、交叉、变异后新产生的子代种群合并，对合并后的种群进行快速非支配排序。一般来说，个体在种群中的非支配排序结果为该个体在种群中被其他粒子支配的次数并加 1，个体被支配的次数越多，它的排序值则越高。非支配排序完成后，计算每个非支配层中的个体拥挤度，根据非支配关系以及个体的拥挤度选取合适的个体组成新的父代种群。

（3）随后，不断重复第（2）步的运算流程，在迭代过程中，种群会朝着Pareto最优解集前沿不断运动，直到满足程序结束的条件。

NSGA-Ⅱ算法优化LID措施布局的运算流程如图9-7所示。

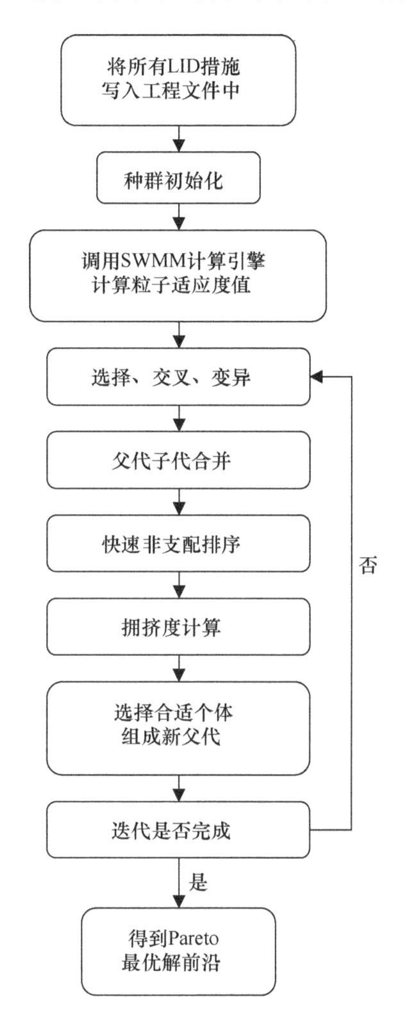

图9-7　NSGA-Ⅱ算法对LID措施布局优化求解流程

9.3　不同优化算法对LID措施布局优化效果差异评估

9.3.1　不同算法种群粒子分布情况

运用两个智能优化算法外加一个作为对照组的随机生成算法，对不同频率降雨下的SWMM分别进行计算，得出了种群粒子在不同迭代次数下的位置分布情况，以更直观地显示出不同算法在寻优过程中的位变特性。

改进BPSO算法、NSGA-Ⅱ算法和作为对照组的随机生成算法计算过程中的种群粒子分布情况如图9-8～图9-10所示。

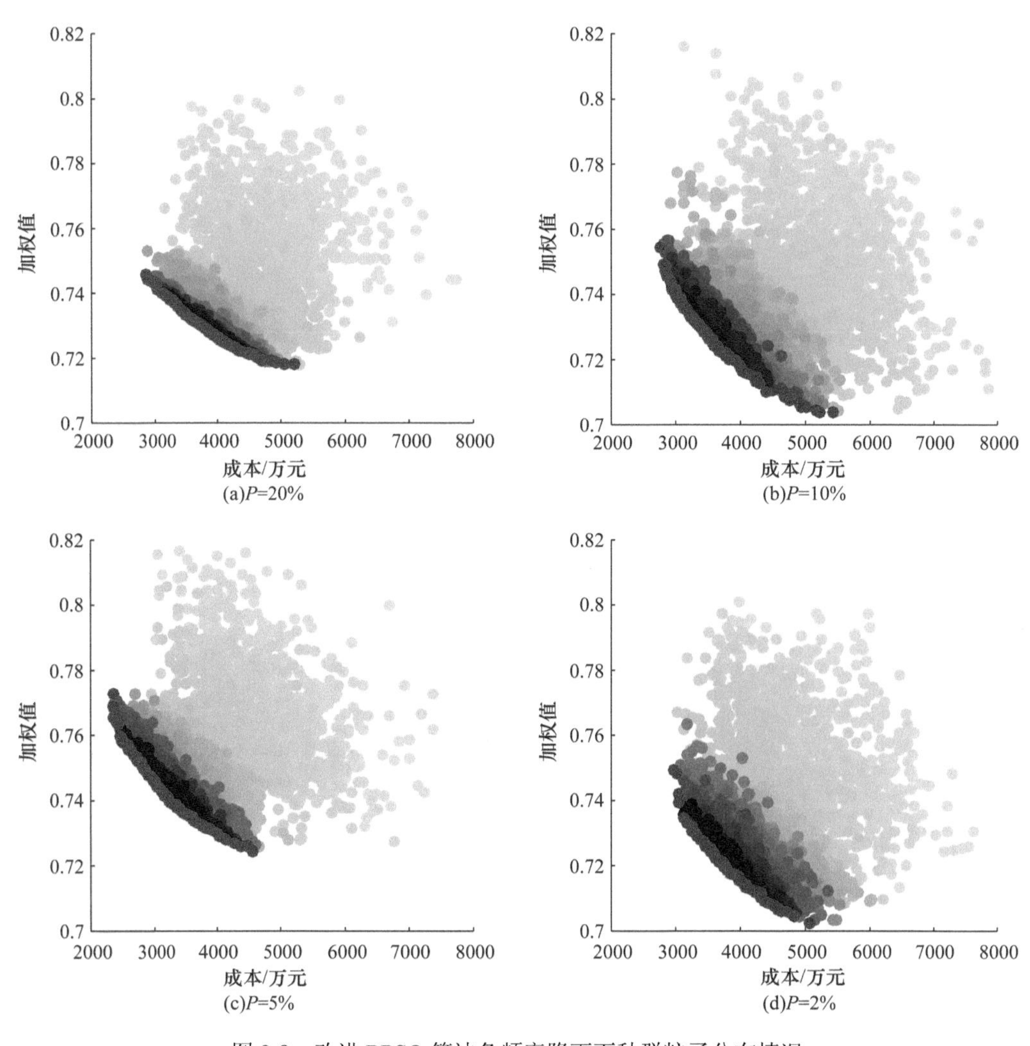

(a)P=20%　(b)P=10%

(c)P=5%　(d)P=2%

图 9-8　改进 BPSO 算法各频率降雨下种群粒子分布情况

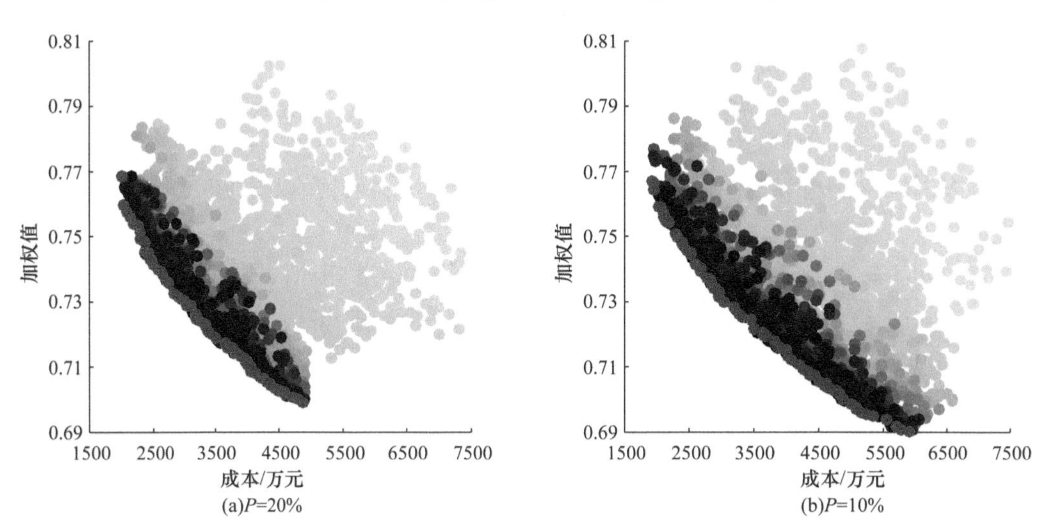

(a)P=20%　(b)P=10%

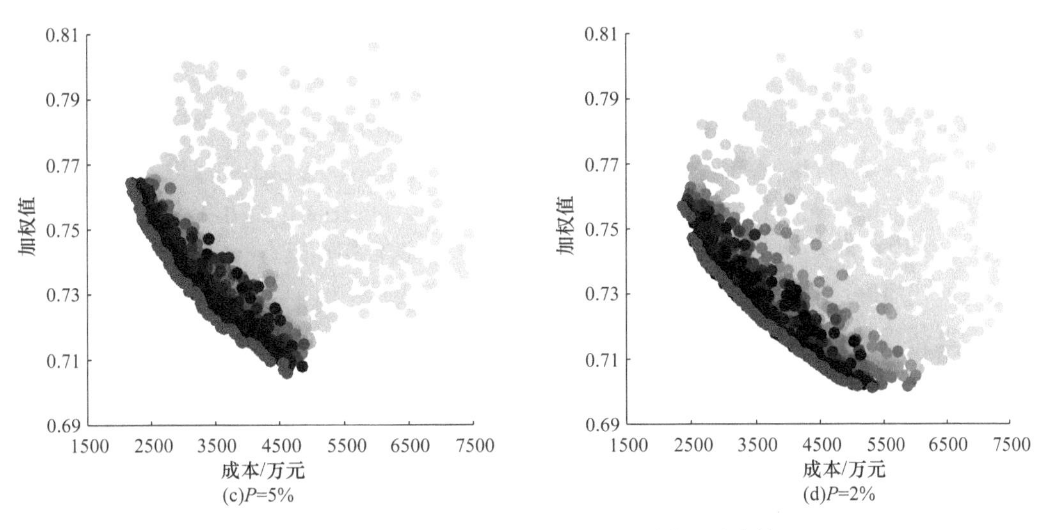

图 9-9　NSGA-Ⅱ算法各频率降雨下种群粒子分布情况

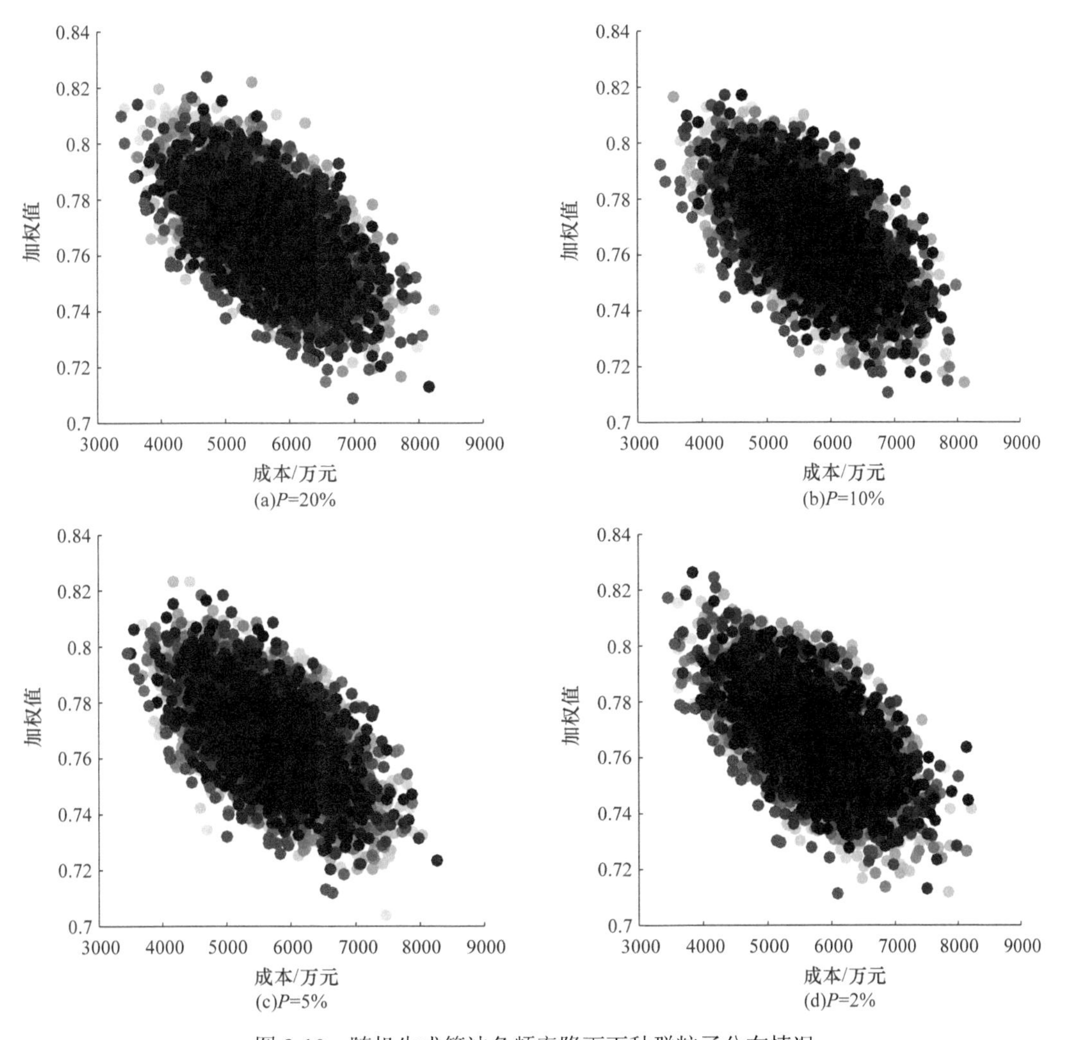

图 9-10　随机生成算法各频率降雨下种群粒子分布情况

在图9-8～图9-10中，加权值–成本解集区间内分布着许多不同颜色深度的粒子，不同颜色深度代表着粒子经历过不同的迭代次数，粒子颜色越深，表明经历过的迭代次数越多，反之越少，红色粒子则是迭代完成后的非劣解集合，即为所求的Pareto最优解前沿。对于改进BPSO算法和NSGA-Ⅱ算法，从它们的种群粒子分布情况可以很明显地看出，较浅色的粒子占空间的绝大部分，表明种群粒子在算法迭代初期的空间位置分布范围较广，但离Pareto前沿均有较远的距离，这体现了两种优化算法在迭代初期具有一定的全局搜索能力；而随着迭代的进行，粒子有不断向Pareto前沿发生位变的趋势，从图中也可以看出，粒子颜色深度朝着Pareto最优解前沿的方向不断加大；进入迭代后期，由于受到前沿的阻力作用，粒子在前沿附近的分布密度不断增大；迭代结束时，外包线上的粒子则为计算所得的Pareto前沿。而在随机生成算法中，不同颜色深度的种群粒子在空间上呈现出的是均匀随机分布的状态，并无朝着某一特定方向发生位变的趋势，计算完成后Pareto前沿上分布的粒子也极为散乱，显然，靠随机生成算法寻优是不现实的。下面将通过分析不同算法之间寻优的最终效果和收敛速度两个指标对算法之间的优化性能做更进一步的比较。

9.3.2 算法优化性能对比

1. Pareto前沿对比

将两个优化算法与随机生成算法计算出来的Pareto前沿提取出来，并进行散点的曲线拟合，将相同频率的拟合结果绘制在同一张图中。前沿拟合曲线的成本区间范围也是严格按照实际计算得到前沿散点成本区间的范围来确定的。不同算法各频率降雨下的Pareto前沿比较结果如图9-11所示。

2. 算法收敛形态对比

对不同的算法，计算每次迭代后新生成的种群粒子离算法自身Pareto前沿的垂直距离，并取平均值，得到每次迭代后种群离算法最优解的平均距离，如图9-12所示。

3. 对比结论

由1.和2.中的对比图（即图9-11和图9-12）可以看出，在所有频率的降雨情形下，两种智能优化算法对研究区域LID措施布局的优化效果均显著优于随机生成算法。这是因为随机生成算法在运算过程中具有完全的随机性，而智能优化算法则具有一定的仿生性，能够将寻优过程与生物的自然进化方式或行为习性等很好地结合起来，使得算法具有了一定的趋向性，因此在很大程度上避免了原地踏步的现象，提高了优化效率以及优化效果。

对于两个智能优化算法，从图9-11中显示的最终Pareto前沿位置看，NSGA-Ⅱ算法的Pareto前沿位置均优于改进BPSO算法，在相同成本的情况下，NSGA-Ⅱ算法求得的最优综合削减率基本大于改进BPSO算法的求解结果。同时，NSGA-Ⅱ算法算得的Pareto前沿所覆盖的成本区间范围均大于改进BPSO算法求解结果所覆盖的范围。从图9-12中的各算法收敛形态也可以看出，NSGA-Ⅱ算法的收敛形态是十分稳定的，迭代次数在40次左右的时候，种群离Pareto前沿的平均距离均已达到0.01，随后稳定而缓慢地继续收敛至迭代结束；而改进BPSO算法的收敛形态在不同工况下却显得尤为不稳定。

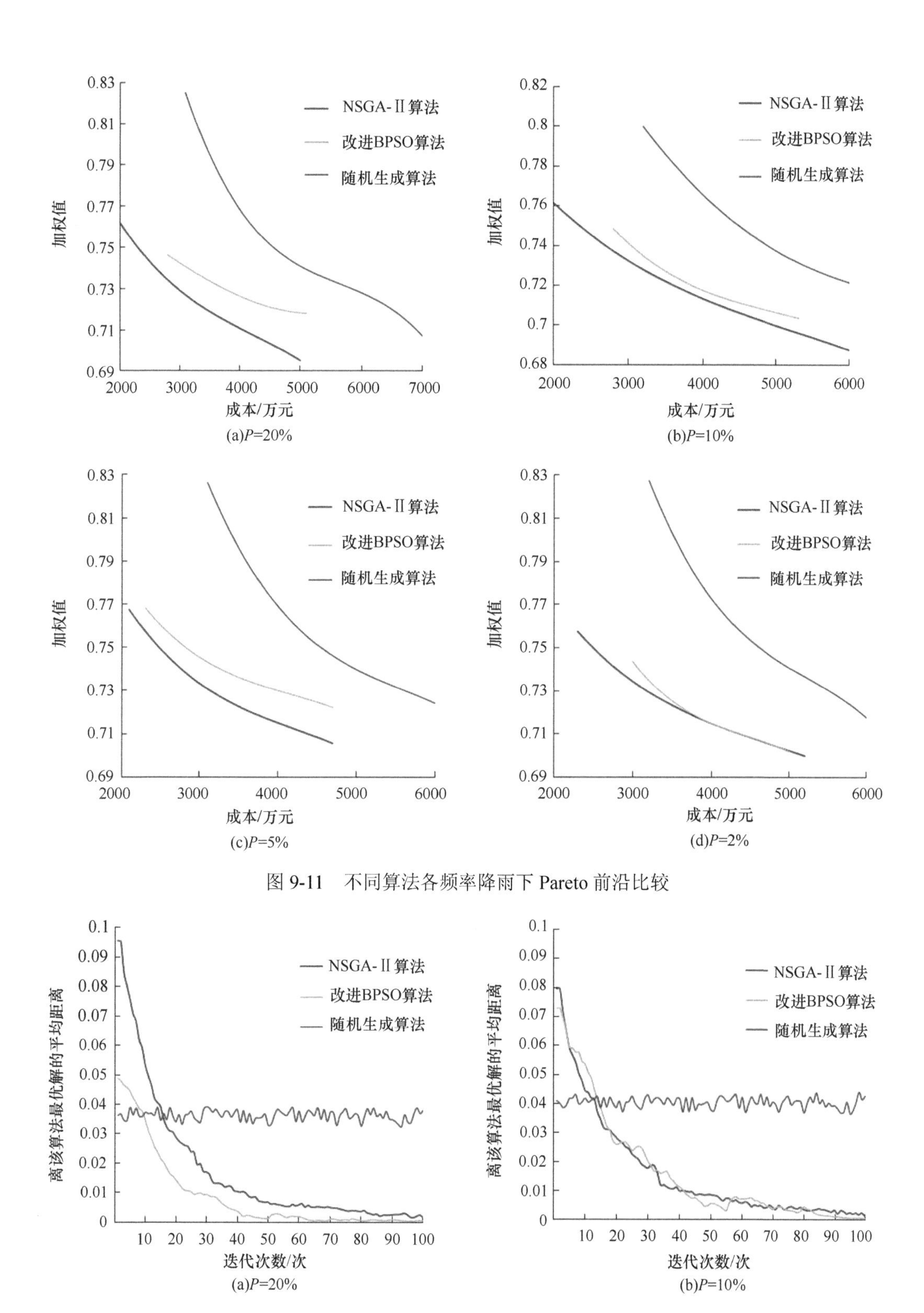

图 9-11　不同算法各频率降雨下 Pareto 前沿比较

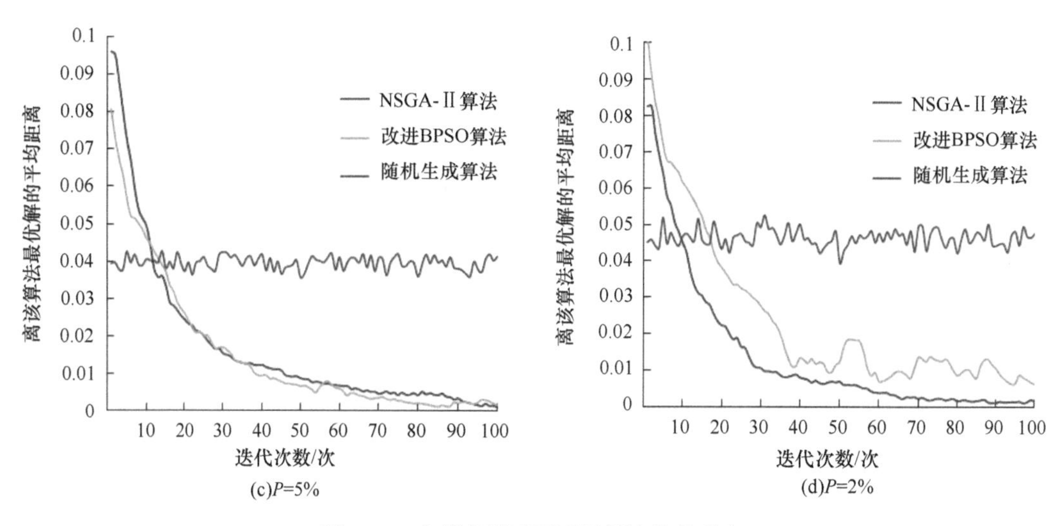

图 9-12　各频率降雨下不同算法收敛形态

对于改进 BPSO 算法，当收敛形态如图 9-12（a）时，尽管其收敛速度快且稳定，但其对应降雨频率的 Pareto 前沿位置分布较 NSGA-Ⅱ算法有着较大的差距；而当收敛形态如图 9-12（d）时，尽管波动显得收敛过程较为不稳定，但最终的 Pareto 前沿位置分布却与 NSGA-Ⅱ算法的前沿发生了部分重合。由此可以推断，改进 BPSO 算法在迭代过程中容易跳入局部最优而产生局部收敛现象，导致了收敛速度快但收敛效果不佳；当收敛形态较为波动时，实际上反映出算法在寻优过程中产生了一定的全局搜索能力，最终收敛结果要好于收敛形态较稳定时的计算结果。因此，在设置算法的时候应当增强算法的全局搜索能力，避免跳入局部最优。但当 BPSO 算法全局能力被增强时，其收敛形态往往会发生强烈的波动，使算法的收敛特性变得更加难以把握。

综上所述，无论是从最终 Pareto 前沿的位置分布还是从算法的收敛情况来看，NSGA-Ⅱ算法的优化效果均优于改进 BPSO 算法。

9.3.3　Pareto 前沿方案成本分析

为了进一步探究各类 LID 措施的布设成本对综合削减率的影响，本节将用两个优化算法分别求得的四个频率降雨 Pareto 前沿上的所有方案全部提取出来，并计算了不同加权值下最优方案的各类 LID 措施成本分配情况。其中图 9-13 为用改进 BPSO 算法计算的最优方案，图 9-14 为用 NSGA-Ⅱ算法计算的最优方案。

从两种算法的 LID 措施成本堆积图上可以看到，在所有的 LID 措施建设成本中，当综合削减率较大时，绿色屋顶和透水铺装的成本之和占据了总成本的绝大部分，生物滞留网格和雨水花园则占比较小，这也和 LID 措施所对应的各类用地类型占地面积不同有一定的关系。从各 LID 措施成本的变化情况来看，透水铺装、生物滞留网格和雨水花园的成本随综合削减率的增加变化不大，而对总成本起到决定性作用的是绿色屋顶的成本。从图 9-14（d）中可以明显看出，当综合削减率在 25%左右时，总成本仅为 2500 万元，但当削减率达到 30%时，总成本翻了一倍，而成本的增量几乎都由绿色屋顶所承担。

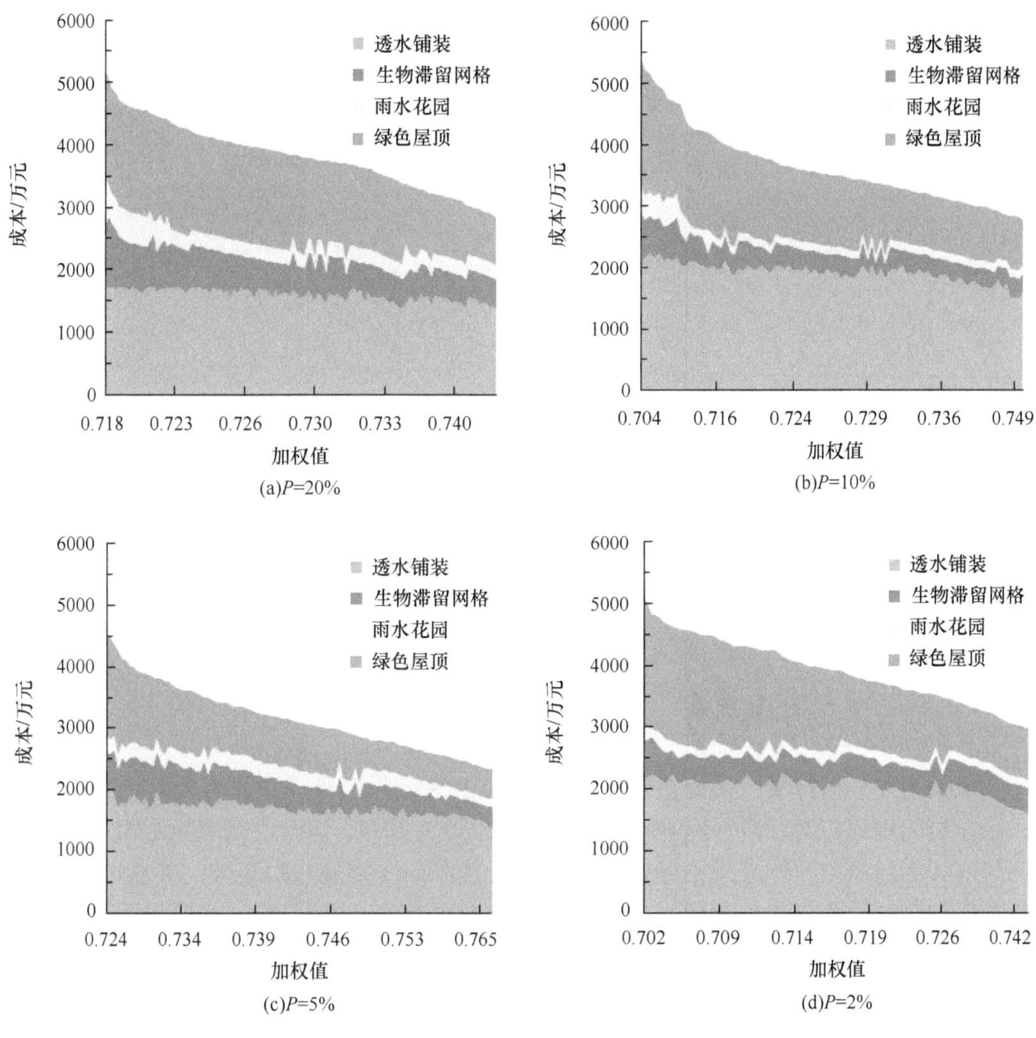

(a)P=20%　(b)P=10%

(c)P=5%　(d)P=2%

图 9-13　改进 BPSO 算法各频率降雨下 Pareto 前沿不同方案 LID 措施成本分布

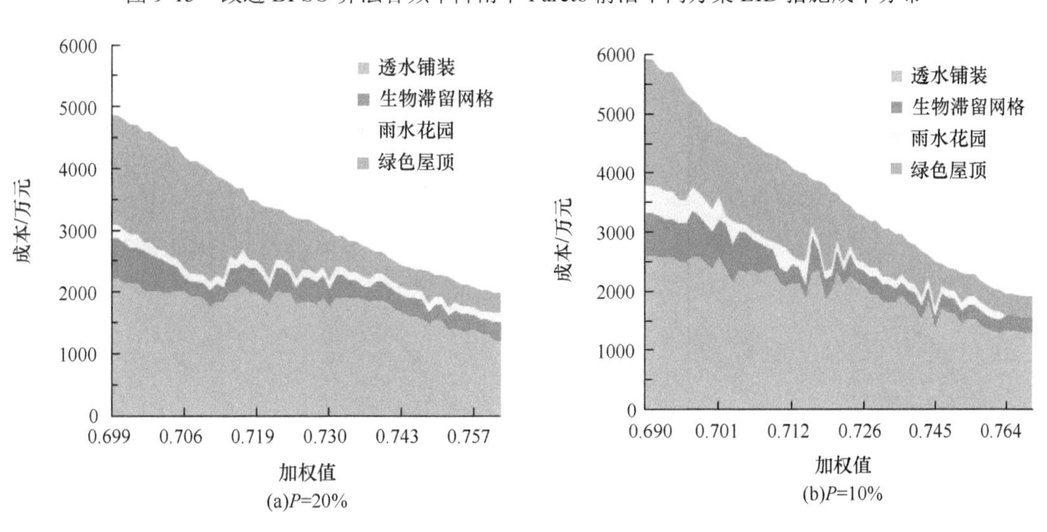

(a)P=20%　(b)P=10%

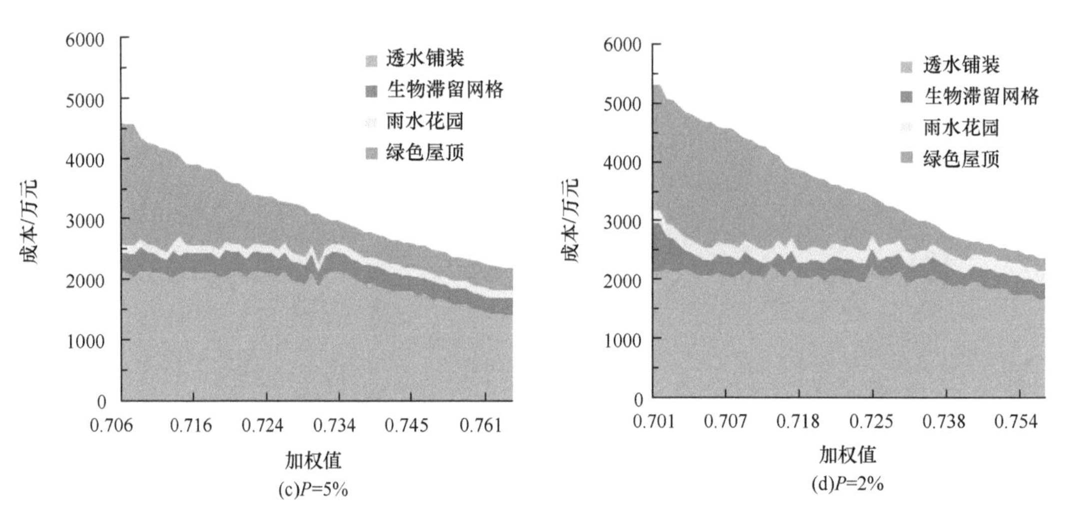

(c)P=5%　　(d)P=2%

图 9-14　NSGA-Ⅱ算法各频率降雨下 Pareto 前沿不同方案 LID 措施成本分布

可见，绿色屋顶措施在海绵城市建设中的性价比较低，在工程规划时，若非极力追求更高的削减率，可以适当减小绿色屋顶的规划面积，以降低工程的总投资量。

9.3.4　LID 措施最优布局方案

根据上述分析结果，最终决定采用 NSGA-Ⅱ算法的运算成果作为天河智慧城 LID 措施布局的规划方案。当工程的水量与水质加权值为 0.73、综合削减率为 27%时，从不同降雨频率的模型计算成果中提取出相应加权值的 LID 措施布局矩阵，并通过 ArcGIS 将数值矩阵转化为工程的实际布局方案，如图 9-15 所示。从图 9-15 中可以看出，当选取的工程综合控制目标相同的时候，工程建设成本会随着设计降雨频率的增大而有一定程度的增加。

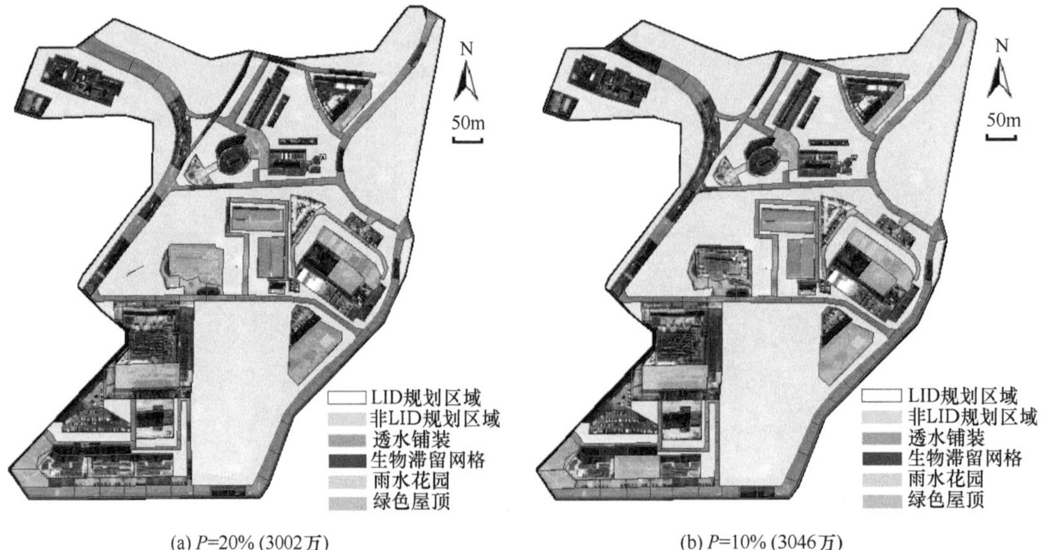

(a) P=20% (3002万)　　(b) P=10% (3046万)

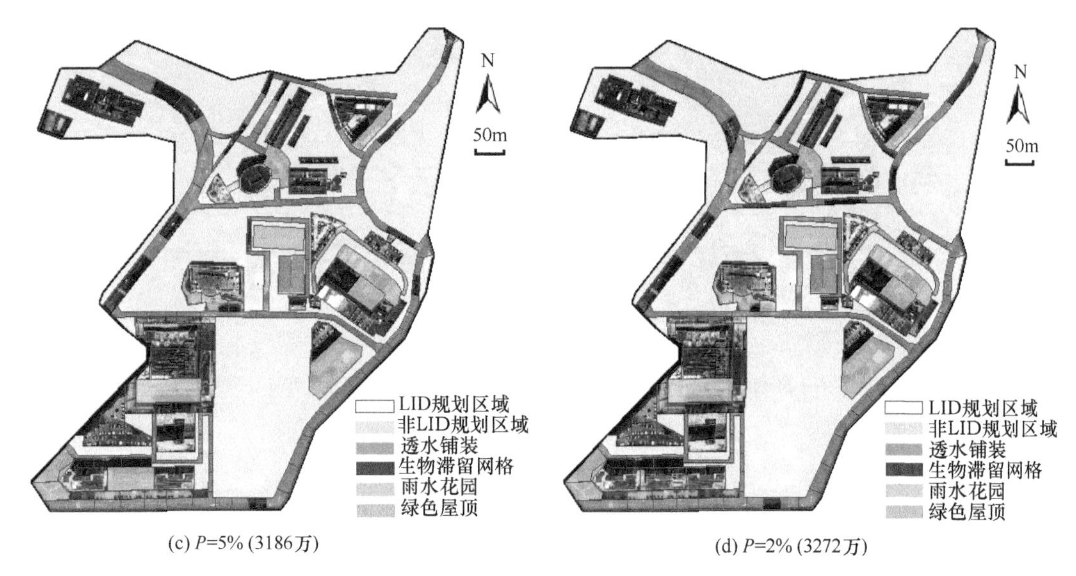

(c) P=5% (3186万)　　(d) P=2% (3272万)

图 9-15　NSGA-Ⅱ算法各频率降雨下 Pareto 前沿 LID 措施布局方案

P 表示设计暴雨频率；括号中的数字表示成本

9.4　小　　结

本章以天河智慧城一排水片区为例，基于改进 BPSO 算法与 NSGA-Ⅱ算法结合 SWMM 在设定的工程优化目标下对区域的 LID 措施布局方案进行优化，并比较评价了两种智能优化算法之间的性能差异，研究主要工作内容和结论如下。

（1）简要介绍了 LID 措施布局优化研究中涉及的多目标优化概念，详细阐述了本章采用的多目标优化算法，即改进 BPSO 算法和 NSGA-Ⅱ算法，包括其原理及实现过程。

（2）以径流排放总量与污染物排放总量综合加权值以及工程建设成本为优化目标，在 Matlab 中构建了耦合 SWMM 与智能优化算法的优化模型，同时采用随机生成算法作为对照组。通过分析智能优化算法与对照算法的 Pareto 前沿位置以及算法的收敛形态，发现智能优化算法的计算成果均显著优于对照组成果，说明智能算法能够更好、更快地计算出工程性价比更高的布局方案。

（3）比较改进 BPSO 算法和 NSGA-Ⅱ算法时发现，NSGA-Ⅱ算法计算得到的 Pareto 前沿基本优于改进 BPSO 算法得到的结果。同时，NSGA-Ⅱ算法在不同降雨重现期情景下运算的收敛形态十分稳定，且均能较快地收敛于最优前沿；而改进 BPSO 算法则波动较大，且其计算结果容易受到参数设置或初始值位置的影响，发生局部收敛现象，故在工程布局优化计算中应推荐采用 NSGA-Ⅱ算法进行优化分析。

第 10 章　LID 措施综合性能评价及未来气候变化情景分析

10.1　LID 措施对径流的综合影响

10.1.1　LID 措施选址

实际建设中，不同种类的 LID 措施经过组合能够形成多样的 LID 措施设置方案，定量化评估不同的 LID 措施组合方案效益是决策时重要的依据，因此，本章选择绿色屋顶、透水铺装、生物滞留池和植草沟四种 LID 措施为研究对象，对广州市天河智慧城现场进行调研和考察，选出适合设置 LID 措施的区域，根据规范确定各种 LID 措施的候选建设位置，如图 10-1 所示，其候选建设面积如表 10-1 所示。研究区域按照总体情况，适合建设透水铺装的面积较大，其次是绿色屋顶，适合改造生物滞留池和植草沟的面积相对较小。

表 10-1　LID 措施的候选建设面积

LID 措施	GR	PP	BC	VS
最大建设面积/hm^2	2.51	2.97	0.21	0.63

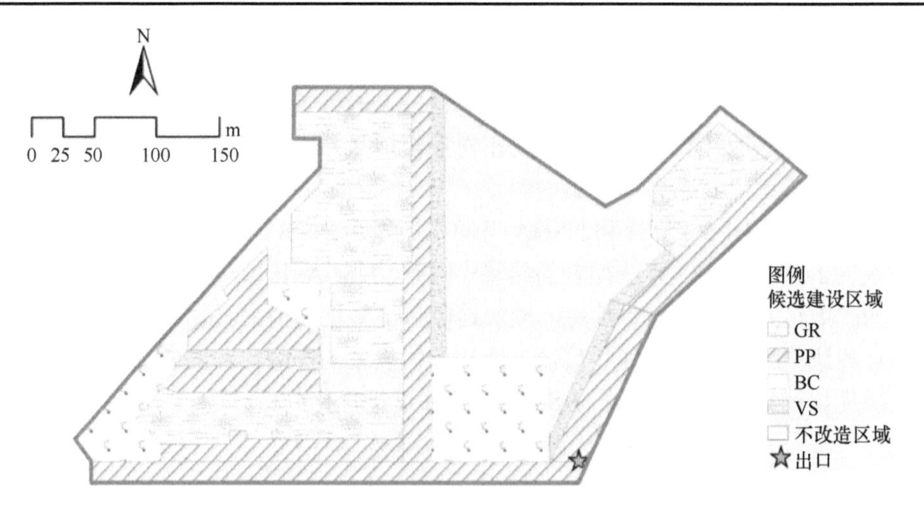

图 10-1　各 LID 措施候选建设区域

10.1.2　各种 LID 措施的性能比较

采用第 6 章基于 SWMM 构建的研究区域水文模型进行模拟，降雨数据使用重现期为 2 年、降雨历时为 120min 的设计暴雨为输入数据（图 10-2），分别模拟研究区域的径流量、径流峰值和污染物负荷，然后在研究区域中设置 LID 措施，对比不同 LID 措施对研究区域径流情况的影响结果，在 SWMM 中设置的 LID 措施参数如表 10-2 所示。

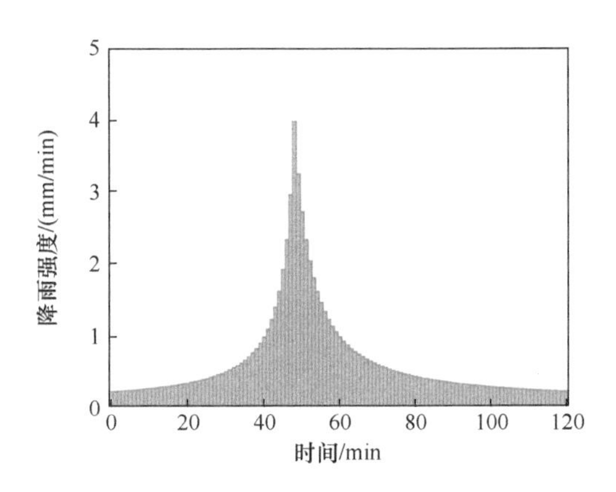

图 10-2　降雨重现期为 2 年的设计降雨

表 10-2　SWMM 中设置的各 LID 措施结构参数

LID 措施层	LID 措施结构参数	GR	PP	BC	VS
表面层	护堤蓄水高度/mm	2	1	200	150
	空间植被覆盖率	0.2	0	0.2	0.8
	曼宁系数	0.15	0.013	0.11	0.3
	表面坡度/%	0.3	0.3	0.3	0.2
	洼地坡度/（°）	—	—	—	5
路面层	厚度/mm	—	60	—	—
	孔隙率	—	0.25	—	—
	不透水率	—	0	—	—
	渗透率/（mm/h）	—	116	—	—
	堵塞因子	—	0	—	—
土壤层	厚度/mm	50	—	100	—
	孔隙率	0.173	—	0.45	—
	土壤持水率	0.166	—	0.16	—
	萎蔫点	0.05	—	0.05	—
	水力传导度/（mm/h）	5	—	3	—
	水力传导坡度	10	—	10	—
	水吸力/mm	30	—	30	—

续表

LID 措施层	LID 措施结构参数	GR	PP	BC	VS
蓄水层	厚度/mm	—	450	150	—
	孔隙率	—	0.75	0.25	—
	下渗率/（mm/h）	—	1.73	1.8	—
	堵塞因子	—	0	0	—
排水层	出流系数/（mm/h）	30	1	0	—
	出流指数	0.43	0.5	0.5	—
	管底偏移高度/mm	0.3	100	0	—

在 SWMM 中模拟每种 LID 措施对研究区域的径流量和水质的影响，根据表 10-1 可知各种LID措施设置面积存在最大值，因此通过改变LID措施的布置比例（0～100%），可以得到各种 LID 措施对研究区域径流的影响效果，其中污染物以 TSS 为代表，以径流削减率和径流污染物负荷去除率表示径流的变化情况，结果如图 10-3 所示。

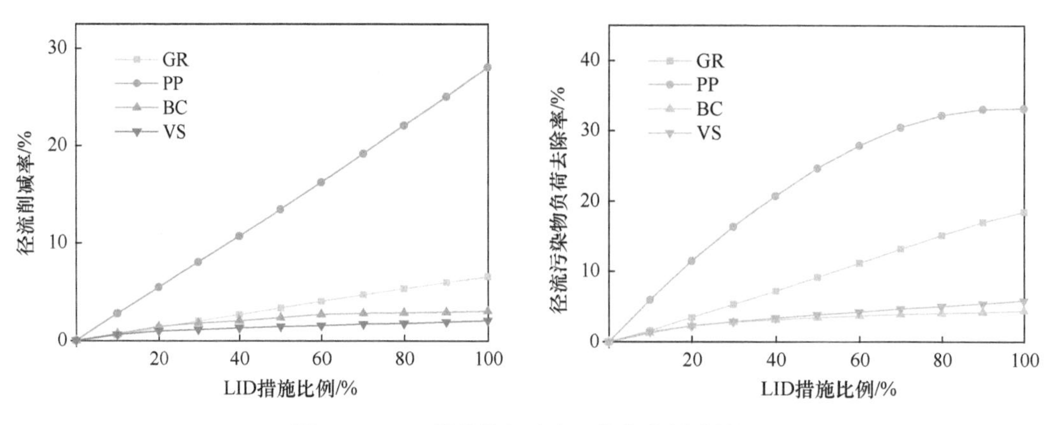

图 10-3 LID 措施的径流和污染负荷削减效果

从图 10-3 中可以看出，PP 对研究区域的径流削减率和径流污染物负荷去除率均为最大，GR 次之，BC 和 VS 最低且控制效果相仿，说明 PP 对径流的流量和污染物有着良好的控制效果。BC 和 VS 的径流削减率与径流污染物负荷去除率都较低，其径流削减率最大值仅为 1.7%～2.1%，径流污染物负荷去除率最大值仅为 4.4%～5.9%，原因是其建设面积较少，对研究区域径流影响效果有限；另外，随着 BC 和 VS 的建设面积增大，径流削减率与径流污染物负荷去除率也在增大，BC 的径流削减率大于 VS，而 VS 的径流污染物负荷去除率大于 BC。研究区域内候选建设 GR 和 PP 的面积都较大，若研究区域内所有 PP 的候选建设面积都改建为透水铺装，则径流削减率可达 28%，比同样大面积建设 GR 的径流削减率高 20%左右；径流污染物负荷去除率可达 33%，比同样大面积建设 GR 的径流污染物负荷去除率高 15%。另外，值得注意的是，PP 的径流污染物负荷去除率随着建设面积的增大而增大，但是去除率增大速度在减缓，说明其去除效果存在一定限值，去除率不再增大可能与其汇水面积有关。

10.1.3　成本效益分析

把初始建设成本、运营维护成本和残值等各阶段成本折算成现值然后求和，可得 LID 措施的 LCC，取 LID 措施的设计使用寿命为 20 年；折现率按 5%计算，计算得出各 LID 措施 LCC 结果如表 10-3 所示。其中单位面积的 VS 的 LCC 最低，而 BC 的 LCC 最高。

表 10-3　LID 措施成本　（单位：元/m^2）

LID 措施类型	初始建设成本	每年运营维护成本	残值	LCC
GR	428	43	100	926
PP	634	6	5	707
BC	708	34	40	1117
VS	262	3	2	298

使用效益现值（present value of benefit，PVB，单位为%）表示 LID 措施的径流控制效益，以径流削减率、峰值流量削减率和径流污染物负荷去除率表示其效益，并假设各指标对效益的影响所占比重相同，因此 PVB 计算公式如下：

$$\mathrm{PVB}=\frac{R_{\mathrm{o}}+R_{\mathrm{f}}+R_{\mathrm{p}}}{3} \tag{10-1}$$

式中，R_{o}为径流削减率，%；R_{f}为峰值削减率，%；R_{p}为径流污染物负荷去除率，%。

分别对比 GR 与 PP 以及 BC 与 VS 的成本效益情况，结果如图 10-4 所示。随着成本投入的增加，LID 措施削减效益也在增大，PP 的成本效益明显优于 GR，相同投资条件下，PP 的削减效益约为 GR 的两倍。而 BC 与 VS 的成本效益差别不大，在投资较大时，VS 的成本效益逐渐优于 BC。

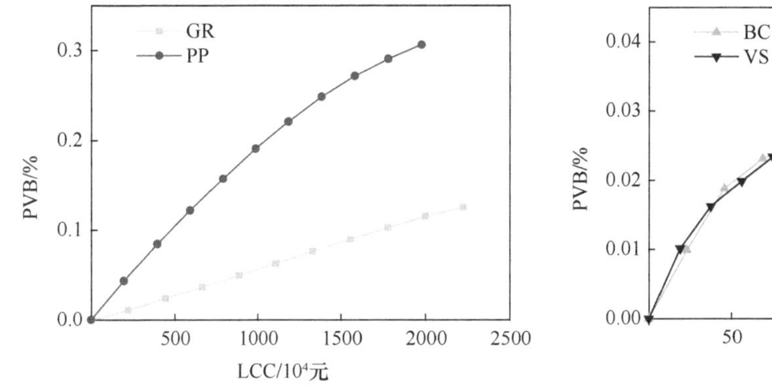

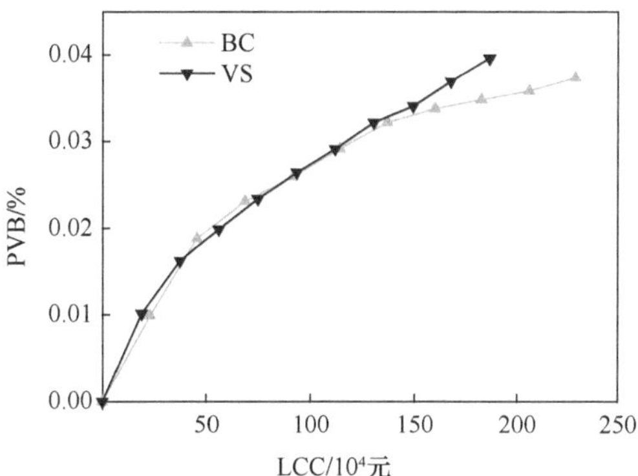

图 10-4　LID 措施的成本效益情况

根据 LID 措施的生命周期成本现值和效益现值计算 LID 措施的成本效益比，用 B/C 表示，单位为%/元，计算如下式：

$$B/C = \frac{\text{PVB}}{\text{LCC}} \tag{10-2}$$

B/C 能够消除量纲对结果的影响，让不同的 LID 措施就单位成本的效益进行比较，得到综合对比结果，因此，根据上式计算得到各 LID 措施的成本效益比，结果如图 10-5 所示。从图 10-5 中可以看出，VS 的成本效益比最高，PP 次之，主要原因是 VS 的成本相对较低，而 PP 成本较高，但是效益较好，所以其成本效益较高；GR 的成本效益比最低，主要因为其 LCC 相对较高。随着建设面积比例增大，VS 和 BC 的成本效益都有明显的下降趋势，而 GR 的成本效益比相对稳定，即单位成本增加的同时，GR 的效益与成本成正比。

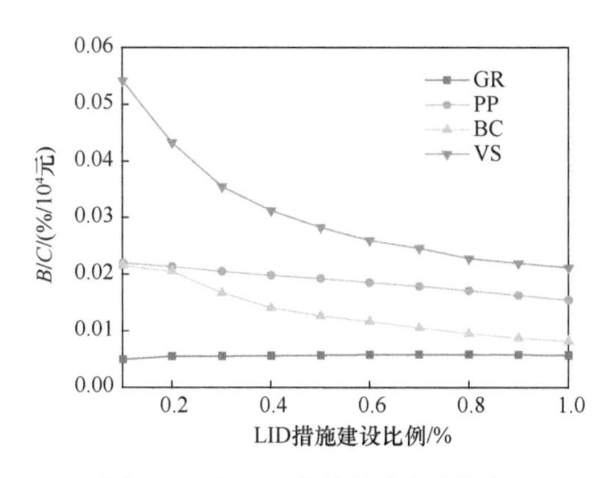

图 10-5　各 LID 措施的成本效益比

10.2　基于 TOPSIS 的 LID 措施组合方案优选

10.2.1　TOPSIS 分析方法

TOPSIS 法是一个典型的多目标决策分析方法，最初由 Hwang 和 Yoon（1981）于 1981 年提出并使用，该方法根据评价对象特性筛选出有限个评价指标，选出指标中的理想值，计算各方案与理想值的距离，确定指标和理想值的接近程度，由此对各个评价对象进行优劣排序，确定出最优解，因此该方法也被称为优劣解距离法。TOPSIS 法的优点是对原数据的信息利用最为充分，其结果能精确地反映各评价方案之间的差距，数据处理过程和计算过程简便易行，具有广泛的适用性。

一般多目标决策问题的数学描述可以用式（10-3）表示，即假设有 m 个目标，每个目标包含 n 个属性，通过比较不同目标的属性，从中选出最优目标。

$$U=\max/\min\left\{u_{ij}\,\middle|\,i=1,2,\cdots,m;\ j=1,2,\cdots,n\right\} \tag{10-3}$$

TOPSIS 法中，分析过程包括以下内容。设有 m 个目标，每个目标包含 n 个属性，其中属性值或得分为 u_{ij}，则可得初始化矩阵 U 为

$$U=\begin{bmatrix} u_{11} & u_{12} & \cdots & u_{1n} \\ u_{21} & u_{22} & \cdots & u_{2n} \\ \vdots & \vdots & \ddots & \vdots \\ u_{m1} & u_{m2} & \cdots & u_{mn} \end{bmatrix} \tag{10-4}$$

为了消除各个指标的量纲对分析结果的影响，需要对初始化决策矩阵进行归一化处理，得到归一化矩阵U'：

$$U'=\begin{bmatrix} u'_{11} & u'_{12} & \cdots & u'_{1n} \\ u'_{21} & u'_{22} & \cdots & u'_{2n} \\ \vdots & \vdots & \ddots & \vdots \\ u'_{m1} & u'_{m2} & \cdots & u'_{mn} \end{bmatrix} \tag{10-5}$$

式中，$u'_{ij}=u_{ij}/\sqrt{\sum_{k=1}^{n}u_{ij}^2}$（$i=1,2,\cdots,m;j=1,2,\cdots,n$）。

然后确定目标属性的理想解，理想解分为正理想解和负理想解。对于高优指标，即该目标属性值越大越优（如效益指标），则最大值即正理想解，对于低优指标，即该目标属性值越小越优（如成本效益），则最小值即正理想解，即最优方案定义为z_j^+，数学表达式为

$$z_j^+=\begin{cases} \max\left(u_{1j}^+,u_{2j}^+,\cdots,u_{nj}^+\right),\text{高优指标} \\ \min\left(u_{1j}^-,u_{2j}^-,\cdots,u_{nj}^-\right),\text{低优指标} \end{cases} \quad j=1,2,\cdots,m \tag{10-6}$$

同理，负理想解即高优指标属性最小值，或低优指标属性最大值，即最劣方案定义为z_j^-，数学表达式为

$$z_j^-=\begin{cases} \min\left(u_{1j}^-,u_{2j}^-,\cdots,u_{nj}^-\right),\text{高优指标} \\ \max\left(u_{1j}^+,u_{2j}^+,\cdots,u_{nj}^+\right),\text{低优指标} \end{cases} \quad j=1,2,\cdots,m \tag{10-7}$$

根据理想解计算各个属性的距离尺度，使用加权欧式距离计算出指标属性与正负理想解的距离S^+和S^-，其表达式如下：

$$S_j^+=\sqrt{\sum_{j=1}^{n}\left[w_j\left(u'_{ij}-z_j^+\right)\right]^2} \tag{10-8}$$

$$S_j^-=\sqrt{\sum_{j=1}^{n}\left[w_j\left(u'_{ij}-z_j^-\right)\right]^2} \tag{10-9}$$

式中，w_j为第j个属性的权重向量，$w_j=(w_1,w_2,\cdots,w_n)$。

最后根据理想解距离尺度计算评价目标与理想解的贴近度C_j，计算公式如下：

$$C_j=\frac{S_j^-}{S_j^+ + S_j^-} \tag{10-10}$$

使用 TOPSIS 法对各项指标方案进行优势分析并排序，计算出的贴近度 C_j 值越大，表示该指标方案与最佳方案越接近，则该指标方案的评价排序越靠前，由此可根据排序选择合适的方案。

10.2.2　组合的 LID 措施方案径流控制效果

根据前文对各种 LID 措施性能的比较和研究区域实际情况，选择不同 LID 措施组合方案进行分析，方案如表 10-4 所示，其中以 S0 为基准，即不设置 LID 措施的情况；S1 和 S2 分别只设置 GR 和 PP 一种 LID 措施的情况，S3 和 S4 分别为 BC 与 VS 组合及 GR 与 PP 组合的情况，S5 和 S6 为设置三种 LID 措施的不同组合情况，S7 和 S8 为设置四种 LID 措施的不同组合情况。

表 10-4　不同的 LID 措施组合方案　（单位：%）

LID 措施组合方案	GR	PP	BC	VS
S0	0	0	0	0
S1	70	0	0	0
S2	0	45	0	0
S3	0	0	80	80
S4	30	30	0	0
S5	30	0	20	60
S6	0	20	60	20
S7	40	30	20	20
S8	20	15	60	60

使用 SWMM 对以上各种 LID 措施组合方案进行模拟，模拟结果如图 10-6 所示，分别比较不同 LID 措施组合方案对径流量、径流峰值和污染物负荷的影响可知，在径流削减方面，由图 10-6（a）可知 S7 的削减效果最好，径流削减率可达 9.3%，S2 和 S8 的径流削减效果次之，削减率在 8%以上。S1 的径流削减效果最差，径流削减率仅为 2.4%，S7 的径流削减率约为 S1 的 4 倍。整体上分析各组合方案，设置有 PP 的方案径流削减效果较好，而 GR 的径流削减效果一般。

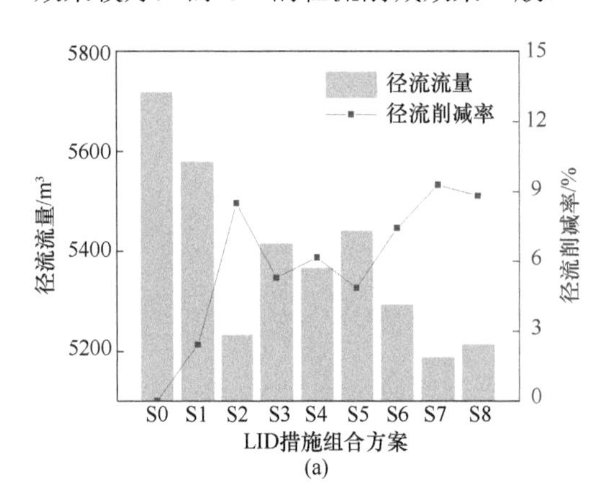

(a)

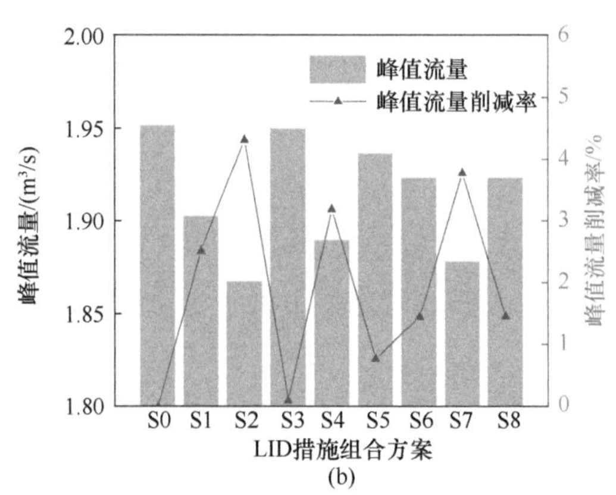

(b)

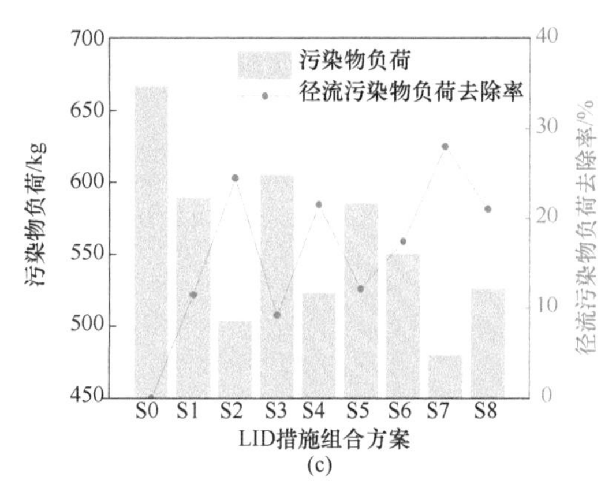

图 10-6　各 LID 措施组合方案模拟结果

在峰值削减方面，由图 10-6（b）可知 S2 的径流峰值削减效果最好，峰值流量削减率可达 4.3%，S4 和 S7 的峰值削减效果亦较好，峰值削减率均在 3%以上。S3 的峰值削减效果最差，仅为 0.1%左右，说明 S3 对径流峰值几乎没有影响。整体上分析各组合方案，设置 PP 的方案更有利于峰值流量的削减，而只设置 BC 和 VS 方案对峰值流量影响不大。

在径流污染物负荷削减方面，由图 10-6（c）可知 S7 的径流污染物负荷削减效果最好，径流污染物负荷去除率可达 28%，S2、S4 和 S8 的径流污染物负荷去除效果亦达到较高水平，去除率在 20%以上，且其他方案的削减率均几乎大于 10%，能够较好地降低研究区域的径流污染负荷，说明 LID 措施有利于减少径流污染物。

根据 LCC 公式计算各 LID 措施组合方案的 LCC 值，结果如图 10-7 所示，从图中可知 S7 的 LCC 最高，达 1689 万元，而 S3 的 LCC 最低，约为 516 万元。在实际建设工程项目中，根据不同的目标可以选择不同的 LID 措施组合方案。

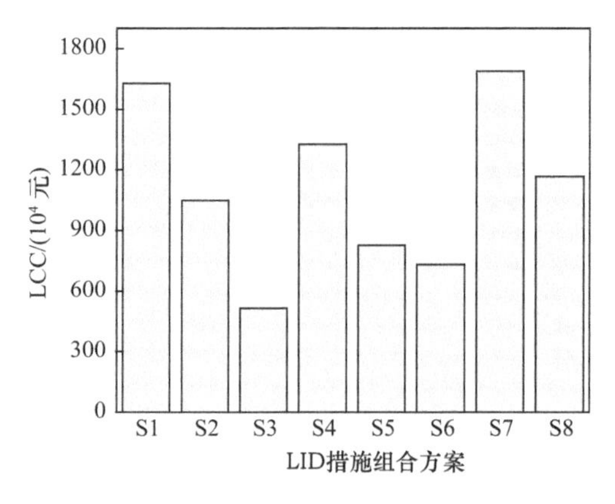

图 10-7　各 LID 措施组合方案 LCC 比较

10.2.3　基于 TOPSIS 的方案优选

为了解决组合方案的优选问题，本节采用 TOPSIS 法对不同 LID 措施组合方案进行分析，使用径流削减率、峰值流量削减率、径流污染物负荷去除率和 LCC 作为评价指标，综合分析各 LID 措施组合方案的优势。

首先对各 LID 措施组合方案矩阵进行标准化，得到标准化矩阵，如表 10-5 所示。

表 10-5　各 LID 措施组合方案评价指标标准化矩阵

LID 措施组合方案	R_o	R_f	R_p	LCC
S1	0.123	0.342	0.212	0.486
S2	0.432	0.586	0.450	0.313
S3	0.270	0.013	0.170	0.154
S4	0.313	0.433	0.395	0.396
S5	0.247	0.104	0.224	0.247
S6	0.378	0.197	0.321	0.219
S7	0.472	0.513	0.515	0.504
S8	0.448	0.198	0.387	0.349

其中径流削减率、峰值流量削减率和径流污染物负荷去除率为效益指标，即越大越优，LCC 为成本指标，即越小越优，因此可得相应指标的理想解如表 10-6 所示。

表 10-6　各指标理想解

理想解	R_o	R_f	R_p	LCC
正理想解 z_j^+	0.472	0.586	0.515	0.154
负理想解 z_j^-	0.123	0.013	0.170	0.504

在计算距离尺度过程中，首先需要确定各项指标在评价体系中的权重，不同指标所占权重的不同将影响方案的贴近度和优势排序，在实际工程项目中，对成本和效益的比选过程往往有不同的侧重，因此本节使用变权重方式，使 LCC 权重在 0～1 变化，其他指标之间的权重相等，即平分余下权重。比较不同方案在不同 LCC 权重情况下的贴近度，结果如图 10-8 所示。

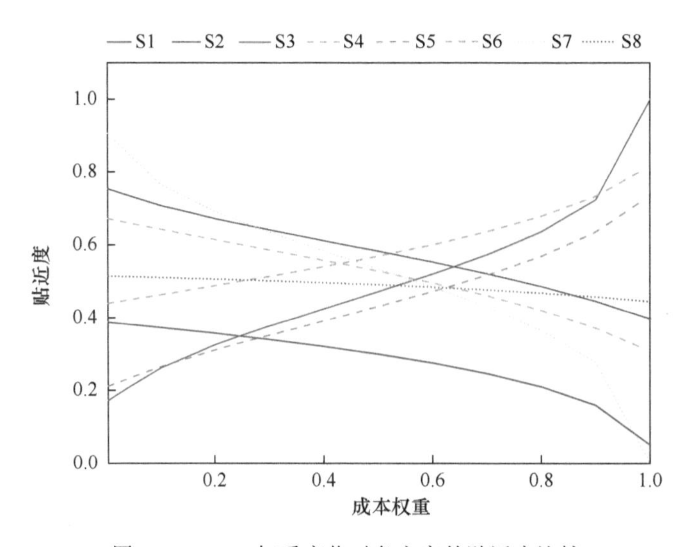

图 10-8　LCC 权重变化时各方案的贴近度比较

由图 10-8 可知，在 LCC 权重较小时（小于 0.3），S7 贴近度最高，S2 和 S4 次之，其贴近度均在 0.6 以上，即投资成本充裕时，这些方案均是较好的选择，而且这些方案中均设置有 PP，只设置 PP 的方案（S2）贴近度较高，说明 PP 的成本效益较好；LCC 权重和削减率权重相当时（大于 0.3 且小于 0.7），除了 S1 以外的各种方案贴近度比较接近，贴近度范围在 0.45～0.65，其中 S2 和 S6 较优，说明 PP 和 BC 的组合方案能够兼顾削减率与成本因素，能以合适的成本建设 LID 措施并提供适当的径流控制效果。随着 LCC 权重的增大，S3、S5 和 S6 的贴近度呈明显上升趋势，且在 LCC 权重较大时（大于 0.7），其贴近度比其他方案大，这些方案中建设 BC 和 VS 的比例较高，说明在工程项目中需要优先考虑投入成本，或资金紧张时，建设 BC 和 VS 是更优的选择。

综合分析可知，设置 BC 和 VS 方案的贴近度曲线大多随着 LCC 权重的增大而呈现递增趋势，设置 GR 和 PP 方案的贴近度曲线随着 LCC 权重的增大呈现递减趋势。对比 S4、S5 和 S6 可知，在 LCC 权重小于 0.4 时，S4 贴近度更高；权重大于 0.4 时，S6 更高，即一定情况下，可以不考虑建设 GR 以达到节约成本的目标。另外，S7 和 S8 都是包含四种 LID 措施的组合，在成本权重小于 0.6 时，S7 的贴近度比 S8 高，说明 S7 的效益比 S8 高，但是随着 LCC 权重增大，S7 贴近度下降明显，而 S8 曲线对成本变化不敏感，说明 S8 所需的成本较低，同时能提供适当的削减效益，在优先考虑成本时更适宜参照 S8 制订方案。

若考虑效益权重对方案选择的影响，LID 措施主要功能为削减径流量，因此以径流削减率为代表，改变径流削减率权重，比较各方案的贴近度，结果如图 10-9 所示。

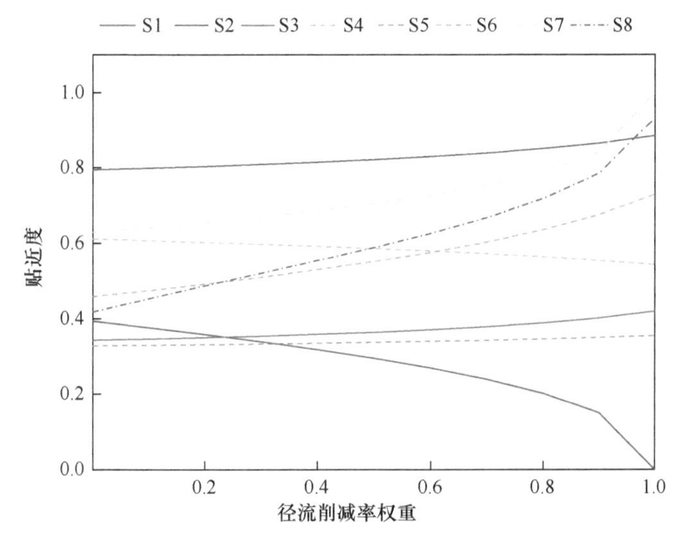

图 10-9　径流削减率权重变化时各方案贴近度对比

由图 10-9 可知，S2 和 S7 贴近度均较高，在径流削减率权重大于 0.5 时，S8 的贴近度也较高，说明这些方案对径流有良好的削减效果，且多种类 LID 措施的组合方案削减率优于单种 LID 措施方案。对比 S4 和 S6 可知，径流削减率权重大于 0.6 时，S6 贴近度更高，说明 S6 的径流削减效果比 S4 好。S3 和 S5 的贴近度对径流权重的变化不敏感，说明其径流削减效果不突出。对比 S7 和 S8 可知，S7 的径流削减效果更好，说明 GR 和 PP 的建设比例较大有利于提高径流削减率。

10.3 基于气候变化情景的 LID 措施性能评估

为了综合评估 LID 措施应对气候变化情况下的径流控制效果，本节结合气候变化情景分析未来降雨条件下 LID 措施的成本效益，使用暴雨强度的变化表示气候变化对研究区域径流的影响。基于区域气候模式 RegCM4.6 嵌套全球气候模式 GFDL-ESM2M 对广州市区 1984～2013 年的降雨过程进行评估(张瀚，2019)，基于气候模式数据预测 2030～2050 年广州市区在 RCP4.5 和 RCP8.5 排放情景下的降雨变化特征，基于 SWMM 模拟与分析 LID 措施分别在基准年、RCP4.5 和 RCP8.5 降雨条件下的径流控制效应。

10.3.1 设计暴雨公式推求方法

采用年最大值法作为暴雨选样方法，在广州市 1984～2013 年连续 30 年的雨量数据资料中选取 9 个不同历时（分别为 5min、10 min、15 min、20 min、30 min、45 min、60 min、90 min、120min）的年最大雨量数据（Wu et al.，2014a），对选出的各时段最大降雨强度值进行从大到小排列，并计算每个降雨强度的重现期，计算结果如表 10-7 所示。

表 10-7 年最大雨量选样 （单位：mm/min）

降雨历时/min	5	4.04	3.92	3.66	3.16	…	2.38	2.22	2.20	2.10	1.82
	10	3.52	3.18	2.84	2.75	…	1.93	1.85	1.80	1.77	1.73
	15	3.18	2.67	2.58	2.51	…	1.65	1.63	1.60	1.41	1.39
	20	2.94	2.43	2.34	2.24	…	1.40	1.36	1.33	1.21	1.07
	30	2.56	2.28	2.08	2.02	…	1.15	1.04	0.96	0.95	0.79
	45	1.91	1.9	1.82	1.78	…	0.87	0.83	0.82	0.66	0.54
	60	1.72	1.52	1.51	1.42	…	0.71	0.70	0.66	0.50	0.41
	90	1.47	1.08	1.03	1.02	…	0.48	0.47	0.45	0.34	0.33
	120	1.39	0.93	0.86	0.86	…	0.39	0.36	0.35	0.31	0.25
重现期/年	P	31	15.5	10.33	7.75	…	1.19	1.15	1.11	1.07	1.03

以 1984～2013 年连续 30 年的雨量数据资料为基准年，使用美国全球变化研究计划推荐的 Delta 方法把改变因子叠加到广州市区域观测的降雨序列，从而生成未来气候变化情景下的降雨序列（Zhang et al.，2019），其中改变因子即为全球气候模式（global climate models，GCM）预估的未来降雨情景相对于 GCM 模式基准年的改变程度（Wu et al.，2014b），即所得到的未来降雨情景为相对变化而不是绝对变化，降雨序列的降雨历时或降雨间隔时长不发生改变。

完成暴雨选样后，需要进行水文频率计算，本节选用皮尔逊III型曲线对降雨频率进行调整计算，其计算表达式如下：

$$f(x)=\frac{\beta^{\alpha}}{\Gamma(\alpha)}(x-a_0)^{\alpha-1}\mathrm{e}^{-\beta(x-a_0)} \tag{10-11}$$

令 $\alpha=\frac{4}{C_s^2}$；$\beta=\frac{2}{\bar{x}C_vC_s}$；$\Gamma(\alpha)=\int_0^{\infty}x^{\alpha-1}\mathrm{e}^{-x}\mathrm{d}x$。其中，$\alpha_0$ 为原点与系列起点的距离，$\alpha_0=\bar{x}\left(1-\frac{2C_v}{C_s}\right)$。上述公式表明皮尔逊III型曲线方程中的参数 α、β、α_0 可以由统计数据均值 $\bar{x}$、离差系数 C_v 及偏差系数 C_s 通过等式变换求取。

确定频率分布线型后，根据年最大值法统计理论分布模型参数（曾娇娇，2015），可得基准年、RCP4.5 和 RCP8.5 情景下的曲线参数，如表 10-8～表 10-10 所示。

表 10-8　基准年的皮尔逊III型曲线参数值

参数	5min	10min	15min	20min	30min	45min	60min	90min	120min
x	2.780	2.350	2.060	1.830	1.510	1.190	0.993	0.735	0.603
C_v	0.174	0.179	0.193	0.225	0.272	0.298	0.313	0.339	0.376
C_s	0.811	0.696	0.633	0.425	0.650	0.584	0.457	0.766	1.418

表 10-9　RCP4.5 的皮尔逊III型曲线参数值

参数	5min	10min	15min	20min	30min	45min	60min	90min	120min
x	2.880	2.440	2.130	1.900	1.560	1.230	1.030	0.760	0.620
C_v	0.174	0.200	0.220	0.240	0.272	0.298	0.315	0.340	0.375
C_s	0.802	0.920	0.800	0.451	0.634	0.587	0.450	0.779	1.395

表 10-10　RCP8.5 的皮尔逊III型曲线参数值

参数	5min	10min	15min	20min	30min	45min	60min	90min	120min
x	3.680	3.110	2.720	2.420	1.990	1.570	1.310	0.971	0.796
C_v	0.190	0.200	0.210	0.225	0.272	0.297	0.314	0.341	0.376
C_s	0.950	0.880	0.771	0.434	0.642	0.585	0.452	0.757	1.402

根据频率参数结果制定各个降雨重现期不同降雨历时暴雨的 *i-t-P* 表，基准年、RCP4.5 和 RCP8.5 的 *i-t-P* 表见表 10-11～表 10-13。

表 10-11　基准年的 *i-t-P* 数据表

降雨重现期/年	5min	10min	15min	20min	30min	45min	60min	90min	120min
2	2.720	2.300	2.020	1.800	1.470	1.160	0.969	0.703	0.551
3	2.930	2.490	2.190	1.980	1.650	1.310	1.110	0.814	0.649
5	3.160	2.680	2.380	2.170	1.840	1.470	1.250	0.930	0.762
10	3.430	2.910	2.590	2.370	2.060	1.660	1.400	1.070	0.906
20	3.670	3.110	2.780	2.550	2.250	1.830	1.540	1.190	1.040
30	3.810	3.230	2.880	2.650	2.360	1.920	1.620	1.260	1.120

表 10-12 RCP4.5 的 *i-t-P* 数据表

降雨重现期/年	5min	10min	15min	20min	30min	45min	60min	90min	120min
2	2.810	2.390	2.090	1.870	1.520	1.190	1.010	0.728	0.570
3	3.040	2.580	2.270	2.070	1.700	1.360	1.150	0.842	0.672
5	3.270	2.790	2.460	2.270	1.900	1.520	1.290	0.963	0.788
10	3.550	3.020	2.680	2.500	2.120	1.720	1.460	1.110	0.935
20	3.800	3.230	2.870	2.700	2.330	1.890	1.600	1.240	1.080
30	3.940	3.350	2.980	2.810	2.440	1.980	1.680	1.310	1.160

表 10-13 RCP8.5 的 *i-t-P* 数据表

降雨重现期/年	5min	10min	15min	20min	30min	45min	60min	90min	120min
2	3.570	3.020	2.650	2.380	1.930	1.520	1.280	0.930	0.728
3	3.880	3.290	2.900	2.620	2.170	1.730	1.460	1.080	0.858
5	4.210	3.590	3.170	2.860	2.420	1.940	1.640	1.230	1.010
10	4.620	3.940	3.480	3.140	2.710	2.190	1.850	1.410	1.200
20	4.990	4.260	3.770	3.380	2.970	2.410	2.040	1.580	1.380
30	5.190	4.440	3.910	3.510	3.110	2.520	2.130	1.670	1.480

10.3.2 气候变化条件下的设计降雨

选取设计暴雨强度表达式如下式：

$$q=\frac{A(1+C\times\lg P)}{(t+b)^{n}} \tag{10-12}$$

式中，q 为暴雨强度计算值，mm/min；A 为与暴雨重现期 P 有关的雨势频率参数，mm/min；b 为降雨历时附加参数；n 为暴雨衰减指数。

基于频率调整结果制定的 *i-t-P* 表，使用 Marquardt 最小二乘法对 *i-t-P* 的回归参数进行非线性拟合，得到各情景暴雨强度公式参数，结果如表 10-14 所示。

表 10-14 各情景暴雨公式参数值

情景	A	C	b	n
基准年	27.726	0.443	19.721	0.771
RCP4.5	31.653	0.447	20.914	0.790
RCP8.5	33.283	0.484	18.059	0.759

选取重现期为 1 年、2 年和 5 年的设计降雨作为降雨输入数据，其中雨峰系数取为 0.4，则气候变化情景下广州市不同降雨重现期的设计降雨过程如图 10-10 所示。由图 10-10 可知，RCP4.5 和 RCP8.5 情景下的不同重现期设计降雨强度均比基准年大，其中 P=1 年的设计降雨中，RCP4.5 和 RCP8.5 的降雨峰值强度相对于基准年分别增大了 0.083mm/min 和 0.919mm/min，累计雨量相对于基准年分别增大了 3.23%和 28.55%；P=2 年的设计降雨

中，RCP4.5 和 RCP8.5 的降雨峰值强度相对于基准年分别增大了 0.098mm/min 和 1.087mm/min，累计雨量相对于基准年分别增大了 3.34%和 29.95%；P=5 年的设计降雨中，RCP4.5 和 RCP8.5 的降雨峰值强度相对于基准年分别增大了 0.117mm/min 和 1.309mm/min，累计雨量相对于基准年分别增大了 3.45%和 31.37%。

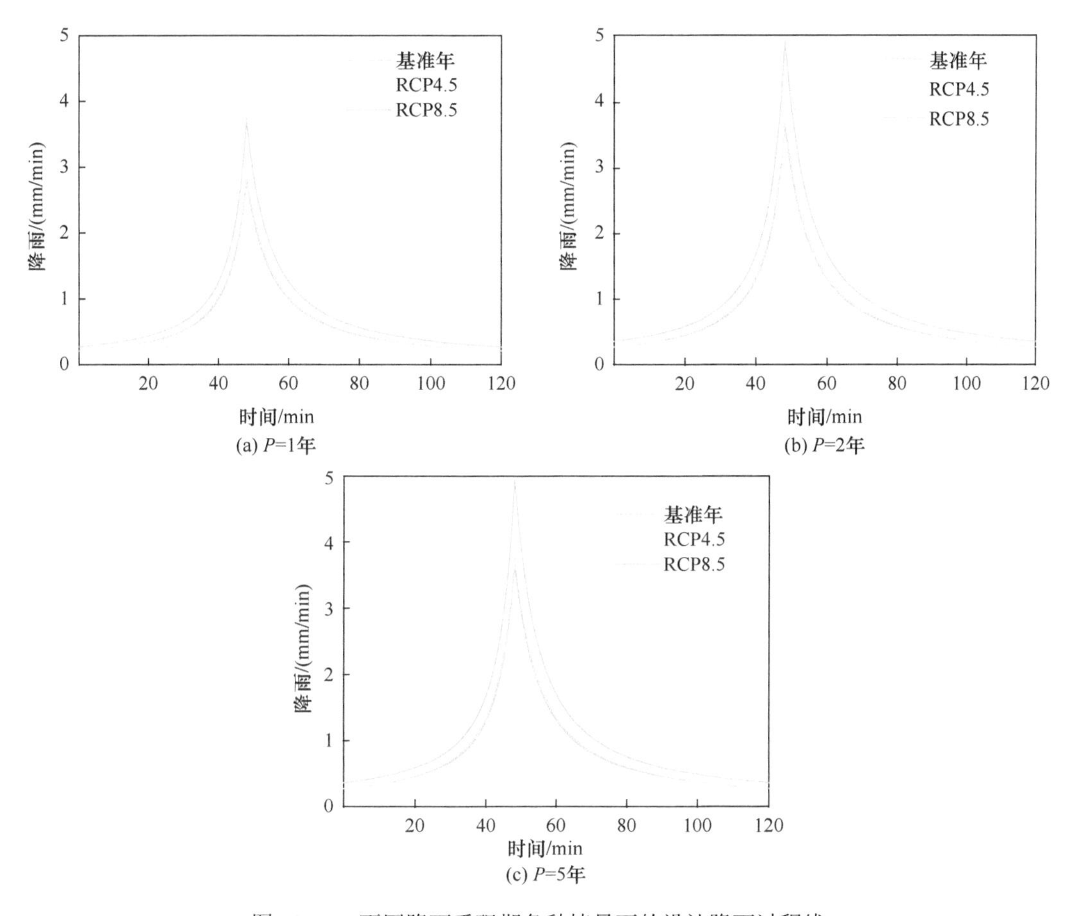

图 10-10　不同降雨重现期各种情景下的设计降雨过程线

10.3.3　气候变化对 LID 措施的性能影响

使用基于 SWMM 的天河智慧城水文模型对区域内 LID 措施径流控制效应进行模拟，降雨数据使用推求的设计降雨过程，分别模拟研究区域在基准年、RCP4.5 和 RCP8.5 三个情景下不同降雨重现期的径流情况，在研究区域中设置不同的 LID 措施比例作为研究方案（表 10-15），分别对比不同的 LID 措施比例对区域径流效应的影响程度。

表 10-15　不同 LID 措施比例的设置方案

LID 措施比例/%	GR/%	PP/%	BC/%	VS/%
20	20	20	20	20
30	30	30	30	30

续表

LID 措施比例/%	GR/%	PP/%	BC/%	VS/%
40	40	40	40	40
50	50	50	50	50
60	60	60	60	60
70	70	70	70	70

根据模拟结果统计各方案的径流削减率、峰值流量削减率和径流污染物负荷去除率，结果分别如图 10-11～图 10-13 所示。

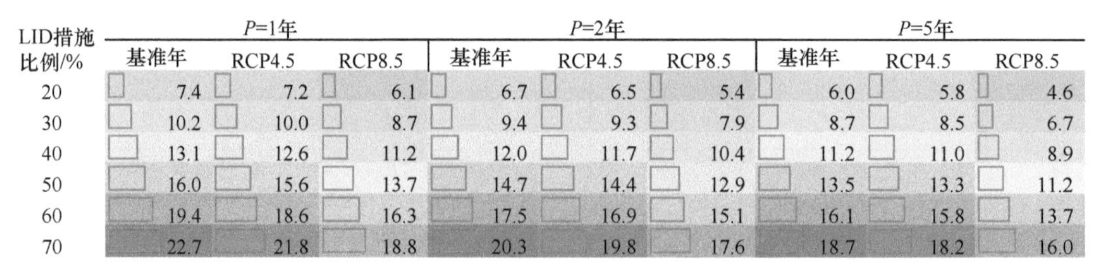

LID措施比例/%	P=1年			P=2年			P=5年		
	基准年	RCP4.5	RCP8.5	基准年	RCP4.5	RCP8.5	基准年	RCP4.5	RCP8.5
20	7.4	7.2	6.1	6.7	6.5	5.4	6.0	5.8	4.6
30	10.2	10.0	8.7	9.4	9.3	7.9	8.7	8.5	6.7
40	13.1	12.6	11.2	12.0	11.7	10.4	11.2	11.0	8.9
50	16.0	15.6	13.7	14.7	14.4	12.9	13.5	13.3	11.2
60	19.4	18.6	16.3	17.5	16.9	15.1	16.1	15.8	13.7
70	22.7	21.8	18.8	20.3	19.8	17.6	18.7	18.2	16.0

图 10-11　不同 LID 措施比例下的径流削减率（%）

LID措施比例/%	P=1年			P=2年			P=5年		
	基准年	RCP4.5	RCP8.5	基准年	RCP4.5	RCP8.5	基准年	RCP4.5	RCP8.5
20	3.0	3.0	2.2	2.9	2.8	2.7	2.3	1.9	2.2
30	4.5	4.6	3.4	4.4	4.2	3.8	3.5	2.8	3.0
40	6.2	6.3	4.8	5.8	5.7	4.2	4.8	3.8	3.9
50	7.8	7.8	6.2	7.4	7.2	5.0	6.2	5.2	4.8
60	10.6	9.0	7.7	9.1	8.7	6.3	7.7	6.6	5.8
70	18.6	14.6	9.3	10.7	11.0	7.3	9.3	8.2	7.0

图 10-12　不同 LID 措施比例下的峰值流量削减率（%）

LID措施比例/%	P=1年			P=2年			P=5年		
	基准年	RCP4.5	RCP8.5	基准年	RCP4.5	RCP8.5	基准年	RCP4.5	RCP8.5
20	16.1	15.9	14.2	15.2	15.0	13.2	14.1	13.8	12.1
30	22.3	22.0	20.0	21.2	20.9	18.6	19.8	19.5	17.0
40	27.7	27.4	25.2	26.5	26.1	23.6	25.0	24.7	21.6
50	32.6	32.2	29.8	31.2	30.9	28.3	29.6	29.3	25.9
60	37.0	36.6	34.1	35.5	35.1	32.4	33.9	33.5	30.0
70	40.8	40.4	37.8	39.2	38.9	36.2	37.5	37.2	33.7

图 10-13　不同 LID 措施比例下的径流污染物负荷去除率（%）

由图 10-11 可知，气候变化条件下的 RCP4.5 和 RCP8.5 情景中的径流削减率相对于基准年均有所减小，说明受到气候变化影响，未来降雨的增加将一定程度上抵消 LID 措施的径流量控制效果。RCP4.5 情景下的径流削减率相对于基准年减小了 0.2%～0.9%，该情景对 LID 措施的径流削减率影响不大，而 RCP8.5 情景下的径流削减率相对于基准年减小了 1.3%～3.9%，RCP8.5 情景下雨量增加较多，对 LID 措施径流削减率影响较大。另外，径流削减率随着 LID 措施设置比例的增大而增大，径流削减率与

LID 措施设置比例基本呈正比关系，说明 LID 措施对径流削减的有效性。在设置相同 LID 措施比例情况下，降雨重现期越大，LID 措施的径流削减率越小，说明在降雨较小时 LID 措施径流控制效果更好。在 LID 措施设置比例为 20%时，不同重现期情景下的径流削减率差异不大，P=5 年的降雨比 P=1 年条件下的径流削减率减小了 1.3%～1.5%，而 LID 措施设置比例为 70%时，P=5 年的降雨比 P=1 年条件下的径流削减率减小了 2.8%～3.6%，说明设置更大面积的 LID 措施有利于提高径流削减率，但随着降雨重现期的增大，更大面积的 LID 措施的径流控制效果在逐渐减弱。综合以上结果可知，在气候变化条件下，LID 措施不能完全滞留增加的径流量，雨量越大的情景中，LID 措施的径流削减率越小；LID 措施对径流的滞留容量有限，LID 措施使径流削减率随着降雨重现期增大而减小。

由图 10-12 可知，气候变化条件下的 RCP4.5 和 RCP8.5 情景中的峰值流量削减率相对于基准年均有所减小，减小量分别在 4%和 9.3%以内，说明受气候变化影响，未来降雨的增加将减弱 LID 措施的削峰效果。但是，峰值流量削减率随着 LID 措施设置比例的增大而增大，且 LID 措施设置比例越高，峰值流量削减率增量越大，对峰值削减效果越好，说明大面积的 LID 措施有利于径流峰值的削减。当 P=1 年时，随着 LID 措施设置比例增大，峰值流量削减率显著增大，而 P=5 年时，随着 LID 措施设置比例增大，峰值流量削减率增量减小；当 LID 措施比例为 20%时，各降雨重现期下的峰值流量削减率差异不大，而 LID 措施比例为 70%时，降雨重现期为 1 年的峰值流量削减率约为 5 年的两倍，且在设置相同 LID 措施比例情况下，降雨重现期越大，LID 措施下的峰值流量削减率也越小，说明在降雨重现期较小时，增加建设 LID 措施有利于雨水峰值流量削减，但是在降雨重现期较大时 LID 措施对径流峰值的削减效果有限。综合以上结果可知，在气候变化条件下，LID 措施对径流峰值的削减效果将会减弱，雨量越大，LID 措施的峰值流量削减率越小；LID 措施使峰值流量削减率随着降雨重现期增大而减小。

由图 10-13 可知，气候变化条件下的 RCP4.5 和 RCP8.5 情景中的径流污染物负荷去除率相对于基准年均有所减小，减小量分别在 0.4%和 3.5%以内，变化差异较小，说明气候变化条件下 LID 措施对污染负荷的去除效果的影响不大。另外，径流污染物负荷去除率随着 LID 措施设置比例的增大而增大，且 LID 措施设置比例越高，径流污染物负荷去除率增量越高，对污染物的去除效果越好，且径流污染物负荷去除率在 12%～40%，说明大面积的 LID 措施对径流污染负荷有较好的去除效果。在设置相同 LID 比例情况下，降雨重现期越大，LID 措施的径流污染物负荷去除率逐渐下降，但是下降幅度较小，说明在降雨较小时 LID 措施对径流污染去除效果相对更好，但是降雨重现期的大小对 LID 措施的污染控制效果影响不大。综合以上结果可知，气候变化对 LID 措施的径流污染物负荷去除率影响较小，随着降雨增加，LID 措施对径流污染物负荷保持较好的削减效果。

结合单位面积 LID 措施的成本（见表 10-3）对其削减效果进行成本效益分析，根据式（10-2）计算各情况下的 LID 措施的 B/C 值，计算结果如图 10-14 所示。

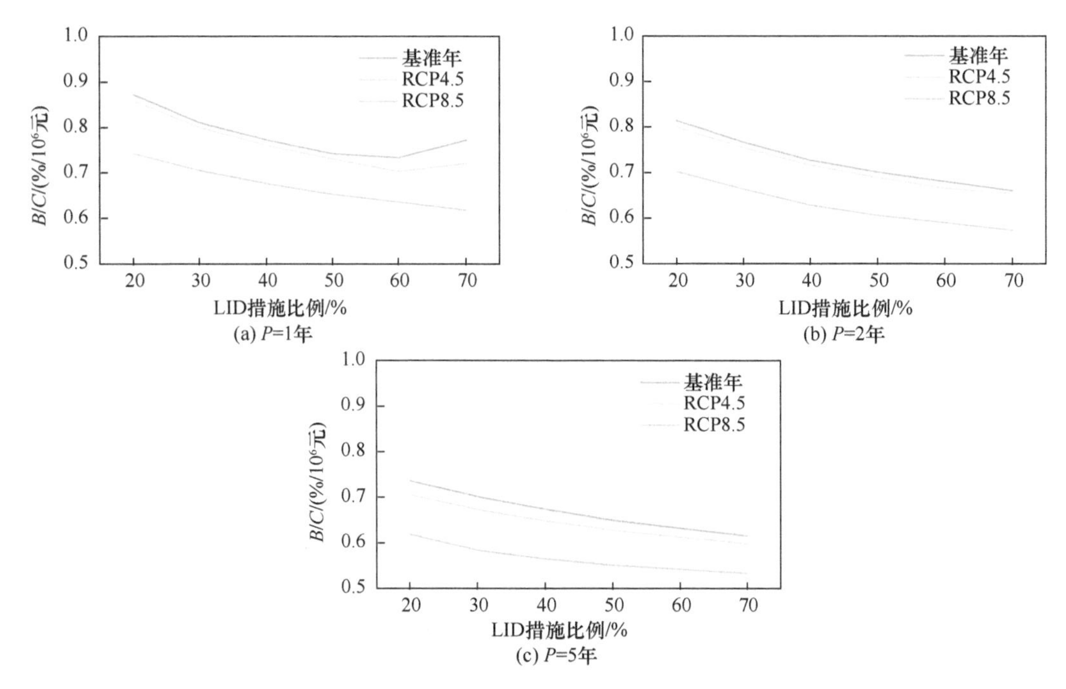

图 10-14　气候变化与不同重现期条件下 LID 措施的成本效益比

从图 10-14 的结果可知，气候变化条件下的 RCP4.5 和 RCP8.5 情景下的 *B*/*C* 值均比基准年小，RCP4.5 情景下的 *B*/*C* 值与基准年差异不大，范围在 0.01～0.05，而 RCP8.5 情景下的 *B*/*C* 值相对于基准年减小了 0.10～0.17，说明受气候变化影响，LID 措施的 *B*/*C* 值将会下降，为应对气候变化影响，需要增加 LID 措施的投入成本或提高 LID 措施的削减效率。

另外，图 10-14 显示不同的降雨重现期下的 LID 措施成本效益变化规律相似，随着 LID 措施设置比例增大，*B*/*C* 值总体上呈下降趋势，但下降幅度较小，*B*/*C* 值较为稳定，说明随着 LID 措施设置比例增大，其削减效果也逐渐提高，其中在低重现期降雨条件下，峰值流量削减率随 LID 措施比例的增大而显著增大，因此 *B*/*C* 值在 LID 措施设置比例较大时略有增大。总而言之，降雨重现期越大，*B*/*C* 值相对越小，LID 措施在应对强降雨时的效益不高，在降雨较强的地区需要加大投资成本才能达到较好的削减效益。

因此，在制定总体雨水径流管理规划方案之前，需要注意根据不同的水文效益和成本预算进行设计，同时考虑气候变化的不确定性影响，在有限的资源和成本的基础上实现水环境效益最大化。

10.4　小　　结

本章综合分析了各种 LID 措施对径流量、峰值流量和污染负荷的控制效果，结合广州市天河智慧城研究区域实际情况提出 8 种 LID 措施组合方案进行对比分析，建立了基于 TOPSIS 的 LID 措施组合方案的优选设计方法，总结了成本权重和径流削减率权重对优选结果影响的一般规律。另外，结合气候变化条件分析了 LID 措施在 RCP4.5 和 RCP8.5

情景下对雨水径流的控制效果，得出的主要结论如下。

（1）综合分析 GR、PP、BC 和 VS 四种 LID 措施的 B/C 并得出 B/C 值大小排序为 VS>PP>BC>GR，其中 VS 和 BC 的 B/C 值随着建设规模的增大而明显减小，而 PP 和 GR 的 B/C 值相对稳定。

（2）对比不同 LID 措施组合方案的径流削减效果可知，方案中设置较大比例 PP 有利于径流量和峰值流量的削减，而 GR 对径流削减效果有限，BC 和 VS 对峰值的削减效果较差。

（3）基于 TOPSIS 法综合考虑 LID 措施的削减效果及其对 LCC 的影响，根据成本权重的不同，可以选择不同的方案，在成本权重较小时（小于 0.3），LID 措施方案中设置 PP 有利于提高削减效益。成本权重和削减率权重相当时（大于 0.3 且小于 0.7），PP 和 BC 的组合方案能发挥更好的效益。成本权重较大时（大于 0.7），为节约成本，BC 和 VS 的组合方案更加合适。

（4）若根据径流削减率权重选择 LID 措施组合方案，可优先考虑 PP 方案。此外，径流削减率权重较大时，PP 和 GR 的组合方案更有利于提高径流削减率。

（5）相对于基准年，RCP4.5 和 RCP8.5 气候变化情景下 LID 措施的径流削减率、径流峰值流量削减率和径流污染物负荷去除率均有所减小，且在 RCP8.5 情景下的减少量更大，而增大 LID 措施的设置比例有利于提高径流削减率、径流峰值流量削减率和径流污染物负荷去除率，但是随着降雨重现期增大，更大面积的 LID 措施的径流控制效果在逐渐减弱。同时气候变化条件下 LID 措施的 B/C 值将会减小，因此随着未来降雨的增加，需要增加 LID 措施建设规模和投入成本，或者提高 LID 措施的削减效率。

参 考 文 献

蔡庆拟, 陈志和, 陈星, 等. 2017. 低影响开发措施的城市雨洪控制效果模拟. 水资源保护, 33(2): 31-36.
常晓栋, 徐宗学, 赵刚, 等. 2018. 基于Sobol方法的SWMM模型参数敏感性分析. 水力发电学报, 37(3): 59-68.
车伍, 桑斌, 刘宇, 等. 2016. 城市雨水控制利用标准体系及问题分析. 中国给水排水, 32(10): 22-28 .
车伍, 张伟, 李俊奇. 2011. 城市初期雨水和初期冲刷问题剖析. 中国给水排水, 27(14): 9-14.
车伍, 赵杨, 李俊奇, 等. 2015. 海绵城市建设指南解读之基本概念与综合目标. 中国给水排水, 31(8): 1-5.
陈光. 2016. 广州地区气候变化与城市扩张背景下城市热环境模拟方法研究与应用. 广州: 华南理工大学.
丁年, 胡爱兵, 任心欣.2012. 深圳市低冲击开发模式应用现状及展望. 给水排水, 48(11): 141-144.
付喜娥, 钱达, 韩立波, 等. 2015. 基于总经济价值的城市绿色基础设施效益评估研究. 建筑经济, 36(12): 83-86.
高颖会, 沙晓军, 徐向阳, 等. 2016. 基于Morris的SWMM模型参数敏感性分析. 水资源与水工程学报, 27(3): 87-90.
郭超, 李家科, 李怀恩, 等. 2017. 雨水花园集中入渗对地下水水位和水质的影响. 水力发电学报, 36(12): 49-60.
郭凤, 陈建刚, 杨军, 等. 2016. SWMM模拟植草沟功能的参数敏感性分析. 中国给水排水, 32(9): 131-134, 139.
胡爱兵, 任心欣, 俞绍武, 等. 2010. 深圳市创建低影响开发雨水综合利用示范区. 中国给水排水, 26(20): 69-72.
胡晖, 张建丰, 张瑞晞. 2015. 探讨低影响开发技术在沣西新城的应用. 环境保护科学, 41(6): 90-93, 128.
黄国如, 麦叶鹏, 李碧琦, 等. 2017. 基于PCSWMM模型的广州典型社区海绵化改造水文效应研究. 南方建筑, (3): 38-45.
黄国如, 聂铁锋. 2012. 广州城区雨水径流非点源污染特性及污染负荷. 华南理工大学学报(自然科学版), 40(2): 142-148.
黄国如, 武传号, 刘志雨, 等. 2015. 气候变化情景下北江飞来峡水库极端入库洪水预估. 水科学进展, 26(1): 10-19.
黄国如, 曾家俊, 吴海春, 等. 2018. 广州市典型社区单元面源污染初期冲刷效应. 水资源保护, 34(1): 8-15, 17.
黄金良, 林杰, 杜鹏飞. 2012. 城市降雨径流模拟的参数不确定性分析. 环境科学, 33(7): 2224-2234.
蒋春博, 李家科, 马越, 等. 2018. 雨水花园对实际降雨径流的调控效果研究. 水土保持学报, 32(4): 122-127.
黎雪然, 王凡, 秦华鹏, 等. 2018. 雨前干旱期对生物滞留系统氮素去除的影响. 环境科学与技术, 41(3): 118-123, 140.
李春林, 胡远满, 刘淼, 等. 2013. 城市非点源污染研究进展. 生态学杂志, 32(2): 492-500.
李丹, 张翔, 张扬, 等. 2011. 水文模型参数敏感性的区间分析. 水利水电科技进展, 31(1): 29-32, 41.
李家科, 蒋春博, 张思翀, 等. 2016. 生态滤沟对城市路面径流的净化效果试验及模拟. 水科学进展, 27(6): 898-908.
李家科, 李亚, 沈冰, 等. 2014. 基于SWMM模型的城市雨水花园调控措施的效果模拟. 水力发电学报, 33(4): 60-67.

李俊奇, 李小静, 王文亮, 等. 2017. 美国雨水径流控制技术导则讨论及其借鉴. 水资源保护, 33(2): 6-12, 62.
李俊奇, 王文亮. 2015. 基于多目标的城市雨水系统构建与展望. 给水排水, 51(4): 1-3, 37.
李俊奇, 王文亮, 车伍, 等. 2015. 海绵城市建设指南解读之降雨径流总量控制目标区域划分. 中国给水排水, 31(8): 6-12.
李鹏, 李家科, 林培娟, 等. 2016. 生物滞留槽对城市路面径流水质处理效果的试验研究. 水力发电学报, 35(8): 72-79.
李玮, 何江涛, 刘丽雅, 等. 2013. Hydrus-1D 软件在地下水污染风险评价中的应用. 中国环境科学, 33(4): 639-648.
李小静, 李俊奇, 王文亮. 2014. 美国雨水管理标准剖析及其对我国的启示. 给水排水, 40(6): 119-123.
梁骞, 任心欣, 张晓菊. 2017. 基于 SUSTAIN 模型的 LID 设施成本效益分析. 中国给水排水, 33(1): 136-139.
刘昌明, 张永勇, 王中根, 等. 2016. 维护良性水循环的城镇化 LID 模式: 海绵城市规划方法与技术初步探讨. 自然资源学报, 31(5): 719-731.
刘超. 2015. 内外城市雨水管理政策及标准比较研究. 北京: 北京建筑大学.
刘家宏, 丁相毅, 邵薇薇, 等. 2019. 不同水文年型海绵城市径流总量控制率特征研究. 水利学报, 50(9): 1072-1077.
刘建华, 杨荣华, 孙水华. 2011. 离散二进制粒子群算法分析. 南京大学学报(自然科学版), 47(5): 504-514.
刘曙光, 回振佺, 代朝猛, 等. 2019. 低影响开发对城市径流污染的削减作用研究进展. 人民长江, 50(6): 11-14, 33.
芦琳, 陈韬, 付婉霞, 等. 2013. LID 措施生命周期评价方法探析——以雨水花园与渗透铺装+渗透管/井系统为例. 绿色科技, (5): 287-291.
马萌华, 李家科, 邓陈宁. 2017. 基于 SWMM 模型的城市内涝与面源污染的模拟分析. 水力发电学报, 36(11): 62-72.
马越, 姬国强, 石战航, 等. 2017. 西咸新区沣西新城秦皇大道低影响开发雨水系统改造. 给水排水, 53(3): 59-67.
彭跃暖, 秦华鹏, 王传胜, 等. 2017. 蓄水层设置与植物选择对绿色屋顶蒸散发的影响. 北京大学学报(自然科学版), 53(4): 758-764.
秦华鹏, 唐女, 唐巧玲. 2016. 蓄水层对绿色屋顶径流削减能力的影响分析. 中国给水排水, 32(13): 132-135.
仇保兴. 2015. 海绵城市(LID)的内涵、途径与展望. 给水排水, 41(3): 1-7.
仇保兴. 2017. 如何使海绵城市更具"弹性". 建设科技, (1): 14-16.
孙艳伟, 把多铎, 王文川, 等. 2012. SWMM 模型径流参数全局灵敏度分析. 农业机械学报, 43(7): 42-49.
孙艳伟, 魏晓妹, Pomeroy C A. 2011. 低影响发展的雨洪资源调控措施研究现状与展望. 水科学进展, 22(2): 287-293.
谭明豪, 姚娟娟, 张智, 等. 2015. 基于 Morris 的 SWMM 水质参数灵敏度分析与应用. 水资源与水工程学报, 26(6): 117-122.
唐文锋, 胡友彪, 何晓文, 孙丰英. 2017. 淮南城区传统开发模式下雨水径流水质污染特征研究. 环境工程, 35(2): 53-58.
仝贺, 王建龙, 车伍, 等. 2015. 基于海绵城市理念的城市规划方法探讨. 南方建筑, (4): 108-114.
王浩, 梅超, 刘家宏. 2017. 海绵城市系统构建模式. 水利学报, 48(9): 1009-1014, 1022.
王红武, 毛云峰, 高原, 等. 2012. 低影响开发(LID)的工程措施及其效果. 环境科学与技术, 35(10): 99-103.
王建龙, 车伍, 易红星. 2009. 基于低影响开发的城市雨洪控制与利用方法. 中国给水排水, 25(14): 6-9.
王建龙, 车伍, 易红星. 2010. 基于低影响开发的雨水管理模型研究及进展. 中国给水排水, 26(18): 50-54.

王蓉, 秦华鹏, 赵智杰. 2015. 基于SWMM模拟的快速城市化地区洪峰径流和非点源污染控制研究. 北京大学学报(自然科学版), 51(1): 141-150.
王文亮, 李俊奇, 车伍, 等. 2014. 城市低影响开发雨水控制利用系统设计方法研究. 中国给水排水, 30(24): 12-17.
王雯雯, 赵智杰, 秦华鹏. 2012. 基于 SWMM 的低冲击开发模式水文效应模拟评估. 北京大学学报(自然科学版), 48(2): 303-309.
王月宾, 韩丽莉, 曹晓蕾. 2018. 基于海绵城市建设下屋顶绿化设计探索——以西咸新区沣西新城为例. 城市住宅, 25(8): 19-22.
韦艳莎. 2019. 不同生物碳基质人工湿地氨氮去除效果研究.广州: 华南理工大学.
吴海春, 胡爱兵, 任心欣. 2018. 基于SWMM模型的LID措施年SS总量去除率计算. 水资源保护, 34(5): 9-12.
吴亚男, 熊家晴, 任心欣, 等. 2015. 深圳鹅颈水流域SWMM模型参数敏感性分析及率定研究. 给水排水, 51(11): 126-131.
夏军, 石卫, 王强, 等. 2017a. 海绵城市建设中若干水文学问题的研讨. 水资源保护, 33(1): 1-8.
夏军, 张永勇, 张印, 等. 2017b. 中国海绵城市建设的水问题研究与展望. 人民长江, 48(20): 1-5, 27.
邢薇, 赵冬泉, 陈吉宁, 等. 2011. 基于低影响开发(LID)的可持续城市雨水系统. 中国给水排水, 27(20): 13-16.
徐祖信. 2005a. 我国河流单因子水质标识指数评价方法研究. 同济大学学报(自然科学版), (3): 321-325.
徐祖信. 2005b. 我国河流综合水质标识指数评价方法研究. 同济大学学报(自然科学版), (4): 482-488.
印定坤, 宫永伟, 王文海, 等. 2019. 简单式绿色屋顶对径流水量水质调控能力研究. 环境工程, 37(7): 64-69.
俞孔坚. 2015. 海绵城市的三大关键策略: 消纳、减速与适应. 南方建筑, (3): 4-7.
曾家俊, 麦叶鹏, 李志威, 等. 2020. 广州天河智慧城 SWMM 参数敏感性分析. 水资源保护, (3): 15-21.
曾娇娇. 2015. 市政排水与水利排涝标准衔接研究. 广州: 华南理工大学.
张瀚. 2019. 气候变化与城市化对珠三角地区城市洪涝灾害风险影响研究. 广州: 华南理工大学.
张鹍, 车伍. 2016. 海绵城市建设背景下对城市径流污染问题的审视. 建设科技, (1): 32-36.
张明珠, 麦叶鹏, 孟庆强, 等. 2017. 广州市东濠涌流域低影响开发措施雨洪控制效应评估. 水资源与水工程学报, 28(4): 28-34.
张少钦, 吴珊, 李俊. 2017. 全局敏感性分析在 LID 措施选择中的应用研究. 中国给水排水, 33(19): 125-129.
张书函. 2019. 海绵城市建设中注重提高"弹性". 中国防汛抗旱, 29(8): 9.
张伟, 车伍. 2016. 海绵城市建设内涵与多视角解析. 水资源保护, 32(6): 19-26.
周毅, 余明辉, 陈永祥. 2014. SWMM 子汇水区域宽度参数的估算方法介绍. 中国给水排水, 30(22): 61-64.
住房和城乡建设部. 2015. 海绵城市建设技术指南——低影响雨水开发系统构建(试行). 《2015 城市排水防涝规划设计与海绵城市建设技术专题交流会》, 1-88.
Ahiablame L M, Engel B A, Chaubey I. 2012. Effectiveness of low impact development practices: Literature review and suggestions for future research. Water, Air, & Soil Pollution, 223(7): 4253-4273.
Ahiablame L M, Engel B A, Chaubey I. 2013. Effectiveness of low impact development practices in two urbanized watersheds: Retrofitting with rain barrel/cistern and porous pavement. Journal of Environmental Management, 119(apr.15): 151-161.
Ahmad M, Rajapaksha A U, Lim J E, et al. 2014. Biochar as a sorbent for contaminant management in soil and water: A review. Chemosphere, 99: 19-33.
Bacchi B, Balistrocchi M, Grossi G. 2008. Proposal of a semi-probabilistic approach for storage facility design. Urban Water Journal, 5(3): 195-208.
Baek S S, Choi D H, Jung J W, et al. 2015. Optimizing low impact development (LID) for stormwater runoff

treatment in urban area, Korea: Experimental and modeling approach. Water Research, 86: 122-131.
Baptiste A K, Foley C, Smardon R. 2015. Understanding urban neighborhood differences in willingness to implement green infrastructure measures: A case study of Syracuse, NY. Landscape and Urban Planning, 136: 1-12.
Beecham S, Razzaghmanesh M. 2015. Water quality and quantity investigation of green roofs in a dry climate. Water Research, 70: 370-384.
Benedict M, Macmahon E T. 2002. Green Infrastructure: Smart Conservation for the 21st Century. Renewable Resources Journal, 20(3): 12-17.
Carlson C, Barreteau O, Kirshen P, et al. 2015. Storm water management as a public good provision problem: Survey to understand perspectives of low-impact development for urban storm water management practices under climate change. Journal of Water Resources Planning and Management, 141(6): 04014080.
Chen Y, Whalley A. 2012. Green infrastructure: The effects of urban rail transit on air quality. American Economic Journal Economic Policy: A Journal of the American Economic Association, 4(1): 58-97.
Cipolla S S, Maglionico M, Stojkov I. 2016. A long-term hydrological modelling of an extensive green roof by means of SWMM. Ecological Engineering, 95: 876-887.
Davis A P. 2005. Green engineering principles promote low-impact development. Environmental Science & Technology, 39(16): 334A-338A.
Dayton E A, Basta N.T. 2005. Use of drinking water treatment residuals as a potential best management practice to reduce phosphorus risk index scores. Journal of Environmental Quality, 34(6): 2112-2117.
Delpla I, Baurès E, Jung A-V, et al. 2011. Impacts of rainfall events on runoff water quality in an agricultural environment in temperate areas. Science of The Total Environment, 409(9): 1683-1688.
Dietz M E. 2007. Low Impact development practices: a review of current research and recommendations for future directions. Water Air and Soil Pollution, 186(1): 351-363.
Dong X, Guo H, Zeng S. 2017. Enhancing future resilience in urban drainage system: Green versus grey infrastructure. Water Research, 124: 280-289.
Gan H, Zhuo M, Li D, et al. 2008. Quality characterization and impact assessment of highway runoff in urban and rural area of Guangzhou, China. Environmental Monitoring and Assessment, 140(1): 147-159.
Goh H W, Lem K S, Azizan N A, et al. 2019. A review of bioretention components and nutrient removal under different climates—Future directions for tropics. Environmental Science and Pollution Research, 26(15): 14904-14919.
Golroo A, Tighe S L. 2011. Alternative modeling framework for pervious concrete pavement condition analysis. Construction and Building Materials, 25(10): 4043-4051.
Gregoire B G, Clausen J C. 2011. Effect of a modular extensive green roof on stormwater runoff and water quality. Ecological Engineering, 37(6): 963-969.
Guo Y, Adams B J. 1998. Hydrologic analysis of urban catchments with event-based probabilistic models: 1. Runoff volume. Water Resources Research, 34(12): 3421-3432.
Guo Y, Liu S, Baetz B W. 2012. Probabilistic rainfall-runoff transformation considering both infiltration and saturation excess runoff generation processes. Water Resources Research, 48(6): W06513.1-W06513.17.
Hannula S R, Esposito K J, Chermak J A, et al. 2003. Estimating ground water discharge by hydrograph separation. Ground Water, 41(3): 368-375.
Harold H. 1932. Analysis of a complex of statistical variables into principal components. British Journal of Educational Psychology, 24: 417-520.
Hathaway J M, Tucker R S, Spooner J M, et al. 2012. A traditional analysis of the First flush effect for nutrients in stormwater runoff from two small urban catchments. Water Air & Soil Pollution, 223(9): 5903-5915.
He Z, Davis A P. 2010. Process modeling of storm-water flow in a bioretention cell. Journal of Irrigation and Drainage Engineering, 137(3): 121-131.
Huang J L, Du P F, Ao C T, et al. 2007. Characterization of surface runoff from a subtropics urban catchment. Journal of Environmental Sciences, 19(2): 148-152.

Hwang C L, Yoon K. 1981. Multiple Attribute Decision Making: Methods and Applications. Springer-Verlag: New York.

Ji X, Dahlgren R A, Zhang M. 2015. Comparison of seven water quality assessment methods for the characterization and management of highly impaired river systems. Environmental Monitoring and Assessment, 188(1): 15.1-15.16.

Jia H, Ma H, Sun Z, et al. 2014. A closed urban scenic river system using stormwater treated with LID-BMP technology in a revitalized historical district in China. Ecological Engineering, 71: 448-457.

Jia H, Yao H, Tang Y, et al. 2013. Development of a multi-criteria index ranking system for urban runoff best management practices (BMPs) selection. Environmental Monitoring and Assessment, 185(9): 7915-7933.

Jia H, Yao H, Tang Y, et al. 2015. LID-BMPs planning for urban runoff control and the case study in China. Journal of Environmental Management, 149: 65-76.

Jiang Y, Zevenbergen C, Fu D. 2017. Understanding the challenges for the governance of China's "sponge cities" initiative to sustainably manage urban stormwater and flooding. Natural Hazards, 89: 521-529.

Joksimovic D, Alam Z. 2014. Cost Efficiency of Low Impact Development (LID) Stormwater Management Practices. Procedia Engineering, 89: 734-741.

Joyce J, Chang N B, Harji R, et al. 2018. Coupling infrastructure resilience and flood risk assessment via copulas analyses for a coastal green-grey-blue drainage system under extreme weather events. Environmental Modelling & Software, 100: 82-103.

Keifer C J, Chu H H. 1957. Synthetic storm pattern for drainage design. Journal of the Hydraulics Division, 83(4): 1-25.

Kuller M, Bach P M, Ramirez-Lovering D, et al. 2017. Framing water sensitive urban design as part of the urban form: A critical review of tools for best planning practice. Environmental Modelling & Software, 96: 265-282.

Lee J Y, Lee M J, Han M. 2015. A pilot study to evaluate runoff quantity from green roofs. Journal of Environmental Management, 152(1): 171-176.

Li D, Huang D, Guo C, et al. 2014. Multivariate statistical analysis of temporal–spatial variations in water quality of a constructed wetland purification system in a typical park in Beijing, China. Environmental Monitoring and Assessment, 187(1): 4219.

Li J, Deng C, Li H, et al. 2018. Hydrological environmental responses of LID and approach for rainfall pattern selection in precipitation data-lacked region. Water Resources Management, 32(10): 3271- 3284.

Liao X, Zheng J, Huang C, et al. 2018. Approach for evaluating LID measure layout scenarios based on random forest: Case of Guangzhou—China. Water, 10(7): 894.

Liao Z L, He Y, Huang F, et al. 2013. Analysis on LID for highly urbanized areas waterlogging control: Demonstrated on the example of Caohejing in Shanghai. Water Science and Technology, 68(12): 2559-2567.

Liu Y, Ahiablame L M, Bralts V F, et al. 2015. Enhancing a rainfall-runoff model to assess the impacts of BMPs and LID practices on storm runoff. Journal of Environmental Management, 147: 12-23.

Luan B, Yin R, Xu P, et al. 2019. Evaluating green stormwater infrastructure strategies efficiencies in a rapidly urbanizing catchment using SWMM-based TOPSIS. Journal of Cleaner Production, 223: 680-691.

Mai Y, Zhang M, Chen W, et al. 2019. Experimental study on the effects of LID measures on the control of rainfall runoff. Urban Water Journal, 15(9): 827-836.

Massoudieh A, Maghrebi M, Kamrani B, et al. 2017. A flexible modeling framework for hydraulic and water quality performance assessment of stormwater green infrastructure. Environmental Modelling & Software, 92: 57-73.

Matthews T, Lo A Y, Byrne J A. 2015. Reconceptualizing green infrastructure for climate change adaptation: Barriers to adoption and drivers for uptake by spatial planners. Landscape and Urban Planning, 138: 155-163.

Mei C, Liu J, Wang H, et al. 2018. Integrated assessments of green infrastructure for flood mitigation to support robust decision-making for sponge city construction in an urbanized watershed. Science of The

Total Environment, 639: 1394-1407.

Middleton V T C, Hawkins R. 1993. Environmental management for hotels—The industry guide to best practice. International Journal of Contemporary Hospitality Management, 12(3): 301-302.

Niazi M, Nietch C, Maghrebi M, et al. 2017. Storm water management model: Performance review and gap analysis. Journal of Sustainable Water in the Built Environment, 3(2): 04017002.

Pugh T A M, Mackenzie A R, Whyatt J D, et al. 2012. Effectiveness of green infrastructure for improvement of air quality in Urban Street Canyons. Environmental Science & Technology, 46(14): 7692-7699.

Qin H, Peng Y, Tang Q, et al. 2016. A HYDRUS model for irrigation management of green roofs with a water storage layer. Ecological Engineering, 95: 399-408.

Qin H P, Li Z X, Fu G. 2013. The effects of low impact development on urban flooding under different rainfall characteristics. Journal of Environmental Management, 129: 577-585.

Qiu F, Zhao S, Zhao D, et al. 2019. Enhanced nutrient removal in bioretention systems modified with water treatment residuals and internal water storage zone. Environmental Science: Water Research & Technology, 5(5): 993-1003.

Ranger N, Hallegatte S, Bhattacharya S, et al. 2010. An assessment of the potential impact of climate change on flood risk in Mumbai. Climatic Change, 104(1): 139-167.

Sang Y F, Yang M. 2017. Urban waterlogs control in China: More effective strategies and actions are needed. Natural Hazards, 85(2): 1291-1294.

Šimůnek J, Van Genuchten M T, Šejna M. 2016. Recent developments and applications of the HYDRUS computer software packages. Vadose Zone Journal, 15(7), doi: 10.2136/vzj2016.04.0033.

Spatari S, Yu Z, Montalto F A. 2011. Life cycle implications of urban green infrastructure. Environmental Pollution, 159(8-9): 2174-2179.

Tan R R. 2007. Hybrid evolutionary computation for the development of pollution prevention and control strategies. Journal of Cleaner Production, 15(10): 902-906.

Taylor A C. 2009. Sustainable urban water management: Understanding and fostering champions of change. Water Science and Technology, 59(5): 883-891.

Tourbier J T. 1994. Open space through stormwater management: Helping to structure growth on the urban fringe. Journal of Soil & Water Conservation, 49(1): 14-21.

Trowsdale S A, Simcock R. 2011. Urban stormwater treatment using bioretention. Journal of Hydrology, 397(3-4): 167-174.

Uchimiya M, Klasson K T, Wartelle L H, et al. 2011. Influence of soil properties on heavy metal sequestration by biochar amendment: 1. Copper sorption isotherms and the release of cations. Chemosphere, 82(10): 1431-1437.

Vijayaraghavan K, Raja F D. 2014. Design and development of green roof substrate to improve runoff water quality: Plant growth experiments and adsorption. Water Research, 63: 94-101.

Wang H, Mei C, Liu J, et al. 2018. A new strategy for integrated urban water management in China: Sponge city. Science China Technological Sciences, 61(3): 317-329.

Wang M, Zhang D, Cheng Y, et al. 2019. Assessing performance of porous pavements and bioretention cells for stormwater management in response to probable climatic changes. Journal of Environmental Management, 243: 157-167.

Wu C, Huang G. 2015. Changes in heavy precipitation and floods in the upstream of the Beijiang River basin, South China. International Journal of Climatology, 35(10): 2978-2992.

Wu C, Huang G, Yu H, et al. 2014a. Impact of climate change on reservoir flood control in the upstream area of the Beijiang River Basin, South China. Journal of Hydrometeorology, 15(6): 2203-2218.

Wu C, Huang G, Yu H, et al. 2014b. Spatial and temporal distributions of trends in climate extremes of the Feilaixia catchment in the upstream area of the Beijiang River Basin, South China. International Journal of Climatology, 34(11).

Xia J, Zhang Y, Xiong L, et al. 2017. Opportunities and challenges of the sponge city construction related to urban water issues in China. Science China Earth Sciences, 60(4): 652-658.

Xing W, Li P, Cao S, et al. 2016. Layout effects and optimization of runoff storage and filtration facilities based on SWMM simulation in a demonstration area. Water Science and Engineering, 9(2): 115-124.

Yang Y, May C T F. 2017. Integrated hydro-environmental impact assessment and alternative selection of low impact development practices in small urban catchments. Journal of Environmental Management, 223: 324-337.

Yazdi J, Salehi N S A A. 2014. Identifying low impact development strategies for flood mitigation using a fuzzy-probabilistic approach. Environmental Modelling & Software, 60: 31-44.

Young K D, Younos T, Dymond R L, et al. 1999. Application of the analytic hierarchy process for selecting and modeling stormwater best management practices. Journal of Contemporary Water Research & Education, 146(1): 50-63.

Zeng J, Huang G, Luo H, et al. 2019. First flush of non-point source pollution and hydrological effects of LID in a Guangzhou community. Scientific Reports, 9(1): 1-10.

Zhang H, Wu C, Chen W, et al. 2017. Assessing the impact of climate change on the waterlogging risk in coastal cities: A case study of Guangzhou, South China. Journal of Hydrometeorology, 18(6): 1549-1562.

Zhang H, Wu C, Chen W, et al. 2019. Effect of urban expansion on summer rainfall in the Pearl River Delta, South China. Journal of Hydrology, 568: 747-757.

Zhang R, Zhou W, Field R, et al. 2009. Field test of best management practice pollutant removal efficiencies in Shenzhen, China. Frontiers of Environmental Science & Engineering in China, 3(3): 354-363.

Zhang S, Guo Y. 2013a. Analytical probabilistic model for evaluating the hydrologic performance of green roofs. Journal of Hydrologic Engineering, 18(1): 19-28.

Zhang S, Guo Y. 2013b. Stormwater capture efficiency of bioretention systems. Water Resources Management, 28(1): 149-168.

Zhang S, Guo Y. 2013c. Explicit equation for estimating storm-water capture efficiency of rain gardens. Journal of Hydrologic Engineering, 18(12): 1739-1748.

Zhang S, Guo Y. 2015. Analytical equation for estimating the stormwater capture efficiency of permeable pavement systems. Journal of Irrigation and Drainage Engineering, 141(4): 06014004.